스핀류와 위상학적 절연체

스핀류와 위상학적 절연체

사이토 에이지·무라카미 슈이치 지음　　김갑진 옮김

승산

추천사

신성철

KAIST 총장

전자가 스핀을 가진다는 사실은 이미 100년 전부터 알고 있었지만, 스핀의 흐름을 연구하기 시작한 것은 극히 최근의 일입니다. 또한, 근래에 들어서 위상학적 절연체라는 물질이 보고되고 있는데, 이 물질은 절연체임에도, 표면에서는 도체가 되는 재미있는 물질입니다. 이러한 새로운 물질이나 개념이 최신 물리학을 이끌고 있습니다.

본서에서는 스핀류와 위상학적 절연체라는, 현대 물리학의 중요한 주제를 다룹니다. 저자인 사이토 교수와 무라카미 교수는 이 분야의 세계적인 석학으로, 어려운 개념을 알기 쉽게 설명합니다. 물리학을 전공하는 학부생 정도의 수준이라면 별 어려움 없이 이해할 수 있을 정도로 잘 정리가 되어 있습니다. 학부생이 쉽게 접할 수 있는 우리말로 된 최신 물리학에 대한 소개서가 부족한 현실에서, 본서는 학생들이 최신 물리학을 접할 수 있는 좋은 기회가 될 것입니다.

국내에서 전자스핀의 연구는 1980년대 후반부터 KAIST에서 시작되었습니다. 당시에는 연구 여건이 매우 열악한 상황이어서 연구 수행에 어려움이 많았습니다. 그러나 이러한 열악한 여건에도 불구하고 여러 연구자들의 노력과 열정으로 우수한 연구 결과들이 창출되었고, 한편 해당 연구 분야에서 2세대, 3세대의 후속 세대가 배출되었습니다. 이 책의 번역자인 김갑진 교수는 국내 전자스핀 연구의 3세대인 대표적 소장

학자로 현재 KAIST에서 스핀 동역학 연구단을 이끌고 있습니다. 물리학에 흥미가 있는 학생들이 이 책을 통해 최신 물리학의 개념을 빠르게 습득하여, 이제 국내에서도 자성 학문 발전의 획을 긋는 새로운 물리학 개념을 만들어낼 수 있는 날이 오기를 기대하겠습니다.

이재일

인하대 물리학과 교수

요즈음 화두가 되고 있는 '4차 산업혁명'은 기존의 산업에 정보통신 기술을 덧붙여 산업의 변혁을 이끌어내는 것입니다. 정보통신 기술은 정보의 저장이나 정보의 송수신이 중요한 축을 이룹니다. 최근 들어 전자의 전하를 이용하는 기존의 전자공학뿐만 아니라 전자의 스핀까지 이용하는 스핀전자공학, 즉 '스핀트로닉스'가 관심을 끌고 있으며 정보 저장 기술의 발달에 많은 기여를 하고 있습니다. 이러한 시점에서 전자의 '스핀'과 관련한 유익한 책이 있었으면 하던 차에 일본의 사이토 교수님과 무라카미 교수님 두 분의 공저인『스핀류와 위상학적 절연체』가 KAIST 김갑진 교수님의 번역으로 출간되게 되어 이 분야 연구자의 한 사람으로 매우 반가운 마음입니다.

스핀류라는 것은 전자스핀의 흐름으로 정의되는 새로운 형태의 전류라고 할 수 있으며, 위상학적 절연체는 전기가 통하지 않는 절연체이지만 표면에서는 전기가 통하는 흥미로운 물질입니다. 이러한 새로운 물질이나 개념은 비단 고체물리학뿐만 아니라 물리학 전 분야에 새로운 개념을 창출하고 있으며, 전자공학, 재료공학, 에너지 공학 등의 공학 분야로 확장되고 있어서 언젠가 우리의 일상생활을 바꾸게 될 것입니다.

저자인 사이토 교수와 무라카미 교수는 이 분야의 세계적 석학으로,

이 책에서 어려운 개념들을 쉽게 풀어 설명하고 있어서, 물리학을 전공하는 학부생뿐 아니라 전공하지 않는 학생들도 충분히 이해할 수 있을 것이라 생각합니다. 스핀트로닉스 분야의 최신 이론과 개념들을 탐구하고 싶은 독자에게 일독을 권합니다.

신경호

한국자기학회 회장

열차 선로 위에 쇠못을 올려놓고 열차가 오기를 기다립니다. 철커덩 철커덩 열차 무게에 눌려 납작하게 된 쇠못은 자석이 되어 다른 쇠못을 잡아 당깁니다. 여간 신기하지 않았습니다. 훗날 자기학을 공부하면서 알게 되었습니다. 열차의 무게에 눌려 납작해질 때 쇠못 안에 있는 무수하게 많은 미세 자석들이 한 방향으로 정렬하여 자석이 되었음을.

자기부상열차를 모르는 분은 많지 않을 터입니다. 선로 위 공중에 살짝 떠서 달리기 때문에 비행기처럼 빨리 달릴 수 있는 열차입니다. 쇠못을 납작하게 만들 만큼 무거운 열차를 공중에 번쩍 들어 올리는 힘은 자석이 같은 극끼리 밀어내는 힘이 있다는 사실을 이용한 것입니다. 초전도체가 자석을 밀어내는 힘이 아주 강하다는 사실을 이용하기도 합니다.

자석이 가지고 있는 특성, 즉 자성은 도대체 어디에서 오는 것일까요? 그것은 원자 속의 전자가 가지고 있는 스핀에서 유래합니다. 따라서 자석의 특성을 알기 위해서는 전자의 스핀을 이해해야 합니다. 전자의 스핀을 이해하고 활용하는 학문을 자성학이라고 합니다. 전자의 두 가지 성질 중 다른 한 가지인 전자의 전하를 대상으로 하는 학문 분야인 전기전자공학과는 학문적으로 형제지간이라고 할 수 있습니다.

최근 자성학에서의 가장 큰 이슈는 바로 '스핀류의 이해'입니다. 전자가 스핀을 가진다는 사실은 오래 전부터 알고 있었지만, 전류와 스핀의 상호작용을 이해하여 활용하기 시작한 것은 비교적 최근의 일입니다. 2007년 노벨상을 거머쥔 유럽의 물리학자 두 명이 거대자기저항효과를 발표한 1987년이 스핀트로닉스의 원년이라고 할 수 있습니다. 스핀트로닉스의 새로운 분야인 '스핀의 흐름'에 대한 연구는 그 개념을 본격적으로 도입하기 시작한 것이 10년이 채 되지 않은 만큼 아직 최첨단 연구 주제라 할 수 있습니다. 전자의 또 다른 성질인 전하의 흐름, 즉 전류에 대해서는 당연하다고 할 만큼 잘 알려진 것과는 크게 대비됩니다. '스핀의 흐름'에 대한 연구의 궁극적인 목표는 스핀의 흐름을 생성하고,제어하는 것입니다. 이러한 목적과 관련하여 등장한 새로운 물질이 바로 '위상학적 절연체'입니다. 위상학적 절연체는 표면에서만 전류가 흐르는 재미있는 물질로서, 이때 흐르는 전류는 특정 스핀의 흐름을 보이게 됩니다.

본서에서는 현대 과학이 이해하고 있는 '스핀류와 위상학적 절연체'의 근본원리를 알기 쉽게 설명하고 있습니다. 또한 최신 연구 결과를 소개하여, 자성학의 최전선을 맛볼 수 있는 기회를 제공합니다. 저자인 사이토, 무라카미 교수와 번역자인 김갑진 교수는 이 분야의 권위자로, 쉽게 이해하기 힘든 최신 연구 결과를 학생들이 이해할 수 있도록 풀어서 설명하고 있습니다. 이를 통하여 학생들이 쉽게 새로운 물리 개념을 익히고, 최첨단 연구를 맛볼 수 있기를 기대합니다.

저자 서문

이 책은 스핀류를 중심으로 스핀트로닉스 기초 물리의 최신 진보를 정리한 것이다. 최근 스핀류의 개념은 물성물리나 전자공학의 여러 영역에 걸쳐 등장하며 새로운 현상을 발견하는 유용한 지도 원리의 역할을 제공하였다. 기초물리에 있어서도 기하학적 위상이나 상대론 등 현대물리학의 재미있고 아름다운 부분과 연결되어 있다는 것도 밝혀지고 있다. 또 한편, 스핀류의 개념은 메모리 소자의 개발 등에 응용되어, 그 중의 일부는 실용화에 근접해 있기도 하다.

스핀류에 많은 관심이 집중되게 된 계기 중 하나는 스핀홀 효과·역스핀홀 효과의 발견이다. 이 발견 덕에 스핀류의 검출이 쉽게 이루어질 수 있었다. 더욱이, 스핀홀 효과의 이론적인 고찰을 계기로 양자 홀 상태와 같은 위상학적인 질서를 가진 위상학적 절연체의 존재가 예측되어, 실험적인 확인이 진행되었다. 위상학적 절연체의 물리는 현재 독립된 하나의 분야로 나아가고 있다.

이러한 다이나믹한 전개는 물리학, 재료공학, 전자공학 등 서로 다른 분야의 연구자가 힘을 합쳐 열정적으로 연구한 결과로서, 특히 실험물리와 이론물리의 밀접한 상호작용이 큰 기여를 했다고 말할 수 있다. 이 책은 '이러한 현장의 활기를 전해주고 싶다'라는 생각으로 쓰게 되었다. 특히, 물리의 아름다움을 만끽하면서도, 응용에 직결될 수 있는 유용한 현상들을 이해하기 쉽게 설명하려고 노력했다.

이 책을 읽기 위한 예비지식은 대학교 학부 3학년 정도의 기초물리 수준을 가정했다. 또한 실제 연구 현장에서 빈번하게 쓰는 계산이나 개념을 자세하게 설명했으므로(예를 들면 2.1절이나 부록), 학부 학생부터 대학원생을 대상으로 한 교과서로서도, 또한 현장의 연구자가 지식을 정리하기 위한 참고서로서도 이용 가능할 것으로 생각된다.

이 책은 제1장부터 제4장 및 부록을 사이토가, 제5장부터 제7장을 무라카미가 주로 집필하였으나, 전체의 내용은 저자 두 명이 공동으로 검토를 하여 일관된 논리를 갖춘 구성이 되도록 편집하였다. 이 책을 정리하는 데 있어서 여러 선배들, 선생님들, 동기들의 지도를 받았다. 지면 관계로 모든 분을 적을 수는 없지만 책을 쓰는 데 직접적으로 협력해주신 모든 분께 깊이 감사드린다.

마지막으로 이 책이 나오기까지 곁에서 도와준 가족들에게 감사의 뜻을 전한다.

2014년 2월

사이토 에이지 (齊藤英治)

무라카미 슈이치 (村上修一)

목차

제1장 들어가며 ········ **17**

제2장 스핀류 ········ **27**

2.1 전자스핀 ········ 27

2.2 전도전자의 스핀류 ········ 31

2.3 각운동량 보존법칙과 스핀류 ········ 34

2.4 금속의 강자성 ········ 39

2.5 자화 다이나믹스와 완화 ········ 43

2.6 교환스핀류 ········ 46

2.6.1 교환상호작용과 스핀류 ········ 47

2.6.2 나노자기구조에 있어서 스핀류 ········ 50

2.6.3 스핀파 스핀류 ········ 54

제3장 스핀류의 물성현상 ········ **59**

3.1 강자성체/금속 접합에서의 전류 및 스핀류 주입 ········ 59

3.2 스핀전달토크(spin transfer torque) ········ 72

3.3 스핀류 주입 자화반전과 자기 메모리 ········ 73

3.4 터널 자기저항 효과 ········ 79

3.5 스핀류에 의한 자구벽 이동 ········ 81

3.6 스핀파 도플러 효과 ········ 84

3.7 스핀펌핑 ········ 85

3.8 스핀제벡효과 ········ 94

3.9 불균일 자기구조와 스핀의존 게이지장 ········ 99

제4장 스핀홀 효과와 역스핀홀 효과 ······ 103

4.1 스핀류의 전자기 효과 ······ 103
4.2 스핀홀 효과 ······ 107
4.3 역스핀홀 효과 ······ 109
4.4 비평형 자기장 여기 ······ 112

제5장 게이지장과 베리곡률 ······ 115

5.1 전자기장, 게이지 변환, 모노폴 ······ 116
5.2 베리 위상, 베리곡률 ······ 123

제6장 내인성(intrinsic) 스핀홀 효과 ······ 133

6.1 정수 양자홀 효과와 비정상 홀 효과 ······ 133
6.2 홀 전도율과 베리곡률 ······ 138
6.3 체른 수와 벌크—에지 대응 ······ 145
6.4 란다우—뷔티커(Landauer–Buttiker) 공식 ······ 150
6.5 반고전적(semiclassical) 운동방정식 ······ 152
6.6 자기장하의 2차원 전자계 ······ 155
—(좁은 의미의) 정수 양자홀 효과
6.7 비정상 홀 효과 ······ 159
6.8 스핀홀 효과 ······ 161

제7장 위상학적 절연체 ······ 167

7.1 시간반전 대칭성 ······ 169
7.2 2차원 위상학적 절연체 ······ 173
7.3 3차원 위상학적 절연체 ······ 187
7.4 표면 상태의 특이한 성질 ······ 191

7.5 위상학적 절연체에 관련한 실험 ······ 194
7.6 3차원 위상학적 절연체와 마요라나 페르미온 ······ 200

부록A 스핀회로이론과 스핀믹싱컨덕턴스 ······ 205
A.1 산란이론 ······ 205
A.2 스핀류 회로이론 ······ 209

부록B 참고도서 ······ 219
부록C 참고문헌 ······ 223

찾아보기 ······ 235

제1장 들어가며

스핀류의 기초 물리부터 최신 응용까지 쉽게 소개하는 것이 이 책의 목표이다. 스핀류의 개념은 물질 내의 새로운 현상을 발견하는 역할을 해왔고, 물성물리학의 여러 영역에서 등장하는 개념이 되었다. 이제 물리학에 멈추지 않고, 이학이나 공학의 여러 분야에서 스핀류는 자주 등장하며, 물질이나 소자 구조의 다양성을 통해 스핀류의 응용 가능성을 더욱 확장하고 있다. 다양한 분야로의 확장도 의미 있지만, 그보다 물리학의 대상으로서 스핀류가 흥미를 끄는 점은 광범위한 현상을 하나의 통일적인 원리로 설명할 수 있는 보편성과, 이를 바탕으로 미지의 물성 현상을 예측할 수 있는 힘에 있다. 이런 재미를 느끼면서 스핀류의 과학과 응용의 체계를 공부하는 것이 우리가 목표로 하는 바이다. 이런 의도에 따라, 일단 스핀류에 대한 일반적인 정의를 제2장에 설명하고자 한다. 그 전에 스핀류의 등장과 관련된 전체적인 흐름을 이해하기 위해서, 스핀류의 등장 배경을 간략히 살펴보고 넘어가기로 하자.

고체나 액체 등 물질의 성질에 관련된 물리학 분야를 물성물리학이라 부른다. 물성물리학은 양자역학이나 통계학 등의 기초 물리학을 토대로 엄밀히 구성되어, 전자공학, 재료공학, 금속공학, 에너지공학 등 다양한 분야를 계속해서 창출해왔다. 물질의 성질을 결정하는 것은 물질

속에 있는 전자이므로, 물성물리학은 대부분 전자가 그 대상이 되어왔다. 입자로서의 전자의 성질은 19세기에서 20세기에 걸쳐서 연구되었고, 전자는 음의 전하를 가지며, **스핀**(Spin)이라 불리는 성질을 가지고 있음이 밝혀졌다. 스핀이라는 것은 단순하게 생각하면, 지구의 자전과 같은 성질로 볼 수 있다. 전자는 전하를 가지고 있고, 전기를 가진 입자가 자전한다고 하는 것은, 다르게 생각해보면, 미소 원형전류가 생긴다는 것과 같다. 이러한 미소 원형전류는 자기장을 발생시킬 것이고, 전자는 아주 작은 자석으로서의 성질을 지닐 것으로 예측할 수 있다. 실제로 이러한 전자의 자기모멘트는 실험적으로 관측되었다. 또한, 이러한 전자의 자기모멘트가 자성 물질의 근본적인 원인이라는 사실도 밝혀졌다.

위에서 설명한 것처럼 전자의 스핀은 자전과 같은 성질이라고 볼 수 있지만, 물론 고전적인 지구의 자전과는 그 개념이 다르다. 전자라는 것은 그 크기를 정의할 수 없는 입자이므로, 크기가 정의되지 않는 입자의 자전이라는 개념은 애당초 존재할 수가 없다. 크기를 가지지 않는 아주 작은 입자를 다루기 위해서는 고전물리학이 아닌 양자론이 필요하다. 전자스핀에 대한 양자론은 디랙이라는 물리학자가 상대성이론과 양자역학을 이용하여 정립하였는데, 크기가 없는 전자의 내부에 존재하는 각운동량을 이용해서 미시적인 스핀을 설명하였다.

한편, 물질 속에서 전자의 성질을 이해하려는 시도는 **일렉트로닉스**(electronics)라는 응용으로 전개되었다. 일렉트로닉스는 물질 내부의 전하와 전류를 제어함으로써 여러 가지 기능을 창출해왔다. 여기서 전류라는 것은 전하를 가진 전자의 흐름을 의미한다. 현대사회에서 일렉트로닉스는 가전제품부터 정보통신 기기까지 일상생활과 밀접한 관련이 있는 기술로서, 그 중요성은 말하지 않아도 알 것이다. 하지만 일렉트로닉스는 기본적으로 전하와 전류를 이용했고, 스핀은 전혀 이용하지 않았다. 즉, 일렉트로닉스라는 것은 스핀과 관련이 없는 전자만의 특성을 연구하고 응용한 분야라고 생각해도 좋을 것이다. 한편, 전자의 스핀을 이용한 학문 영역이 존재하는데, 이것을 **마그네틱스**(magnetics)라 한다. 자석의 근원은 전자의 스핀이고, 물질 내부 다수의 전자의 스핀이 같은 방향을 향하게 된다면, 이 물질은 자석이 된다. 전자의 스핀이 나란하게 정렬된 상태를 강자성체라 부르는데, 성능이 좋은 자석을 만들기 위해서는 전자스핀에 대한 이해가 필수이므로, 마그네틱스는 스핀을 이용한 물성물리학의 아주 좋은 응용의 한 예이다.

이렇듯 전자의 두 성질—전하와 스핀—은 각각 일렉트로닉스와 마그네틱스에서 따로따로 활약해왔다. 이런 상황에서, 1990년대 나노기술의 엄청난 발전으로 인해 전자의 전하와 스핀을 모두 이용하는 학문 분야가 등장하게 되었다. 이것을 **스핀트로닉스**라 부른다. **나노 기술**이라는 것은 나노미터(10^{-9}m) 스케일로 물질의 형상이나 조성을 설계·가공하는 기술 분야를 말하는데, 반도체 산업의 발전과 더불어 최근 급격히 발전했다. 나노 기술을 통해 인류가 도달한 나노미터라는 길이는 스핀과 전하를 동시에 유지할 수 있는 특징적인 길이(예를 들면, 3.1절에 소개할 스핀확산길이(spin diffusion length))와 비슷한 정도이고, 따라서 스핀과 전하를 동시에 이용하는 것이 가능하게 되었다. 이것이 바로 나노 기술이 스핀트로닉스를 등장시킨 이유이다. 스핀트로닉스 최초의 성과는 1987년에 발표된 거대자기저항 효과인데[1, 2], 이 발견으로 인해 페르(Fert) 교수와 그륀베르크(Grünberg) 교수는 2007년 노벨 물리학상을

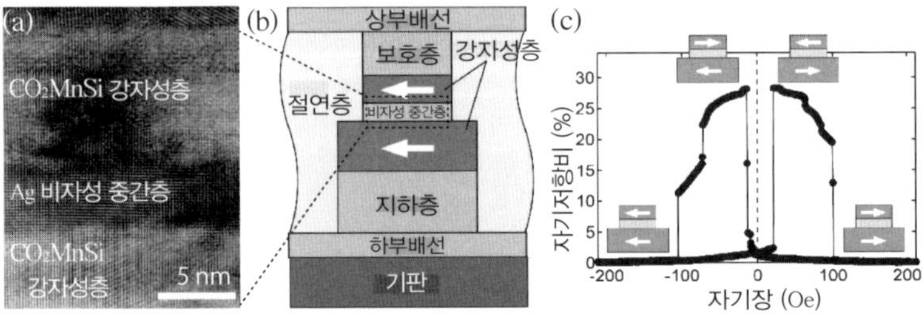

그림 1.1 미세 가공한 강자성 다층막의 절단면을 투과전자현미경으로 찍은 사진 (a), 미세 구조의 개념도 (b), 이 구조에서 발생하는 자기저항의 외부 자기장 의존성을 측정한 실험 결과 (c). 이 구조는 CPP-GMR구조로 불리며, 집적화를 통하여 3.3절에 소개할 스핀랜덤액서스메모리(MRAM)를 만들 수 있다. 이 메모리는 스핀류에 의해 정보의 쓰기가 가능한 새로운 타입의 기억소자로서, 읽기 동작은 (c)에서 나타낸 것과 같이 자기구조의 변화에 의한 저항 변화를 이용한다. 자세한 내용은 3.3절에서 설명할 것이다. 이러한 미세구조를 만드는 기술은 나노테크놀로지의 발전에 의해서 가능하게 되었다. 본 그림은 도호쿠대학 금속재료연구소 다카나시 연구실에서 제공받은 그림이다.

수상하였다. 거대자기저항효과는 즉시 실용화 되어서, 자기 센서나 하드디스크의 읽기 센서에 사용되었다. 또한, 터널 자기저항효과가 곧이어 발견되면서[3–5], 자기저항효과의 응용범위가 급속히 확장되었다(**그림 1.1**).

지금 사용하는 컴퓨터의 대부분이 이 기술을 이용하고 있으므로, 산업 발전에 대단히 큰 기여를 하였다고 볼 수 있다. 또한 이를 통해 스핀트로닉스 기초 물리의 연구도 한층 활발해져, 현재 이학 및 공학의 다양한 분야에서 정력적으로 연구가 수행되는 중이다.

스핀 과학이나 스핀트로닉스의 연구가 진행되면서, 전자 스핀의 흐름, 즉, **스핀류**(spin current)가 주목을 받게 되었다. 어쩌면, 전자 스핀의 흐름을 생각하는 것은 아주 당연한 일일지도 모른다. 실제 전류가 전자의 흐름이라고 배웠을 당시 이런 의문이 들었을 것이다: **전자는 전하와 스핀을 가진다. 자, 전하의 흐름을 전류로 정의한다면 스핀의 흐름도 정의가 되어야 하지 않을까?** 하지만, 안타깝게도 극히 최근까지 스핀류에 대한 물성 현상은 알려지지 않았다. 이것은 (뒤에서 다시 설명하겠지만) 물질 내에서 스핀이 아주 짧은 길이밖에는 이동하지 못하기 때문이다. 즉, 스핀은 금방 사라져버린다. 그러나 최근 나노 기술의 발전으로 인해 스핀류가 사라지는 길이보다 짧은 소자를 만들 수 있게 되어서, 스핀류에 관한 여러 가지 현상들이 발견되고 있다. 특히 2000년 이후에 들어서면서, 3.3절에 자세히 설명할 스핀류에 의한 자화 반전 현상의 실험이 보고된 것은 큰 의미가 있다[6]. 이 현상은 아주 작은 자석의 자화 방향을 자기장이 아닌 전기적으로 제어할 수 있다는 것으로, 실온에서 안정적으로 동작하는 자기메모리의 쓰기 과정 원리에 응용되었다. 이 기술은 이미 거의 응용 레벨에 도달했지만, 그보다 더욱 중요한 의미는 자화 반전이라는 명확한 실험적인 현상이 측정되었다는 것 자체가 스핀류가 유용하다는 것을 보여준다는 것이다. 이를 계기로, 물성물리학의 대상으로서 스핀류를 본격적으로 탐구하게 된 연구자가 많을 것으로 생각이 된다(필자도 그중 한 명에 해당한다).

스핀류에 의한 자화 반전 현상이 발견되고 몇 년 뒤, 또 하나의 아주 큰 발견이 있었다. 그것은 바로, **역스핀홀효과**(inverse spin Hall effect)에 의한 스핀류의 전기적 측정 방법의 발견이었다[7–9]. 제4장에서 구체적으로 설명하겠지만, 스핀궤도 상호작용이 강한 도체에 스핀류를 주입하게 되면, 그 수직 방향으로 전기장이 발생함을 필자를 포함한 세 그룹(일본과 미국)이 거의 동시에 발견함으로써, 스핀류를 쉽게 측정할 수 있는 길이 열리게 되었다. 참고로 이 현상은 2004년에 발견된 스핀홀 현상의 반대 현상이므로, 역스핀홀 효과라고 이름을 붙였다. 스핀홀 현상은 전류를 흘리면, 전류와 수직한 방향으로 스핀류가 발생한다는 현상이다.

역스핀홀 현상이 발견되면서 스핀류의 정량적 측정이 가능해졌고, 따라서 실험과학의 대상이 되었다. 이를 이용하여 다양한 물질계에서의 스핀류 현상에 대한 연구가 시작되었다. 이러한 연구에는 자기와 전기 사이의 쌍대칭, 현상의 상반성, 대칭성 등 현대 물리학의 아름다운 철학이 폭넓게 활용되었고, 그에 따라 새로운 현상들이 발견되었다. 그중에 몇 가지를 소개하고자 한다.

먼저, 상반성을 생각해본다면, 스핀류에 의한 자화 반전 현상의 반대되는 효과가 존재해야만 한다. 이러한 현상을 스핀펌핑이라고 부르는데[10], 일관되게 자화 운동을 하고 있는 자성체에 금속을 붙이면, 자성체로부터 스핀류가 금속으로 주입되는 현상이다(**그림 1.2**). 그 후, 이론적으로 이런 현상이 자화 반전 현상의 반대 효과라는 것이 밝혀졌다. 또

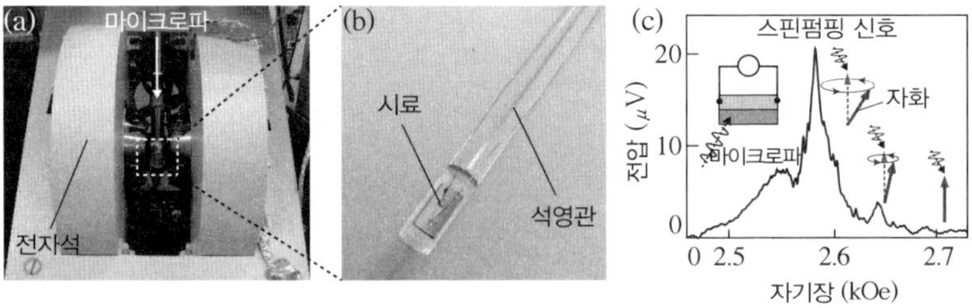

그림1.2 스핀펌핑효과의 실험계 (a), (b)와 스핀펌핑효과에 의해서 생성된 스핀류를 역스핀홀효과(제4장에 자세하게 설명함)를 이용하여 측정한 실험의 예 (c). 시료는, 자성 가넷(YIG)/백금(Pt) 박막.

한, 불균일한 자화 운동을 하고 있는 자성체 내부에서 스핀류가 발생한다는 사실이 밝혀졌고, 이것을 양자역학의 게이지장을 이용해서 이론적으로 기술하면, 페러데이 전자유도의 스핀 버전이 된다는 사실을 밝혔다[11]. 이렇듯, 스핀류에 의한 전기자기효과는 아주 명확하게 밝혀져서, 현재는 전자기학의 개념을 다시 정립하는 단계에 와 있다. 이에 대해서도 이 책에 간단히 언급할 것이다. 또한, 균일하지 않은 자화 분포를 가진 자성체에 스핀류를 주입하면, 자화 분포가 움직일 것으로 예측할 수 있다. 이것은 자구벽(magnetic domain wall)이나 자기소용돌이(magnetic vortex)가 스핀류 혹은 스핀 편극된 전류에 의해서 움직이는 현상으로 나타나며[12], 자구벽을 자기장이 아닌 전류로 고속 이동시킬 수 있기 때문에, 고속 정보기록소자로의 응용이 기대되고 있다.

전기뿐만 아니라, 빛, 열, 소리 등으로부터 스핀류를 만들어낼 수 있다는 사실도 밝혀졌다. 대표적인 예가 스핀제벡효과(spin Seebeck effect)이다[13,14](**그림1.3**). 자성체/금속 계면에 온도 기울기(temperature gradient)를 주면, 금속에 스핀류가 주입된다는 사실이 발견되었다. 스핀류는 역스핀홀 현상에 의해서 전류나 전압으로 변환이 가능하기 때문에 스핀제벡효과는 열을 이용해서 전력을 만드는 새로운 메커니즘으로 각광받고 있다. 자세한 것은 3.9절에서 설명할 테지만, 스핀제벡효과는 기존의 제벡효과와는 그 메커니즘이 완전히 다른데, 스핀 특유의 집단 다이나믹스가 만들어내는 새로운 타입의 열적 요동 정류효과이다. 이것을 이용한다면 열뿐만 아니라 자연계의 다양한 요동을 정류하는 것이 가능하다. 실제, 음파의 에너지를 정류해서 스핀류나 전력으로 만들어내는 것이 가능함을 확인하였다. 이러한 현상은 가까운

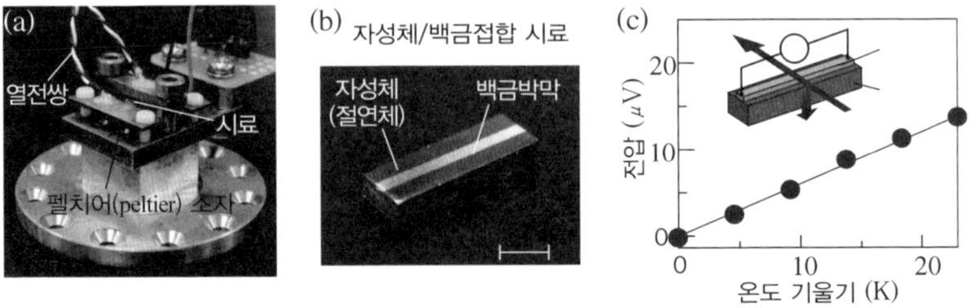

그림1.3 스핀제벡효과의 실험계 (a), (b)와 스핀제벡효과를 응용한 열전변환 실험의 결과 (c). 스핀제벡효과는 열류를 스핀류로 변환하는 현상으로서, 스핀류의 응용 예의 하나에 해당한다. 3.9절에서 자세하게 설명할 것이다. 시료는 자성체 가넷 (YIG)/백금(Pt) 박막.

미래, 범용적인 환경친화적 발전(発電) 기술로 발전할 가능성이 있다.

한편, 스핀홀 효과 그 자체의 바탕에도 아주 재미있는 수리적 구조가 있음이 알려졌다. 스핀홀 효과의 원인을 나누면 크게, 불순물 산란에 의한 외인성(extrinsic) 효과와 불순물 산란과 상관없이 고체 내부의 밴드 구조에 기인하는 내인성(intrinsic) 효과가 있다. 내인성 효과는 베리곡률로 불리는 밴드의 미분기하학적 구조와 관련되어 있다. 제5장에서는 이 베리곡률의 정의와 성질에 대하여 설명하고, 제6장에서는 그것이 어떻게 다양한 내인성 홀 효과를 만들어내는지 보일 것이다. 여기에서는 비정상홀 효과나 스핀홀 효과와 더불어 정수 양자홀 효과라 불리는 아름다운 현상도 설명한다. 정수 양자홀 효과라는 것은, 2차원 전자계가 자기장하에 놓여 있을 때, 홀 전도율이 보편상수 e^2/h의 정수배로 양자화되는 현상인데, 제6장에서 이 정수 양자홀 효과가 베리 곡률을 가진 모노폴(monopole)등 아름다운 수학적 성질의 기원이 된다는 것을 명확하게 보일 것이다. 베리곡률은 추상화된 수학 개념이지만, 홀전도도 같은 직접 측정 가능한 물리량에 반영된다는 사실은 정말 놀라운 일이다.

이러한 스핀홀 현상이나 베리곡률에 관련된 연구는 새로운 방향으로 전개되었다. 전자는 자기장에 의해서 란다우 준위(Landau level)라 불리는 이산적인 준위를 형성하는데, 특정 물질에서는 시료의 가장자리(edge)에서 이 란다우 준위가 비자명적인 위상을 갖게 된다. 그 결과, 벌크(bulk)상태에서는 절연체인 반면, 시료의 가장자리에는 전도채널이 생기는 **위상학적 질서**(topological order)를 가지게 되는데, 이러한 현상을 양자홀 현상이라고 한다. 스핀홀 효과에 대한 논의가 시작되면서 스핀홀 효과에 대응하는 (양자홀 현상과 같은) 위상학적 질서를 가진 계가 존재하는 것은 아닌가라는 논의가 등장했다. 그 결과 2005년에 **양자 스핀홀 효과**(quantum spin Hall effect)가 예언되었고, 2007년에 HgTe와 CdTe의 양자우물 구조에서 양자 스핀홀 현상이 나타난다는 것이 밝혀졌다. 이것은 강한 스핀궤도 상호작용에 의해 벌크는 절연체이지만 가장자리는 전도 채널이 되는 상황을 만들 수 있다는 것이다. 이 가장자리의 전도 채널은 평형상태임에도 스핀류가 흐르는 상태가 된다. 이러한 상태는 양자스핀상태의 스핀류 버전이라고 불러도 좋을 듯하다. 자세한 것은 7장에서 설명하겠지만, 이러한 전자 상태는 2차원 전자계에 국한되지 않고 3차원인 벌크계에도 나타나며, 이를 **위상학적 절연체**(topological insulator)라고 부른다. 3차원 위상학적 절연체의 표면 전자상태는 디랙콘(Dirac cone)이라고 불리는 특징적인 밴드 구조를 가지고, 초전도 근접효과에 의한 마요라나 모드의 발현 등 새로운 가능성을 품고 있어, 위상학적 절연체의 물리는 현재 독자적인 방향으로 발전하고 있다.

이렇듯이, 스핀류의 개념을 바탕으로 새로운 현상이나 전자 상태가 속속 밝혀지고, 기존 스핀트로닉스 현상의 대부분이 스핀류의 개념으로 새롭게 정리된다는 사실도 알게 되면서, 스핀류는 스핀트로닉스나 물성 물리에서 아주 중요한 개념이 되고 있다.

제2장 스핀류

이 장에서는 스핀류의 기본적인 개념과 함께, 스핀류가 물질의 성질을 이해하고 기능을 개발하는 데 어느 정도 기여하고 있는지 설명하고자 한다. 제2장에서 스핀류의 기본 개념을 자세하게 설명한 후, 제3장과 제4장에서 스핀류가 만들어내는 물성을 소개하겠다.

2.1 전자스핀

일단 우리가 떠올리기 쉬운 금속의 자유전자(전도전자)의 이동에 대해서 생각해보자. 전자의 **스핀**을 정확히 기술하기 위해서는 고전역학이 아닌 양자론이 필요하다. 양자론에 의하면, 스핀은 전자의 내부자유도에 해당하며, 두 개의 고유 상태를 가진다. 이 두 개의 고유 상태는 **업스핀**(up spin) 혹은 **다운스핀**(down spin)으로 불리며, 고전적으로는 관측 방향에 대하여 시계 방향, 반시계 방향의 자전 방향에 해당한다. 업스핀, 다운스핀 전자는 각각 스핀각운동량 $s=\hbar/2$, $-\hbar/2$ 과 자기모멘트 $\mu=-\mu_B$, μ_B를 가지고 있다. 여기서 μ_B는 보어 자자(Bohr magneton)라 불리는 상수이다.

스핀의 기초 상호작용: 스핀에 관련된 기초 상호작용으로는, **제만 상호작용**(Zeeman interaction)과 **스핀궤도 상호작용**(spin-orbit interaction)이

그림 2.1 전자와 전자스핀.

있다. 이 두 상호작용은 실험적으로 먼저 발견되었고, 그 후 상대론적 양자론에 의해서 미시적으로 도출되었다. 전자에 자기장 $\boldsymbol{B}$를 인가하면, 전자는 스핀에 의한 자기모멘트를 가지고 있기 때문에, 자기 모멘트 $\boldsymbol{\mu}$는 자기장 $\boldsymbol{B}$의 방향으로 향하려고 한다. 이것은 나침반의 N극이 지구 자기장을 느껴 북쪽을 향하려고 하는 것과 같은 힘이다. 이 상호작용에서 에너지는

$$H_{Zeeman} = -\boldsymbol{\mu} \cdot \boldsymbol{B} \tag{2.1}$$

로 표현되며, 제만 상호작용이라고 부른다. 또한, 전자의 스핀은 전자의 궤도운동과도 상호작용을 하며, 이것을 스핀궤도 상호작용이라 부른다. 원자와 같은 중심력 포텐셜이 존재하는 계에서 스핀궤도 상호작용의 에너지는

$$\mathcal{H}_{SOI} = -\eta \boldsymbol{s} \cdot \boldsymbol{L} \tag{2.2}$$

이라고 쓸 수 있다. 여기서 $\boldsymbol{L}$은 전자의 궤도각운동량, η는 비례상수이다. 비례상수 η는 물질 중의 전자구조에 크게 의존하는데, 이것은 제4장과 5장의 테마 중 하나에 해당한다. 중심력 포텐셜이 아닌, 일반적인 포텐셜 $\phi(\boldsymbol{r})$의 경우, 스핀궤도 상호작용의 에너지는

$$\mathcal{H}_{SOI} \propto \boldsymbol{s}\cdot\left(\boldsymbol{p}\times\nabla\phi(\boldsymbol{r})\right) \tag{2.3}$$

이라고 쓸 수 있다. 여기서 $\boldsymbol{p}$는 전자의 운동량에 해당한다. 실제로 이 식에 중심력의 포텐셜에 해당하는 $\nabla\phi(\boldsymbol{r})=\phi(\boldsymbol{r})/r$을 대입하여 각운동량의 식 $\boldsymbol{L}=\boldsymbol{r}\times\boldsymbol{p}$를 이용하면, 중심력의 경우에는 스핀궤도 상호작용이 식 (2.2)와 같이 된다. 이로부터, 식 (2.3)이 일반적인 경우의 스핀궤도 상호작용에 해당함을 알 수 있다.

스핀궤도 상호작용을 미시적 관점에서 간단히 설명해두고자 한다.[1)] 스핀궤도 상호작용은 전자의 운동 좌표계에서 본 전기장과 자기장의 변환에 기인한다. 특수상대론에 의하면, 상대속도를 갖고 이동하고 있는 서로 다른 관성계에서는, 여러 물리량의 상호변환이 일어난다(**그림 2.2** (c), (d)). 이런 변환을 로렌츠 변환이라고 부른다[15]. 예를 들면, 정지계에 전기장 $\boldsymbol{E}_t$가 있는 상태를 정지계에 대하여 상대속도 $\boldsymbol{v}$로 움직이고 있는 운동좌표계에서 관측하면, **로렌츠변환**에 의해

$$\boldsymbol{E}_t'=\frac{1}{\sqrt{1-\left(\frac{v}{c}\right)^2}}\boldsymbol{E}_t \tag{2.4}$$

$$\boldsymbol{B}_t'=\frac{1}{\sqrt{1-\left(\frac{v}{c}\right)^2}}\left(-\boldsymbol{v}\times\boldsymbol{E}_t\right) \tag{2.5}$$

가 되어 전기장이 살짝 바뀌면서 자기장 $\boldsymbol{B}_t'$가 나타난다. 여기서 c는 빛의 속도를 의미하고, 운동좌표계에서 관측되는 물리량에 ′을 붙였다. 그리고, 아래첨자 t는 상대속도에 수직한(transverse) 방향을 향하는 벡터를 의미한다. 식 (2.4)와 (2.5)에서 중요한 점은 정지계에서는 자기장이

1) 상대론을 배우지 않은 사람은 건너뛰어도 좋다.

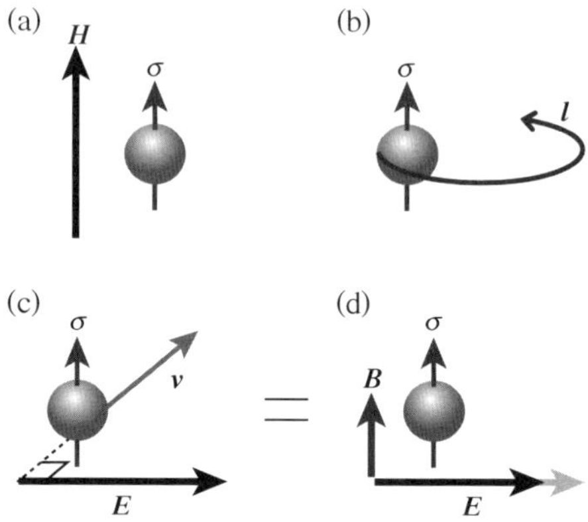

그림 2.2 스핀의 기초상호작용. (a)제만상호작용, (b)스핀–궤도상호작용, (c), (d)전기장의 로렌츠 변환.

없었는데, 운동좌표계로 갈아탐으로써 자기장이 생긴다는 것이다. 이것은 전기장이나 자기장은 본래 같은 것으로, 관측하는 좌표계에 따라서 전기장으로 보이기도 자기장으로 보이기도 한다는 것을 의미한다. 여기서 운동좌표계에 전자가 있다면, 로렌츠 변환에 의해 생긴 자기장 $\boldsymbol{B}_l'$와

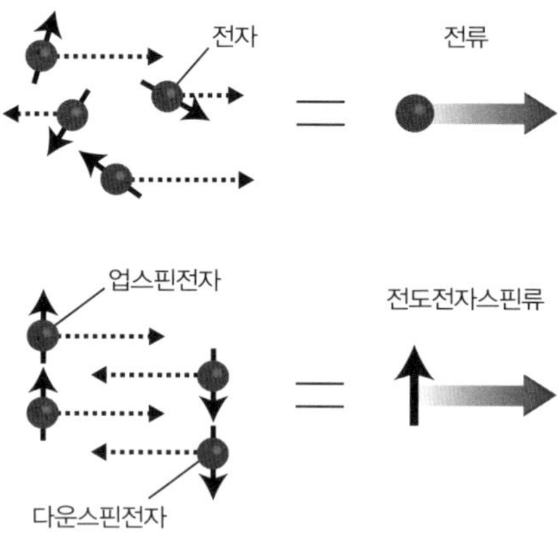

그림 2.3 전도전자가 운반하는 전류와 스핀류

전자의 스핀이 제만 상호작용(식 (2.1))을 하게 된다. 로렌츠 변환의 식 (2.5)를 식 (2.1)에 대입하면, 스핀궤도 상호작용의 식 (2.3)의 모양을 얻을 수 있다. 그러므로 스핀궤도 상호작용의 정체는, 전기장 속을 어떤 속도로 이동하는 전자가 그 전기장의 일부를 자기장($\propto \boldsymbol{p} \times \nabla \phi(\boldsymbol{r})$)으로 느끼는 효과라고 말할 수 있다. 실제로 물질 내부 전자의 스핀궤도 상호작용은 블로흐 파동함수를 이용한 상대론적 양자론을 이용해 정확하게 도출할 필요가 있지만, 결국 식 (2.3)과 같은 결과가 된다. 사실, 물질에는 강한 전기장이 곳곳에 존재한다. 예를 들면, 원자핵과 근접한 곳에는 핵전하에 의한 강한 쿨롱 전기장이 있고, 물체의 표면에도 강한 전위 기울기가 존재한다(그렇기 때문에 표면의 전자가 밖으로 튀어나오지 않는다). 또한, 외부에서 전기장을 인가하는 방법으로, 물질 표면 근처에 강한 전기장을 만들어내는 경우도 있다. 이러한 강한 전기장으로 인해, 특정 물질에서는 스핀궤도 상호작용이 진공에서와는 비교할 수 없을 만큼 커지는 경우가 있고, 이 경우에는 스핀궤도 상호작용이 중요한 상호작용이 된다.

2.2 전도전자의 스핀류

생각해보면, 금속 내부에는 일반적으로 10^{23} cm^{-3} 정도의 아주 고밀도의 전도전자가 존재한다. 이러한 높은 밀도로 인하여 전도전자는 큰 운동에너지(페르미 에너지)를 갖게 되고, 자유전자는 물질 안을 고속으로 이동한다. 이러한 전도전자계에 전기장을 가하게 되면, 전기장에 평행인 속도 성분을 가진 전자와 반평행인 속도 성분을 가진 전자의 양에 작은 차이가 생긴다. 이러한 전자 속도 분포의 작은 차이에 의해서 전자의 집단은 어떠한 방향으로 흘러가게 되는데, 이것을 전류라고 한다. 이때, 자성을 가지지 않은 금속에서는 스핀의 방향이 무작위로 분포하고 있어서, **그림 2.3**(위)과 같이 스핀의 흐름은 전체적으로 상쇄되어서 없어진다. 여기서 주의할 점은, 전자는 원래 전하와 스핀을 가지고 있지만, 스핀의 흐름은 상쇄되기 때문에 전하만의 흐름으로 이해되었다는 점이다.

자, 그렇다면 혹시 전자 집단의 속도 분포가 **그림 2.3**(아래)과 같은 상황이라면 무언가 일어나지 않을까? 즉, 어떤 방향으로 움직이고 있는 전자와 그와 반대 방향으로 움직이고 있는 전자가, 서로 반대 방향의 스핀을 가지고 있을 경우 어떤 일이 일어날까? 양방향으로 움직이고 있는 전자의 수는 같으므로 전하의 흐름은 상쇄되고, 전류는 0이 될 것이다. 그러나 스핀의 흐름은 상쇄되지 않고 남아 있다. **그림 2.3**(아래)과 같은 스핀의 이동을 생각한다면, 시료의 오른쪽 끝에는 업스핀이 증가하고(다운스핀은 감소하고), 왼쪽 끝에는 업스핀이 감소한다(다운스핀이 증가한다). 그러므로 이 상황은 업스핀이 왼쪽에서 오른쪽으로 흐르고 있다고 볼 수 있다(혹은 다운스핀이 오른쪽에서 왼쪽으로 흐르고 있다고 말할 수도 있다). 이처럼, 스핀 분포와 전자 속도 분포의 관계에 어떠한 차이를 줌으로써, 전류는 흐르지 않는 상태로 스핀만 흐르게 할 수 있다. 이것을 **전도전자 스핀류**(conduction electron spin current)라고 부른다. 스핀의 z성분이 양자수인 경우 스핀류의 z성분은

$$\boldsymbol{J}_S = \boldsymbol{j}_\uparrow - \boldsymbol{j}_\downarrow \tag{2.6}$$

이 되고, $+z$축에 평행한 스핀을 가진 전류 $\boldsymbol{j}_\uparrow$와 $+z$축에 반평행한 스핀을

가진 전류 $j_{\downarrow}$의 차이로 표현된다. 한편, 전류는

$$J_C = j_{\downarrow} + j_{\uparrow} \tag{2.7}$$

로 쓸 수 있다. 전류가 0인 상태로 스핀류만 흐르는 상태를 **순 스핀류**(pure spin current)라고 부르고, 스핀류와 전류가 함께 흐르고 있는 상태를 스핀편극전류(spin polarized current)라고 부른다. 전도전자의 스핀류를 만들어내는 여러 가지 방법이 알려져 있으며, 이 책에서도 몇 가지를 소개할 것이다.

전도전자 스핀류의 개념은 전류와 크게 차이가 없는 것처럼 보인다. 하지만, 스핀류는 21세기가 시작되기 전에는 거의 취급되지 않았다. 예를 들면, 전자기학의 기본 개념은 전류만으로 구성되어 있다. 즉, 현재의 일렉트로닉스를 만들어낸 전자기학에는 스핀류의 개념이 전혀 들어있지 않다. 그 이유는 스핀류는 보존류가 아니기 때문에, 긴 거리를 이동할 수 없기 때문이다. 이것이 바로 전류와 스핀류의 결정적인 차이다. 전류는 보존류이므로, 예를 들면, 금속 배선의 한쪽 끝으로 전류를 집어넣으면, 배선이 끊어지지 않은 이상 반대쪽 끝으로 같은 전류가 흘러나오는 것이 당연하다. 이것은 전하보존법칙 덕인데, 전하의 총량은 보존되므로 전하가 사라지거나 부호가 바뀌거나 하지 않기 때문이다. 그러나 스핀에 대하여는 이런 강력한 보존법칙이 없기 때문에 확률적으로 자연히 스핀의 방향은 무질서화되고 만다. 특히, 스핀궤도 상호작용은 이러한 반전을 쉽게 일으킨다. 그 결과 전도전자 스핀류는 어느 정도 거리를 흐르면 사라지고 만다. 스핀류가 보존되는 길이를 **스핀완화길이**(spin relaxation length)라고 부르는데(확산 전도의 경우, **스핀확산길이**

(spin diffusion length)라고도 부른다) 일반적인 금속 내부에서는 길어봐야 마이크로미터(1 micrometer =10^{-6}m) 스케일에 불과하다. 그러므로, 작다고 해봐야 밀리미터(1 milimeter =10^{-3}m) 이상의 세계를 주로 다루었던 고전물리학 창설 당시에는 스핀류를 생각할 필요가 없었다고 할 수 있다. 그러나, 이제는 마이크로미터 정도 스케일은 일상적인 수준의 길이가 되었다. 예를 들면, 현재의 컴퓨터 반도체 회로 칩의 배선은 나노미터(1 nanometer =10^{-9}m) 수준의 스케일로 되어 있다. 이러한 스케일에서는 전류와 스핀류를 동시에 취급하지 않으면 안 된다. 실제, 스핀 확산길이보다 충분히 작은 스케일에서는 스핀류도 근사적으로 보존류로 인정되고, 전류와 같이 표현하는 것이 가능하다.

하지만 스핀류의 물리를 전류와 완전히 같게 취급하는 것은 어렵다. 아래에서 설명하는 것처럼 스핀에 대한 완벽한 보존법칙이 성립되어 있지 않아서, 스핀류를 정확히 표현하는 것이 쉽지 않기 때문이다. 하지만 이런 것과는 별도로 스핀류의 개념을 도입함으로써 새로운 물리현상이 속속 밝혀지고, 더욱이 새로운 물리현상의 발견에 의해서 다시 스핀류의 이해가 크게 진전하고 있으므로, 스핀류는 물성 개발의 강력한 원리임에 틀림없다.

지금부터는 스핀류의 개념을 설명하면서, 스핀류 물성 탐구의 현황까지 소개하고자 한다.

2.3 각운동량 보존법칙과 스핀류

먼저 양자적 관점에서 스핀각운동량이 보존되는 가상적인 조건을 바탕으로 스핀류를 정의해보자. 이 경우 참고가 되는 것이 바로 전하보존법칙이다. 전자기학에서 전하보존법칙은 다음과 같이 표현된다.

어떤 영역 V에 있는 전체 전하를 Q라고 하자. Q가 시간이 흐름에 따라 감소하고 있다고 한다면, 영역 V의 표면 S로 전류가 흘러나갔다고 할 수 있다(**그림 2.4**). 흘러나간 전류의 적분치가 전하의 변화율에 상응한다는 것이 바로 전하보존법칙이고, 식으로 쓰면 다음과 같다.

$$-\frac{\partial}{\partial t}Q=-\frac{\partial}{\partial t}\int_V dr^3\rho(\boldsymbol{r})=\int_S dr^2\boldsymbol{j}_c(\boldsymbol{r}) \tag{2.8}$$

좌변이 영역 V에서의 전하의 변화, 우변이 흘러나간 전류를 기술하고 있다. ρ는 전하밀도를 의미하고, $\boldsymbol{j}_c$는 전류밀도를 의미한다. 이것을 벡터해석에서 배운 가우스 법칙을 이용하여 다시 쓰면,

$$\int_S dr^2\boldsymbol{j}=\int_V dr^3\mathrm{div}\boldsymbol{j} \tag{2.9}$$

가 되고, 양변의 체적 적분을 없애면

$$\frac{\partial}{\partial t}\rho(\boldsymbol{r})=-\mathrm{div}\boldsymbol{j}_c \tag{2.10}$$

이 된다. 이것이 전하보존법칙의 미분형의 표현이고, 전류의 정의라고 말해도 좋다.

자, 그렇다면 이것을 스핀각운동량으로 치환해보자. 일반적으로 자기모멘트 $\boldsymbol{m}$은 각운동량 $\boldsymbol{S}$를 가지며, 자기모멘트와 각운동량의 비를 자기회전비(gyromagnetic ratio) γ라고 부른다($\boldsymbol{m}=\gamma\boldsymbol{S}$). 단위 부피당 자기모멘트를 자화($\boldsymbol{M}$)라고 부른다. 어떤 체적 V에서 스핀자기모멘트가 시간에 따라서 변화했다고 하자. 영역 V 안에서 변화하는 각운동량은 자기모멘트로 인한 것밖에 없다고 가정하고, 거기다 더해 각운동량 보존

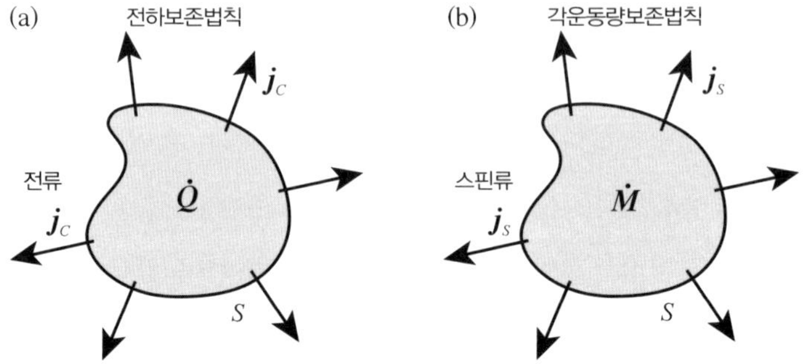

그림 2.4 전하보존법칙과 각운동량보존법칙. Q는 영역내의 전체전하, $\boldsymbol{M}$은 전체자기모멘트에 해당함.

법칙이 성립한다고 가정한다면, 변화한 각운동량이 영역 V의 표면 S로부터 외부로 흘러나온다고 생각할 수 있다(스핀각운동량의 흐름은 그 크기를 γ배한 자기모멘트의 흐름을 동반한다). 이 상황에 대한 적분 형태는

$$\frac{\partial}{\partial t}\int_V dr^3 \boldsymbol{M}(\boldsymbol{r}) = \gamma \int_S dr^2 \boldsymbol{j}_S(\boldsymbol{r}) \tag{2.11}$$

로 쓸 수 있다. 좌변은 공간 영역 V에서의 자화의 시간 변화를 나타내며, 우변은 영역 V의 표면 S를 통해 흘러나오는 스핀의 흐름에 해당한다. $\boldsymbol{j}_S$는 표면 S를 통해 흘러나간 각운동량의 흐름으로써, 이것을 스핀류라고 부르자. 마찬가지로 가우스 정리에 의해서 우변을 다시 쓰면,

$$\frac{\partial}{\partial t}\int_V dr^3 \boldsymbol{M}(\boldsymbol{r}) = \gamma \int_V dr^3 \mathrm{div} \boldsymbol{j}_S(\boldsymbol{r}) \tag{2.12}$$

가 되는데, 이로부터

$$\frac{\partial}{\partial t}\boldsymbol{M}(\boldsymbol{r}) = -\gamma \mathrm{div} \boldsymbol{j}_S(\boldsymbol{r}) \tag{2.13}$$

를 얻을 수 있다.[2)] 이것은 스핀각운동량 보존법칙의 미분형에 해당하며, 스핀이 보존량인 경우, 이것이 스핀류의 정의가 된다. 따라서 스핀각운동량 보존이 거의 성립한다고 간주되는 미소 스케일에서는 근사로 사용될 수 있다. 하지만 일반적인 큰 시스템에서는 스핀각운동량 보존법칙이 성립하지 않기 때문에, 스핀류는 엄밀한 의미에서 보존류가 아니다.

스핀완화

다음으로, 스핀이 보존되지 않는 경우를 생각해보자. 전자의 스핀은 스핀궤도 상호작용 등에 의해 확률적으로 불규칙적인 반전을 해서 정보를 잃게 되고, 충분한 시간이 흐르고 나면 업스핀과 다운스핀의 숫자가 같아지게 된다(**스핀완화**: spin relaxation). 일반적으로 완화는 현상론적으로 쓰는 경우가 많다. 이러한 스핀의 완화를 아주 간단하게 표현하면,

$$\boldsymbol{T}=-\frac{\boldsymbol{M}(\boldsymbol{r})-\boldsymbol{M}_0}{\tau} \tag{2.14}$$

으로 나타나고, 이러한 완화항을 집어넣으면 식 (2.13)은

$$\frac{\partial}{\partial t}\boldsymbol{M}(\boldsymbol{r})=-\gamma \mathrm{div}\boldsymbol{j}_S(\boldsymbol{r})+\boldsymbol{T} \tag{2.15}$$

가 된다. 여기서 $\boldsymbol{M}_0$은 평형상태에서의 자화를 나타낸다. τ는 실험과 부합하도록 결정된다. 이러한 완화에 의해서 스핀류는 전파하면서 감쇄

2) 여기서 div는 스핀류 $\boldsymbol{j}_S$ 흐름의 공간 성분에 대해서 작용한다. $\boldsymbol{j}_S$는 스핀성분과 공간성분을 가진 양(텐서)에 해당한다.

하고 최종적으로는 사라져버린다. 스핀류의 강도가 $1/e$ 정도까지 감쇄하는 거리를 스핀완화길이라고 하고, 스핀완화길이보다 충분히 긴 거리를 이동하면 스핀류는 거의 사라진다고 볼 수 있다.

실제 물질 내부의 스핀완화의 원인은 매우 복잡하다[16]. 지금까지 몇 가지 스핀완화 메커니즘 모델이 제안되었으나 실제 물질에서의 완화를 보편적으로 설명하는 모델은 아직 알려져 있지 않다. 대표적인 모델로서 두야코노프—페렐(D'yakonov–Perel')에 의해서 제안된 메커니즘이 있다. 이 모델에서 말하는 스핀완화의 메커니즘은 전자가 스핀궤도 상호작용에 의한 유효자기장에 의해서 세차회전운동을 하여 스핀의 방향이 바뀌고 스핀의 정보도 없어져 버리는 메커니즘이다. 이 모델에서는 산란과 산란 사이의 시간이 길어지면, 전자의 스핀은 더욱더 큰 각도를 회전하게 되고 스핀완화가 강해진다. 따라서 스핀의 완화시간은

$$\frac{1}{\tau} \sim \omega^2 \tau_p \qquad (2.16)$$

가 되는 것을 도출할 수 있다. ω는 스핀세차운동의 각진동수, τ_p는 전자의 운동량완화시간을 의미한다.

한편, 스핀궤도 상호작용이 강한 시스템에서 전도전자가 산란될 때 스핀의 방향이 바뀌는 메커니즘에 따른 스핀완화로서 엘리엇—야페트(Elliott–Yafet) 메커니즘이 있는데, 이 모델에서 스핀완화는 스핀의 산란확률에 비례해서 $1/\tau \propto 1/\tau_p$가 된다.

스핀완화의 존재는 스핀류의 정의를 어렵게 만든다. 전류는 전하 연속의 식으로부터 정해지지만, 스핀류의 경우 완화항이 존재하는 한(스핀궤도 상호작용이 강해서 스핀 고유치가 정상 상태가 아닌 경우), 연속

식 그 자체가 성립하지 않게 되어버리므로, 연속의 식(보존법칙)에 의해 스핀류를 정확히 정의하는 것이 불가능해진다($\boldsymbol{j}_S$에 $\boldsymbol{T}$의 일부로부터 도출해낸 임의의 항을 더하는 것이 가능해진다). 이 경우, 고려하는 대상에 따라 스핀류의 정의를 그때그때 다르게 사용해 왔다. 예를 들면, 자화와 전도전자의 스핀각운동량 교환을 생각하는 경우에 위의 (2.13)식이 편리하다. 앞서도 얘기했듯이 스핀완화길이보다 충분히 작은 길이 스케일에서 완화는 그다지 중요하지 않고, 근사적으로 스핀각운동량은 보존된다고 생각할 수 있다. 이러한 길이 스케일에서는 위에서 설명한 스핀류의 정의를 실효적으로 이용할 수 있다. 스핀완화길이는 전형적으로 마이크로미터 스케일이지만, 현재는 나노기술로 인해 나노미터 스케일의 소자가 만들어지고 있어서, 이러한 계에서 스핀류는 근사적으로 보존류로 간주할 수 있다.

2.4 금속의 강자성

위에서 설명한 전도전자에 의한 스핀류 외에, 자석 내부의 자화에 의한 스핀류가 있다. 이것을 소개하기 위해서 일단, 자석으로 알려진 **강자성체**(ferromagnet)라는 것이 무엇인지 알아보자.

전자의 스핀이 어느 정도 같은 방향을 향하고 있는 상태를 강자성이라고 한다. 그렇다면, 강자성체에서 스핀을 한 방향으로 정렬시키려 하는 힘의 근원은 무엇인가? 일단 스핀자기모멘트 $\boldsymbol{\mu}_i$ 사이의 쌍극자 상호작용

$$E_{dipole} \propto \frac{1}{r^3}\left(\boldsymbol{\mu}_1 \cdot \boldsymbol{\mu}_2 - \frac{3}{r^2}(\boldsymbol{\mu}_1 \cdot \boldsymbol{r})(\boldsymbol{\mu}_2 \cdot \boldsymbol{r})\right) \tag{2.17}$$

을 생각할 수 있다(**그림 2.5** 참고). 하지만, 이 에너지에 상응하는 온도를 구해보면, 기껏해야 10^{-2}K 정도이다. 이 정도의 상호작용은 실온에서의 열적 요동에 의해서 거의 사라져버릴 것이므로, 실온에서 안정적으로 존재하는 자석이 다수 존재한다는 사실을 설명할 수 없다. 실온에서 안정하게 스핀을 정렬시키기 위해서는 더 강력한 상호작용이 필요하다. 그것은 양자역학의 파울리 배타율을 통한 쿨롱 에너지와 운동에너지의 경합에 의해 나타난다.

금속 강자성에 있어서 이 메커니즘의 핵심을 한번 살펴보자. 구체적으로는 철이나 니켈과 같이 금속 전도를 나타내는 강자성체를 상정하자. 금속 내부의 전도전자는 자유전자로 근사할 수 있는 경우가 많다. 자유전자는 물질 속을 자유롭게 이동하므로 큰 운동에너지를 가지고 있다. 물질 내에서 이런 운동에너지만큼 큰 에너지를 가지는 것은 전자 간의 쿨롱 에너지(전기적 반발 에너지)가 있다. 쿨롱 힘은 전자 간 거리에 반비례하므로, 두 전자가 근접하게 되면 큰 에너지 손실이 발생한다. 이러한 에너지 손실을 막기 위해서 전자는 어떻게 해야 할까? 전자는 페르미입자에 해당한다. 페르미입자의 중요한 성질은 파울리 배타율인데, 그에 의하면 같은 양자 상태에 들어가는 전자는 서로 다른 스핀(업스핀과 다운스핀)을 가진 두 개로 제한된다. 같은 스핀을 가진 전자는 같은 상태에 들어갈 수 없으므로, 같은 위치에 있는 것이 불가능하

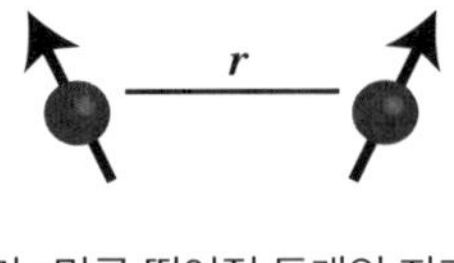

그림 2.5 거리 r만큼 떨어진 두개의 자기모멘트 1과 2.

다. 이것은, 같은 위치에 있는 것이 에너지적으로 불리하다는 의미가 아니라 그런 상태의 존재 자체가 양자역학의 원리에 의해 자동적으로 제거된다는 의미이다. 따라서, 혹 전자의 스핀이 같은 방향을 향해 있다고 한다면, 전자는 아주 근접한 상태가 될 수 없으므로 쿨롱 에너지의 손실이 크지 않다. 이러한 메커니즘에 의해 전자는 쿨롱 에너지에 의한 손실을 줄일 수 있도록 스핀이 일정한 방향을 선호한다. 한편, 스핀이 일정한 방향을 향한다는 것은, 본래 두 개의 전자(업스핀, 다운스핀)를 받아들일 수 있는 상태에 하나밖에 들어가지 않는 것을 의미하므로, 들어가지 못한 전자는 보다 높은 운동에너지를 가진 상태로 이동해야만 한다. 즉, 운동에너지 손실이 발생한다. 이러한 운동에너지의 손실보다 스핀을 정렬시킴으로써 피할 수 있는 전자 간 쿨롱 에너지가 크다면, 전자의 스핀은 자발적으로 정렬한다. 이것이 금속 강자성의 대표적인 메커니즘이다(물성물리학의 기초를 배운 사람은, **그림 2.6**을 보면, 상태밀도 N이 아주 큰 경우 이 조건을 만족한다는 사실을 알 것이다. 이것은 **스토너 조건**(Stoner condition)이라고도 부른다).

이렇듯 전자의 쿨롱 에너지와 운동에너지가 양자역학의 파울리 배타율을 매개로 경합함으로써 대부분의 자성이 생기고 있다. 이러한 양자역학적 메커니즘에 의해서 스핀이 서로 정렬하려는 상호작용을 **교환상호작용**(exchange interaction)이라고 부른다.

강자성체에서 원자(이온)는 자기모멘트 $\boldsymbol{m}$을 가지고, 교환상호작용에 의해 근접한 원자(이온)의 자기모멘트도 같은 방향을 향하려고 한다. 위에 기술한 메커니즘에 의해서 발생한 (단위체적당) 자기모멘트에 해당하는 자화는 자기장이 사라져도 발현하므로 자발자화라고도 불린다.

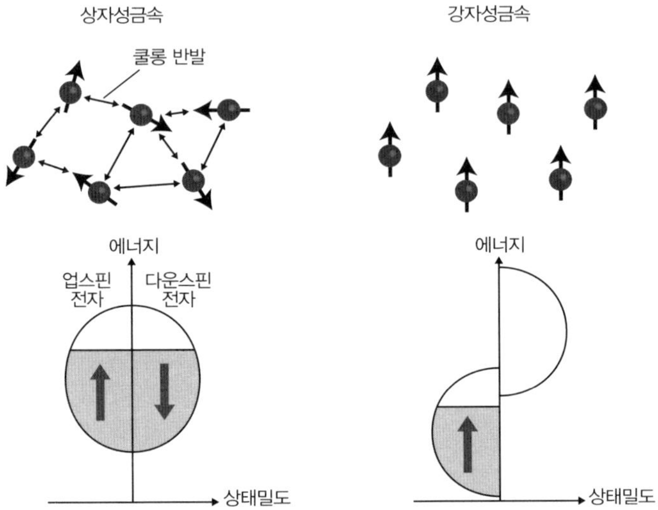

그림 2.6 금속강자성과 전자상태.

교환상호작용에 의해 이웃한 원자(i, j라고 하자) 사이에서 스핀을 정렬하려고 하는 에너지는

$$E \propto -\sum_{(i,\ j)} \boldsymbol{m}_i \cdot \boldsymbol{m}_j \tag{2.18}$$

로 모델화할 수 있다. 이것을 하이젠베르크 교환상호작용이라고 부른다.

교환상호작용은 스핀의 기본 상호작용이 아니라, 스핀의 자유도를 고려했을 때, 배후에 있는 전자가 파울리 배타율을 통해서 쿨롱 에너지와 운동에너지의 경합에 의해서 나타나는 효과이다. 말하자면, 근본적인 상호작용이 아닌 겉보기 상호작용이다. 이러한 상호작용을 유효상호작용이라고 부르기도 한다.

2.5 자화 다이나믹스와 완화

자화의 운동방정식

자발자화의 운동을 생각해보자. 자기모멘트 $\boldsymbol{m}$의 운동은 $\boldsymbol{m}$ 연산자에 해당하는 하이젠베르크 운동방정식

$$\frac{d}{dt}\boldsymbol{m}=-\frac{i}{\hbar}[\boldsymbol{m}, \mathcal{H}] \tag{2.19}$$

를 생각해보면 알 수 있다. $\mathcal{H}$는 해밀토니안으로, 여기서는 **유효자기장** $\boldsymbol{H}_{eff}$(effective field)와의 상호작용 $\mathcal{H}=-\boldsymbol{m}\cdot\boldsymbol{H}_{eff}$를 채용하도록 한다. 여기서 유효자기장이란, 외부에서 인가하는 외부자기장에 더해, 교환상호작용(exchange interaction)이나 자기이방성(magnetic anisotropy)을 자기장으로 표현한 교환자기장(exchange field)이나 이방성자기장(anisotropy field)을 포함하는 개념이다. 자기이방성이라고 하는 것은, 물질 내부의 자화가 어떤 방향을 선호하는 성질이다. 자기이방성에는 물질의 결정성과 전자의 스핀궤도 상호작용에 기인하는 결정자기이방성과 자기쌍극자 상호작용에 의한 형상자기이방성이 있는데, 이런 걸 전부 포함한 것이 $\boldsymbol{H}_{eff}$라고 생각해도 좋다. 이런 것을 모두 포함한 계의 포텐셜 에너지 E를 $\boldsymbol{m}$의 함수로 나타낼 수 있다면, $\mathcal{H}=-\boldsymbol{m}\cdot\boldsymbol{H}_{eff}$에 의해,

$$\boldsymbol{H}_{eff}=-\frac{\delta E(\boldsymbol{m})}{\delta \boldsymbol{m}} \tag{2.20}$$

과 같이 $\boldsymbol{H}_{eff}$를 쓸 수 있다. 유효자기장과의 상호작용을 나타내는 해밀토니안 $\mathcal{H}$를 식 (2.19)에 대입하고, 교환관계(commutation relation)를

이용하여 식을 전개한 후 자화 다이나믹스를 보자. 전개할 때 자기모멘트는 스핀각운동량 $\boldsymbol{S}$에

$$\boldsymbol{m} = \gamma \boldsymbol{S} \tag{2.21}$$

와 같이 비례하고(여기서 비례 계수 γ는 자기회전비), 각운동량은 교환관계

$$[S_i, S_j] = i\hbar S_k \tag{2.22}$$

를 만족시킨다는 사실을 이용하자. 여기서, $(i, j, k) = (x, y, z)$ 또는 (y, z, x)혹은 (z, x, y)이다. 이러한 교환관계를 이용하여, 식을 전개하여 정리하면 식 (2.19)는

$$\frac{d}{dt}\boldsymbol{m} = -\gamma \boldsymbol{m} \times \boldsymbol{H}_{eff} \tag{2.23}$$

가 된다. 이것은 고전적인 각운동량의 운동방정식과 같은 형태이고, 자기 모멘트는 유효자기장의 주변을 세차운동한다는 것을 나타내고 있다.

그런데 생각해보면 이 운동방정식은 자기모멘트가 계속해서 자기장 주위를 세차운동 한다는 것을 나타낼 뿐 자기모멘트가 자기장의 방향(즉, 제만 에너지 최소의 상태)으로 가는 것을 설명하지 못한다. 실은 자화가 에너지 최소 상태로 가기 위해서는 외부계와 상호작용을 해야하고, 그러한 상호작용의 효과는 위의 해밀토니안에 포함되지 않았다. 통상 외부계와의 상호작용은 억지로 자화의 방향을 자기장의 방향으로 향하게 하려는 어떤 힘, **완화항**(damping term)을 식에 집어 넣는 것으로 표현을 한다. 이런 방법은 현상론적인 접근으로, 어떤 완화항을 집어넣

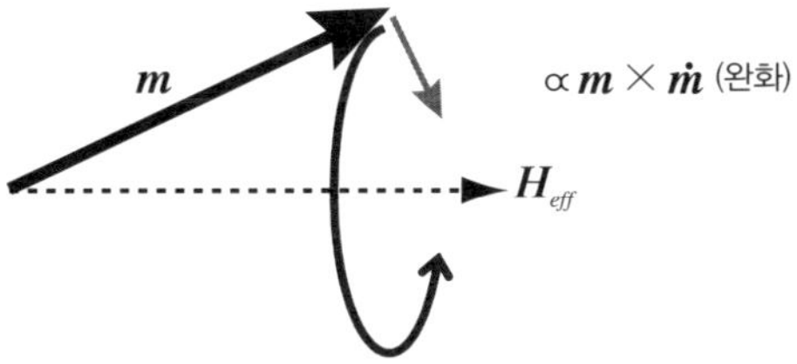

그림 2.7 자기모멘트 $\boldsymbol{m}$의 유효자기장 $\boldsymbol{B}_{eff}$ 주변에서의 세차운동.

을 것인가 하는 문제는 실험결과를 잘 설명할 수 있느냐 없느냐에 따라 판단된다. 널리 사용되고 있는 완화항을 포함한 운동방정식은

$$\frac{d}{dt}\boldsymbol{M}=-\gamma\boldsymbol{M}\times\boldsymbol{H}_{eff}+\frac{\alpha}{M}\boldsymbol{M}\times\frac{d}{dt}\boldsymbol{M} \tag{2.24}$$

으로 표현된다. 여기서는 $M=m/V$을 이용해서, 단위 체적당 자기모멘트를 나타내는 식으로 바꾸어서 썼다. 위 식의 마지막에 등장하는 항이 완화항으로, 이 방정식을 **란다우—리프시츠—길버트 방정식**(Landau–Lifshitz–Gilbert equation: **LLG방정식**)이라고 부른다. α를 **길버트 완화상수**라고 부르며, 이는 자화의 완화의 강도를 나타내는 수치에 해당한다. 외적의 성질을 생각해보면 금방 알 수 있듯이, **그림 2.7**에서 보는 것과 같이, 완화항은 항상 외부자기장의 방향을 향하고 있고, 따라서 자기 모멘트가 자기장 방향을 향하게 함으로써 에너지를 낮추려고 한다. 여기서 완화항은 시간미분항과 같이 쓰여져 있으므로 자화의 움직임이 멈출 때까지 작용하며, 자화가 정지 상태가 되면 완화항도 사라지게 된다.

자화의 완화

완화항은 나중에 설명할 강자성 공명법 등으로 정확하게 측정이 가능한데, 대부분의 강자성체에서 저온에서는 온도가 증가하면서 완화항이 감소하고, 고온에서는 온도가 증가하면서 완화항이 증가한다고 알려져 있다. 고온에서의 완화항은 하인리히에 의해서 제창되었는데 s–d 산란모델과 잘 일치한다. 이 모델에서는 자화의 완화 원인으로 전도전자($\boldsymbol{s}$)가 국소스핀($\boldsymbol{d}$)에 의해서 산란된 후 스핀궤도 상호작용을 통하여 각 운동량을 격자에 넘겨주는 과정을 생각한다. 이 경우 완화의 강도는 전자의 산란확률($1/\tau$)에 비례한다. 전기 비저항 ρ도 전자의 산란확률에 비례하므로, 완화상수 α는 ρ에 비례하며($\alpha \propto \rho$) 이러한 α의 거동을 'resistivity–like'라고 부른다. 한편, 저온에서의 α는 전기전도도 α에 근사적으로 비례하는 경우가 많은데($\alpha \propto \sigma(=1/\rho)$), 이러한 α의 거동을 'conductivity–like'라고 부른다. 'conductivity–like'를 기술하는 모델로는 페르미면 요동 메커니즘(breathing fermi surface mechanism)이 있다. 이 모델에서는 자화의 운동에 의해서 전자의 에너지 분포함수가 각 순간 열평형 페르미 분포에서 벗어나게 됨으로써 자화의 완화가 나타나게 되는데, 이때 벗어나는 정도가 전기전도도에 비례한다. 실제 시스템에서는 계의 불균일성도 α의 원인이 된다.

2.6 교환스핀류

2.4절과 2.5절을 바탕으로, 강자성체의 자화에 의해 생기는 스핀류를 도출해보자.

2.6.1 교환상호작용과 스핀류

일단, 강자성체와 같은 교환상호작용이 있는 경우의 유효자기장을 구해보자. 하이젠베르크 교환상호작용 $\mathcal{H}=-2J\sum_{(i,j)}\boldsymbol{S}_i\cdot\boldsymbol{S}_j$에 의한 에너지를 식 (2.20)에 대입하여, $\boldsymbol{i}$번째 원자에 가해지는 유효자기장을 구하면,

$$\boldsymbol{H}_{eff,i}=-2\frac{J}{\gamma}\sum_{(i,j)}\boldsymbol{S}_j \tag{2.25}$$

가 된다. 여기서 J는 교환상호작용 상수라고 부른다. 위 식을 식 (2.23)에 넣고, 완화항(식 (2.24)의 마지막 항)을 추가하면,

$$\frac{d}{dt}\boldsymbol{m}_i=2J\boldsymbol{m}_i\times\sum_{(i,j)}\boldsymbol{S}_j+\boldsymbol{T}' \tag{2.26}$$

이 된다.

여기에서 이 방정식을 연속체 근사한 후, 장 방정식으로 바꾸어보자. 원자 위치 i에 의한 기술에서 원자 위치 $\boldsymbol{r}$에 의한 식으로 바꾸기 위해서, $\boldsymbol{S}_i=\boldsymbol{S}(\boldsymbol{r})$로 바꾸고, $\boldsymbol{S}_i$와 가장 가까이에 있는 $\boldsymbol{S}_j$ 사이의 거리를 a라 두면, $\boldsymbol{S}_j=\boldsymbol{S}(\boldsymbol{r}+\boldsymbol{a})$로 나타낼 수 있다(**그림 2.8**). $\boldsymbol{S}(\boldsymbol{r}+\boldsymbol{a})$를 테일러 전개하면,

$$\boldsymbol{S}(\boldsymbol{r}+\boldsymbol{a})=\boldsymbol{S}(\boldsymbol{r})+\frac{\partial\boldsymbol{S}(\boldsymbol{r})}{\partial r}\cdot\boldsymbol{a}+\frac{1}{2}\frac{\partial^2\boldsymbol{S}(\boldsymbol{r})}{\partial^2 r}\cdot a^2+\cdots \tag{2.27}$$

이 되는데, 이 식을 식 (2.26)에 대입한다. 이때, 테일러 전개의 제2항은 식 (2.26)에서 Σ를 계산할 때 사라지는데, 이는 $\boldsymbol{r}$의 위치에 원자가 있다면 반드시 $-\boldsymbol{r}$의 위치에도 원자가 있어야 한다는 사실로부터 알 수 있다. 따라서, 결과적인 운동방정식은

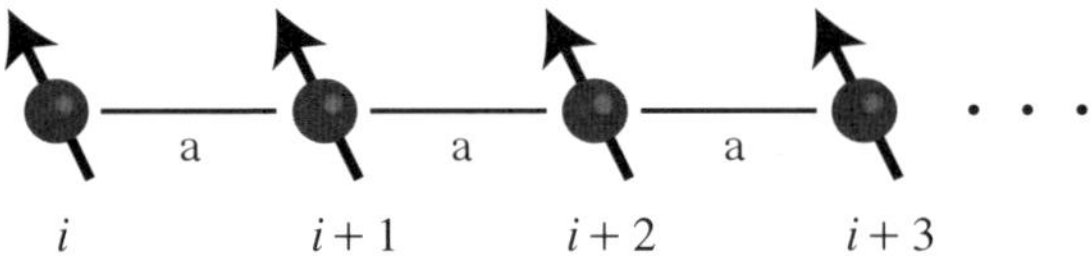

그림 2.8 격자상의 스핀. 격자상수를 a라고 하였음.

$$\frac{d}{dt}\boldsymbol{m}(\boldsymbol{r}) = \frac{2Ja^2}{\gamma}\boldsymbol{m}(\boldsymbol{r}) \times \nabla^2 \boldsymbol{m}(\boldsymbol{r}) + \boldsymbol{T}' \tag{2.28}$$

이 된다.

여기서 다음과 같은 벡터 계산을 이용하면,[3)]

$$\boldsymbol{m} \times \nabla^2 \boldsymbol{m} = \mathrm{div}(\boldsymbol{m} \times \nabla \boldsymbol{m}) \tag{2.29}$$

식 (2.28)은

$$\frac{d}{dt}\boldsymbol{m}(\boldsymbol{r}) = -A\gamma\,\mathrm{div}(\boldsymbol{m}(\boldsymbol{r}) \times \nabla \boldsymbol{m}(\boldsymbol{r})) + \boldsymbol{T}' \tag{2.30}$$

이 된다. 여기서 계수는 A로 정리했다. A는 교환결합상수(exchange stiffness) 라고 불린다. 여기서 완화항 $\boldsymbol{T}'$이 없다면, 이 식은

$$\frac{d}{dt}\boldsymbol{m}(\boldsymbol{r}) = -A\gamma\,\mathrm{div}(\boldsymbol{m}(\boldsymbol{r}) \times \nabla \boldsymbol{m}(\boldsymbol{r})) \tag{2.31}$$

이 되고, 식 (2.13)에서 보았던 연속 관계식이 되는 것을 알 수 있다. 즉, 새로운 스핀류를

3) 벡터 $\boldsymbol{m}$을 $\boldsymbol{m}(\boldsymbol{r}) = \sum_i (\boldsymbol{r})\,\overline{\boldsymbol{e}}_i$로 나타낸다. $\overline{\boldsymbol{e}}_i$는 스핀 공간에서의 i 방향 단위벡터에 해당한다. ∇는 스핀공간에서는 작용하지 않고, 실공간벡터 $\boldsymbol{r}$에만 작용한다고 하면, $\nabla \boldsymbol{m}(\boldsymbol{r}) = \sum_i \nabla m_i(\boldsymbol{r})\,\overline{\boldsymbol{e}}_i$와 $\boldsymbol{m}(\boldsymbol{r}) \times \nabla \boldsymbol{m}(\boldsymbol{r}) = \sum_{ijk} \varepsilon_{ijk} m_j(\boldsymbol{r}) \nabla m_k(\boldsymbol{r})\,\overline{\boldsymbol{e}}_i$를 얻는다. 여기서, ε_{ijk}는 완전반대칭텐서를 의미한다. 이것의 발산은, $\nabla \cdot (\boldsymbol{m} \times \nabla \boldsymbol{m}) = \sum_{ijk} \varepsilon_{ijk} \left[(\nabla m_j) \cdot (\nabla m_k) + m_j(\nabla^2 m_k)\right] \overline{\boldsymbol{e}}_i = \sum_{ijl} \varepsilon_{ijk} m_j (\nabla^2 m_k)\,\overline{\boldsymbol{e}}_i$가 되고, $\boldsymbol{m} \times \nabla^2 \boldsymbol{m}$의 형태와 일치함을 보일 수 있다.

$$\boldsymbol{j}_s = A\boldsymbol{m}(\boldsymbol{r}) \times \nabla\, \boldsymbol{m}(\boldsymbol{r}) \tag{2.32}$$

로 정의하면, 식 (2.31)은 스핀각운동량의 보존법칙을 나타내는 연속 방정식이 된다(전하의 연속 방정식 (2.10)과 비교해보라). 이렇듯, 교환상호작용을 받아서 운동하는 자성체 내부의 자화의 운동은 식 (2.32)에서 정의되는 스핀류에 의한 스핀각운동량 보존법칙의 형태로 쓸 수 있음을 알 수 있다. 이러한 스핀류를 **교환스핀류**(exchange spin current)라고 부른다. 이러한 교환스핀류는 사실 딴 게 아니라, 하이젠베르크 상호작용을 각운동량 교환관계를 사용해서 연속체 근사하여 다시 쓴 것에 불과하다. 스핀이 각운동량이라는 사실과 교환상호작용에 의한 에너지 이외 아무것도 새로 추가한 것이 없다. 즉, 교환스핀류라고 하는 것은 교환상호작용을 스핀류라는 말로 치환한 것에 불과하다.

여기서 완화항을 부활시켜보면,

$$\frac{d}{dt}\boldsymbol{m} = -\gamma \mathrm{div}\boldsymbol{j}_s + \frac{\alpha}{m}\boldsymbol{m} \times \frac{d}{dt}\boldsymbol{m} \tag{2.33}$$

이 된다. 자기모멘트가 정렬되지 않은 상황에서는 교환상호작용에 의해서 자화가 운동을 시작하게 되는데, 이 상황을 스핀류라는 말로 바꾸는 것이 가능하다. 교환스핀류는 $\nabla \boldsymbol{m}$에 비례한다. 자기모멘트가 정렬되지 않은 상황에서는 $\nabla \boldsymbol{m} \neq 0$이기 때문에 교환스핀류가 흐르고, 이것은 식 (2.31)에 의해 자기모멘트의 시간변화(회전)를 일으킨다. 이 작용과 완화항이 함께 작용하여 자화는 운동하게 되고, 이 운동은 자화가 완전히 정렬될 때까지($\nabla \boldsymbol{m} = 0$, 즉 교환스핀류가 0) 계속된다. 이러한 교환스핀류는 평형상태에서도 흐르는 스핀류이므로, 평형스핀류 혹은 초스핀류라고 부르는 경우도 있다(초전도전류가 질서위상 θ의 기울기 $\nabla\theta$로 표현된다는 사실을 기억하길 바란다).

교환스핀류는 자화가 정렬된 상태에서는 0이되고, 자화에 공간적인 변화가 있는 경우에 0 이외의 값을 가진다. 다음 글에서 구체적으로 강자성체 내부 자화의 공간 변화가 있는 대표적인 상황에 대해서 교환스핀류를 생각해보자.

2.6.2 나노자기구조에 있어서 교환스핀류

먼저, 나노자기구조가 형성되는 경우를 생각해보자.

자구와 자구벽

교환상호작용은 자화를 정렬시키려고 하지만, 실제 자석의 내부에는 자화가 정렬되어 있지 않고, 다수의 **자구**(magnetic domain)라 불리는 영역으로 나누어져 있다. 자구의 내부는 자화가 일렬로 정렬되어 있지만, 서로 다른 자구 사이에는 자화의 방향이 평행이 아니다. 자구와 자구의 경계에는 자화가 급격히 변하는 영역이 존재하고, 이를 **자구벽**(magnetic domain wall)이라고 부른다. 자구벽의 전형적인 두께는 수 나노미터에서 수백 나노미터 정도이다. 이러한 자구는 안정상태로 존재하는 경우도 있고, 준안정상태로 존재하는 경우도 있다.

안정상태로 자구가 형성되는 이유는 정자기에너지(magnetostatic energy, 자기쌍극자 에너지) 때문이다. 자성체 전체의 자화가 일렬로 정렬되면, **그림 2.9**(위)와 같이 동일 표면에 동일 부호의 자극이 모이게 되는데, 같은 극성끼리는 강하게 반발하기 때문에 정자기에너지 의 손실

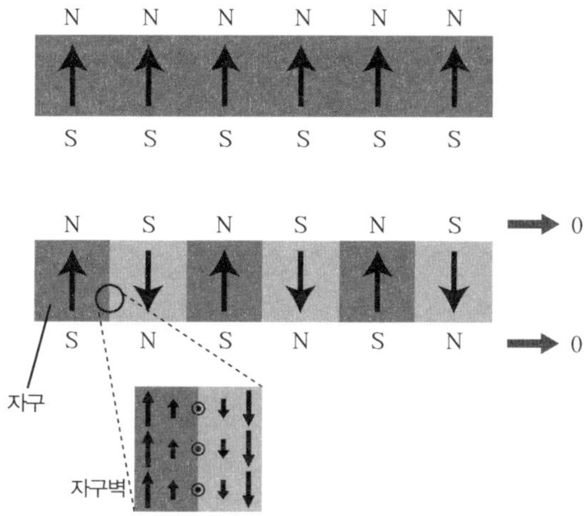

그림 2.9 자화가 모두 정렬된 강자성체(위)와 복수의 자구를 가지는 강자성체(아래).

이 일어나게 된다. 이때, **그림 2.9**(아래)와 같이 자구가 생기게 된다면, 서로 다른 부호의 자극이 섞이게 되므로, 정자기에너지의 손실을 어느 정도 피할 수 있게 된다. 그러나 그 대신 자화가 자구벽이 있는 부분에서 그 방향이 바뀌게 되어 교환상호작용의 손실이 발생하게 된다. 자구가 어느 정도 생기느냐는 이러한 정자기상호작용의 손실과 교환상호작용의 손실 밸런스로 결정된다. 실제로 아주 복잡한 계에서의 자구의 분포와 형상은 정자기상호작용, 교환상호작용, 자기이방성, 외부자기장과의 상호작용을 넣은 에너지를 계산한 뒤 이것을 식 (2.20)의 유효자기장으로 치환하여 식 (2.24)에 나와있는 자화 운동식에 대입해서 수치 계산함으로써 예상 가능하다. 이러한 방법을 마이크로마그네틱스(micromagnetics) 방법이라고 부른다.

한편, 준안정상태의 자구를 만드는 것도 가능하다. 예를 들면, 아주 가느다란(자구벽의 두께보다 훨씬 가는) 강자성체 선을 생각해보자. 여기서, 결정 자기이방성은 일단 무시하자. 이때, 정자기상호작용에 의해서 강자성체 선 안의 자화는 선의 길이 방향에 대하여 평행 혹은 반평행 상태가 안정한 상태가 된다(**그림 2.10**(위)). 왜냐하면, 선의 수직한 방향의 자화성분이 생기면 선의 측면에 자극이 생기고, 그로인해 정자기에너지가 크게 증가해버리기 때문이다. 그에 반해, 선의 길이 방향으로 자화성분이 나란하게 된다면, 자극이 생기는 것은 선의 양단뿐이므로 정자기에너지의 손실이 적다. 이렇게 정자기상호작용의 형상효과에 의해서 자화의 방향이 결정되는 메커니즘을 형상자기이방성이라 부른다. 이러한 가느다란 자성체 선 안에 **그림 2.10**(아래)과 같이 자구벽이 하나 생긴 경우를 생각해보자. 자구벽이 생겼다는 것은, 자구벽 내부의 교환상호작용과 정자기상호작용 에너지가 증가한다는 것을 의미하므로, 이 상태는 가장 안정한 상태는 아니다. 하지만 이러한 자구벽을 없애기 위해서는 자구벽에 외력을 가해서 긴 거리를 이동시키지 않으면 안 되는데, 이러한 작용을 열적 요동만으로 실현하기는 어렵다. 따라서 이러한 상태는 실질적으로 안정하게 보이는 상태라 할 수 있고 준안정상태라고 부른다.

그런데 위와 같이 자구벽의 내부에 자화가 변하고 있는 상태는 교환스핀류가 흐르고 있다는 것을 의미한다(반복하지만, 교환스핀류는 교환상호작용을 스핀류라는 말로 바꾼 것에 불과하므로 새로운 상호작용이 아니다). 교환스핀류가 각운동량을 전달해, 식 (2.33)에 의해서 자화는 토크를 가하지만, 위에서 설명한 상태는 안정 혹은 준안정적인 정지 상태를 말하므로 자화의 시간 변화는 없다. 이 말은, 교환스핀류에 의한

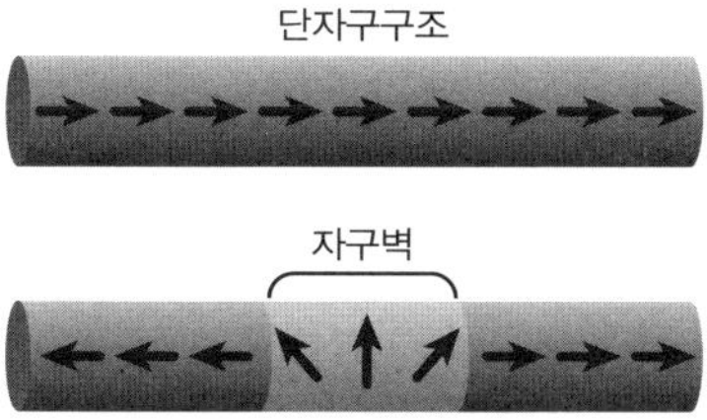

그림 2.10 강자성 미세선에 만들어진 자구벽.

토크가 교환스핀류 이외의 에너지가 만들어내는 유효자기장 $\boldsymbol{H}_{eff}$에 의한 토크, 즉, $\boldsymbol{M} \times \boldsymbol{H}_{eff}$(식 (2.24)의 우변 제1항)와 완전히 상쇄되어, 전체적으로 식 (2.33)의 우변이 제로가 된다는 것을 의미한다.

정자기상호작용이 작용하는 나노자기구조는 이밖에도 미소자기디스크에서 보이는 **자기 소용돌이**(magnetic vortex)가 잘 알려져 있다.

DM상호작용

정자기상호작용 이외에 불균일한 자화구조를 일으키는 상호작용으로, **쟈로신스키–모리야 상호작용**(Dzyaloshinskii–Moriya interaction)이 잘 알려져 있다. 스핀쌍($\boldsymbol{S}_i$와 $\boldsymbol{S}_j$)에 대하여 교환상호작용과 스핀궤도 상호작용에 의한 2차 섭동(스핀궤도 상호작용으로 전자가 여기 상태(excited state)로 이동한 후, 여기된 스핀과 인접한 스핀의 교환상호작용 등)을 계산하면 섭동에 의한 에너지 수정항은

$$\mathcal{H}_{DMI} = \boldsymbol{D} \cdot (\boldsymbol{S}_i \times \boldsymbol{S}_j) \tag{2.34}$$

로 정리된다. 여기서 $\boldsymbol{D}$는 섭동의 결과 얻어지는 벡터로서, 결정의 구조를 반영하여 결정의 대칭성이 낮은 경우에 유한한 값이 된다. 일반적으

로 벡터의 외적의 크기는 두 벡터 사이의 각이 수직에 가까울수록 커지므로, 이 DM상호작용과 교환상호작용이 함께 존재하는 경우, 스핀쌍은 반평행, 평행 이외의 어중간한 각도를 가지게 되고, 결정 내부에 자화의 복잡한 공간 패턴을 여기시키는 것이 가능해진다. 실제, **사이클로이드 자기질서**(cycloidal spin order)나 **스커미온 격자**(skyrmion lattice) 등, 다양한 자기구조를 보이는 물질이 발견되었다. 강자성과 강유전성, 두 '강'(ferro)이 양립해 있는, **다강성 물질**(multiferroics)의 내부에는, 자화의 공간 패턴과 동시에 전기분극이 생기는 물질도 발견되었다. 이런 유전분극의 메커니즘은, DM상호작용이 (전기분극을 만드는) 결정구조의 대칭성과 $S_i \times S_j$를 적절히 조화시키는 것에서 유래한다. 이런 메커니즘은 본질적으로 DM상호작용의 섭동 프로세스에 포함되어 있지만, 자화가 불균일함으로 인해 여기되는 평형스핀류를 생각하면 간단하게 이해될 수 있다. 제4장과 제5장에서 자세하게 설명할 것인데, 일반적으로 스핀류는 스핀궤도 상호작용에 의해서 전류나 전기분극으로 변환되는 성질이 있다.

2.6.3 스핀파 스핀류

다음으로, 동적인 자화변조구조에 해당하는 스핀파가 전달하는 스핀류에 대해서 생각해보자.

자화의 운동을 일으키면 앞서 논의했던 교환스핀류를 만들어내는 것이 가능하다. 자성체에서 낮은 에너지를 가지는 자화 다이나믹스는 자화의 파동 운동에 해당하는 **스핀파**(spin wave)라 불리는 기본 들뜸 현상으로 기술된다(**그림 2.11**). 스핀파라는 것은, 평형상태 자화의 주변을 자화가 미세하게 세차운동함으로써 생기는 파동으로, 이것을 양자화한 것을 **마그논**(magnon)이라 부른다(격자의 진동을 양자화한 것을 **포논**(phonon)이라고 부르는 것을 기억하자).

스핀파에는 교환상호작용에 의해서 전파하는 교환스핀파와, 정자기상호작용에 의해서 전파하는 정자기파가 있다. 여기에서는 교환상호작용에 의해서 전파하는 교환스핀파를 이용해서 스핀파가 전달하는 스핀류를 한번 구해본다.

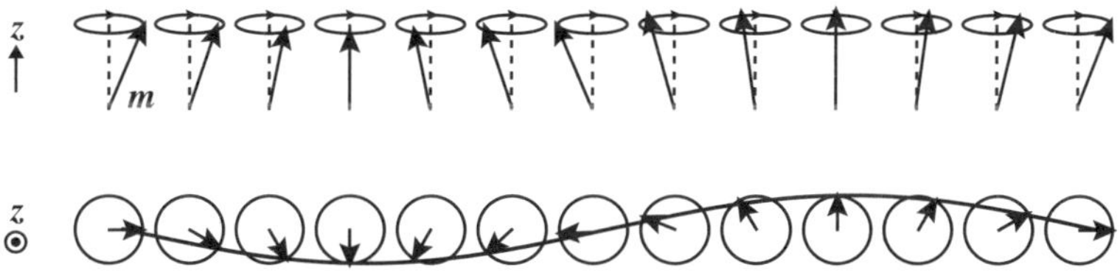

그림 2.11 스핀류를 옆에서 본 그림(위)과 위에서 본 그림(아래)

강자성체에 있어서 교환스핀파의 낮은 에너지 부분은, 교환상호작용을 포함한 LLG방정식(식 (2.23)과 (2.28)을 더함)으로 기술된다.

$$\frac{\partial}{\partial t}\boldsymbol{M}(\boldsymbol{r}, t)=-\gamma\boldsymbol{M}(\boldsymbol{r}, t)\times\boldsymbol{H}_{eff}-\frac{D}{M_S}\boldsymbol{M}(\boldsymbol{r}, t)\times\nabla^2\boldsymbol{M}(\boldsymbol{r}, t)$$
$$+\frac{\alpha}{M_S}\boldsymbol{M}(\boldsymbol{r}, t)\times\frac{\partial}{\partial t}\boldsymbol{M}(\boldsymbol{r}, t) \quad (2.35)$$

여기서 γ는 자기회전비, $\boldsymbol{H}_{eff}=(0, 0, H_{eff})$는 $\boldsymbol{z}$축 방향 유효자기장, A는 교환결합상수(exchange stiffness), α는 길버트 댐핑 상수다. 이 미분방정식의 해는

$$M_+(\boldsymbol{r}, t) = M_x(\boldsymbol{r}, t) + iM_y(\boldsymbol{r}, t) \propto \exp\left(i\boldsymbol{k}\cdot\boldsymbol{r} - \frac{i\omega_k t}{\hbar}\right)\exp(-\alpha\omega_k) \quad (2.36)$$

가 되고, $\omega_k = \gamma H_{eff} + Ak^2$의 분산관계(진동수와 파수와의 관계)를 가진다. 단순화를 위해서 식 (2.35)의 우변 세 번째 항에 해당하는 완화항을 무시하도록 하자. 그렇게 되면 식 (2.35)는

$$\frac{\partial}{\partial t}\boldsymbol{M}(\boldsymbol{r}, t) = -\gamma\boldsymbol{M}(\boldsymbol{r}, t)\times\boldsymbol{H}_{eff} - \mathrm{div}\boldsymbol{J}^M(\boldsymbol{r}, t) \quad (2.37)$$

로 바꿔 쓸 수 있다. 이 식 안의 $\boldsymbol{J}^M(\boldsymbol{r}, t)$는 자화 다이나믹스에 의한 교환 스핀류

$$\boldsymbol{J}_\beta^{M_\lambda}(\boldsymbol{r}, t) = \frac{A}{M_S}\left[\boldsymbol{M}\times\nabla_\beta\boldsymbol{M}\right]_\lambda = \frac{A}{M_S}\boldsymbol{\varepsilon}_{\lambda\mu\nu}\boldsymbol{M}_\mu\nabla_\beta\boldsymbol{M}_\nu \quad (2.38)$$

가 되고, 스핀파의 경우에는 이것을 **스핀파 스핀류**(spin-wave spin current)라고 부른다[17]. 여기서 $\boldsymbol{M}_\lambda$는 자화벡터 $\boldsymbol{M}$의 $\boldsymbol{\lambda}$번째 성분, $\boldsymbol{J}_\beta$는 자기모멘트의 흐름의 $\boldsymbol{\beta}$번째 성분, $\boldsymbol{\varepsilon}_{\lambda\mu\nu}$는 레비치비타(Levi–Civita)의 완전반대칭 텐서에 해당한다. 스핀완화가 무시 가능한 상황(즉, $\alpha = 0$의 경우)에서, 식 (2.35)의 z 성분은

$$\frac{\partial}{\partial t}M(z, t) + \nabla\cdot\boldsymbol{J}^{M_z}(z, t) = 0 \quad (2.39)$$

으로 나타낼 수 있고, 이 식은 2.3절에서 설명한 스핀류에 관한 연속방정식과 같은 형태를 가진다. 여기에서,

$$\psi(\boldsymbol{r}, t) = M_+(\boldsymbol{r}, t) = M_x(\boldsymbol{r}, t) + iM_y(\boldsymbol{r}, t) \quad (2.40)$$

$$\psi^*(\boldsymbol{r}, t) = M_-(\boldsymbol{r}, t) = M_x(\boldsymbol{r}, t) - iM_y(\boldsymbol{r}, t) \tag{2.41}$$

를 가져오면, 스핀파 스핀류의 z 성분은 다음과 같이 바꿔 쓸 수 있다.

$$\boldsymbol{J}^{M_z} = \frac{1}{2i}\frac{A}{M_S}\left[\psi^*(\boldsymbol{r}, t)\nabla\psi(\boldsymbol{r}, t) - \psi(\boldsymbol{r}, t)\nabla\psi^*(\boldsymbol{r}, t)\right] \tag{2.42}$$

그런데, 격자 진동을 양자화하면 포논이 되듯이, 스핀파 역시 양자화할 수 있고, 이를 마그논이라고 부른다. 마그논의 생성, 소멸 연산자를 사용하면, 스핀파 스핀류를 더욱 간단히 나타낼 수 있다(생성, 소멸 연산자를 아직 배우지 않은 사람은 이 부분을 건너뛰어도 좋다).

에너지 ω_k와 파수 $\boldsymbol{k}$를 가지는 스핀파의 생성 소멸 연산자 (b_k^+, b_k)를 이용하여,

$$\psi(\boldsymbol{r}, t) = M_+(\boldsymbol{r}, t) = \sqrt{2\hbar\gamma M_S}\sum_k b_k \boldsymbol{e}^{ik\cdot r} \tag{2.43}$$

$$\psi^*(\boldsymbol{r}, t) = M_-(\boldsymbol{r}, t) = \sqrt{2\hbar\gamma M_S}\sum_k b_k^+ \boldsymbol{e}^{-ik\cdot r} \tag{2.44}$$

이라고 하면, 스핀파 스핀류는

$$\boldsymbol{J}^{M_z} = \hbar\sum_{\boldsymbol{k}} \boldsymbol{v}_{\boldsymbol{k}}\eta_{\boldsymbol{k}} \tag{2.45}$$

라고 쓸 수 있다. 여기에서 $\boldsymbol{v}_k = \partial\omega_k / \partial\boldsymbol{k} = 2A\boldsymbol{k}$는 스핀파의 군속도에 해당하며, $\eta_{\boldsymbol{k}} = (b_{\boldsymbol{k}}^+, b_{\boldsymbol{k}})$는 스핀파의 분포함수를 나타낸다. 이 식은 스핀파의 분포가 파수공간에서 $\boldsymbol{k}$와 $-\boldsymbol{k}$ 사이에서 다르게 나타난다면, 스핀파 스핀류를 전달하고, 스핀각운동량을 전송할 수 있다는 것을 나타낸다.

스핀파 스핀류는 전도전자가 존재하지 않는 절연체(자성절연체) 내

부에서도 전달 가능하다고 알려져 있어, 절연체 내부의 스핀 정보의 전송이 가능하다. 이것은 전류와 비교했을 때, 아주 큰 특징이라 할 수 있다[17].

이상, 몇 가지 스핀류를 소개했는데, 이러한 스핀류들은 다음에 설명할 스핀전달 토크나 스핀펌핑, 스핀홀효과에 의해서 서로 변환 가능하다. 이런 스핀류들을 잘 조합함으로써 유용한 기능을 창출할 수 있고, 이것이 제3장과 제4장의 주요 논의 주제이다.

제3장 스핀류의 물성현상

3.1 강자성체/금속 접합에서의 전류 및 스핀류 주입

전도전자 스핀류의 생성 방법에 대해서 몇 가지 살펴보자. 일단, 스핀트로닉스 초기부터 사용되었던 직관적으로도 알기 쉬운 방법을 소개하겠다. **그림 3.1**과 같이 강자성 금속(F)/비자성 금속(N)의 접합이 있고, 이러한 접합을 통과하여 전류가 흐르는 경우를 생각해보자. 비자성 금속(N)에서는 업스핀(이하, ↑로 표시)과 다운스핀(이하, ↓로 표시)을 가진 '전도전자의 양'과 '흐르기 쉬운 정도'가 완전히 같다. 그러나, 강자성 금속(F)의 내부에는 ↑과 ↓을 가진 전자의 밀도가 같지 않고, 따라서 흐르기 쉬운 정도도 다르다. 이런 상태를 스핀편극(spin polarized)되었다고 표현한다. 이 상황을 좀 더 단순화시키기 위해서, 강자성체 내부에는 자화와 같은 방향(↑이라고 하자)의 전자만 존재한다고 가정한다(전도전자가 하나의 스핀을 가진 전자만으로 구성된 금속 강자성체를 하프메탈이라고 한다).

그림 3.1과 같이 전류를 왼쪽 방향으로 흘린다. 전자의 흐름은 전류와 반대가 되므로, 전자는 그림의 왼쪽에서 오른쪽으로 흐르게 된다. 이때 접합부 부근의 비자성 금속(N)의 내부에는 강자성체에서 흘러 들어온

↑을 가진 전자가 과잉 상태가 된다. 나중에 자세하게 설명하겠지만 물질 내부에서는 산란이 있으므로, 접합부에서 멀어질수록 전자의 방향은 무작위가 되고, 접합부에서 충분히 멀어진 후에는 ↑과 ↓의 양이 같게 된다. 따라서, 접합부 부근에서만 스핀 농도의 기울기가 존재하게 된다. 여기서 전자가 스핀의 정보를 잃어버리는 길이 스케일을 스핀확산길이(spin diffusion length)라고 부른다.

자, 일반적으로 농도 기울기가 있는 곳에서는 농도가 진한 곳에서 옅은 곳으로 확산이 일어난다는 사실을 상기하자. 스핀의 농도 기울기가 있다면, 그 농도 기울기에 의해서 스핀이 확산될 것이 틀림없다. 이것을 특별히 **전도전자의 확산 스핀류**라고 부른다.

더 나아가서, 하프메탈의 왼편에도 비자성 금속을 접합한 경우를 생

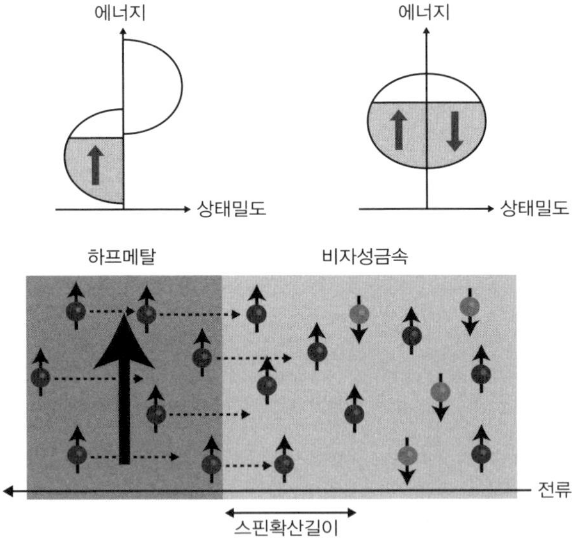

그림 3.1 강자성체에서 비자성금속으로의 전도전자 스핀 주입 개념도(강자성체는 하프메탈임을 가정함).

각해보면, 이 접합면에서는 비자성 금속에서 강자성 금속으로 전자가 흘러 들어간다. 여기서 강자성 금속(하프메탈)에는 ↓의 전자는 존재할 수 없으므로, 들어가지 못한 ↓전자는 접합부의 비자성 금속 측에 쌓이게 된다. 따라서, 이 접합면에도 스핀의 농도 기울기가 생기고, 확산 스핀류가 흐르게 된다. 이렇듯, 강자성 금속/금속 접합에 전류를 흘리면, 접합부에서 스핀확산길이의 범위 내에서 확산 스핀류가 흐르게 된다.

이런 메커니즘을 수식으로 표현해보자. 강자성체 금속으로 하프메탈뿐만 아니라, 일반적인 경우를 생각해본다. 먼저, 스핀 ↑를 가진 전류를 생각해보면, 전기장에 의해 움직이는 드리프트 전류(drift current)와 농도 기울기에 의해서 이동하는 확산류(diffusion current)의 합으로 나타낼 수 있다.

$$\boldsymbol{j}_\uparrow = \boldsymbol{j}_\uparrow^{drift} + \boldsymbol{j}_\uparrow^{diffusion} = \sigma_\uparrow \boldsymbol{E} + eD_\uparrow \nabla \delta n_\uparrow \qquad (3.1)$$

여기에서, $\delta n_\uparrow$은 스핀 ↑ 입자의 평형상태로부터 측정한 국소 농도, σ는 전기전도도, D는 확산계수이다. 통계역학에 의해서 $\sigma_\uparrow$와 $D_\uparrow$의 사이에 아인슈타인 관계식

$$\sigma_\uparrow = e^2 N_\uparrow D_\uparrow \qquad (3.2)$$

이 성립함이 알려져 있다[16]. 여기서 $N_\uparrow$은 전자의 페르미 에너지에서의 상태 밀도를 나타낸다. $\boldsymbol{E}$는 전위 ϕ의 기울기, $\nabla\phi$로 나타낼 수 있음을 주목하면, (3.1) 식은 우변의 두 항 모두 ∇로 쓸 수 있게 되고, 두 항을 하나로 합할 수 있게 된다. 여기에서 스핀에 의존하는 **전기화학포텐셜**

$$\mu_\uparrow = -e\varphi + \frac{\delta n_\uparrow}{N_\uparrow} \tag{3.3}$$

을 도입하자. 우변의 두 번째 항 $\delta n_\uparrow / N_\uparrow$은 스핀 ↑의 화학포텐셜에 해당하므로, **전기화학포텐셜**(electrochemical potential)은 화학포텐셜과 전위를 합한 양에 해당한다. 이 양과 아인슈타인의 관계식을 이용하여 식 (3.1)을 다시 쓰면,

$$\boldsymbol{j}_\uparrow = \frac{\sigma_\uparrow}{e} \nabla \mu_\uparrow \tag{3.4}$$

로 단순화된다. 이렇게, 전자의 흐름을 전기화학포텐셜을 이용해서 간결하게 표현하는 것이 가능하다. 이것을 이용해서 스핀류와 전류를 기술해보자. 스핀류 $\boldsymbol{J}_S$와 전류 $\boldsymbol{J}_C$는 각각

$$\boldsymbol{J}_S = -\frac{\hbar}{2e}(\boldsymbol{j}_\uparrow - \boldsymbol{j}_\downarrow) \tag{3.5}$$

$$\boldsymbol{J}_C = \boldsymbol{j}_\uparrow + \boldsymbol{j}_\downarrow \tag{3.6}$$

로 쓸 수 있고, 이 것을 식 (3.4)에 대입하면,

$$\boldsymbol{J}_S = -\frac{\hbar}{2e^2} \nabla(\sigma_\uparrow \mu_\uparrow - \sigma_\downarrow \mu_\downarrow) \tag{3.7}$$

$$\boldsymbol{J}_C = \frac{1}{e} \nabla(\sigma_\uparrow \mu_\uparrow + \sigma_\downarrow \mu_\downarrow) \tag{3.8}$$

이 된다. 비자성 금속에서는 $\sigma_\uparrow = \sigma_\downarrow = \sigma/2$이므로, 식 (3.7)은

$$\boldsymbol{J}_S = -\frac{\hbar\sigma}{4e^2} \nabla(\mu_\uparrow - \mu_\downarrow) \tag{3.9}$$

이 된다. 식 (3.8)이 의미하고 있는 것은, 전류를 흘리는 구동력은 ↑스핀과 ↓스핀의 전기화학포텐셜의 평균이고, 전하축적이 없는 경우 이 양은 단순히 전위 ϕ의 공간적인 기울기, 즉 전기장에 다름 아니다. 한편, 식 (3.7)과 (3.9)로부터, 스핀류를 흘리는 구동력이 전기화학포텐셜의 스핀 간의 차이 $\mu_\uparrow - \mu_\downarrow$의 기울기로 결정되는 것을 알 수 있다. 따라서, $\mu_\uparrow - \mu_\downarrow (\equiv \mu_S)$는 스핀류를 흘리게 만드는 포텐셜이라 할 수 있다(전압의 스핀류 버전에 해당한다). 이 포텐셜을 **스핀압**이라고 부르기도 한다.

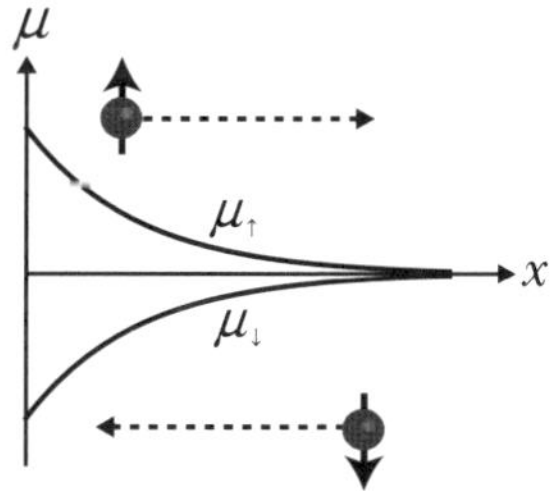

그림 3.2 전도전자 스핀류와 전기화학포텐셜 μ의 스핀의존성과 스핀압($\mu_\uparrow - \mu_\downarrow$).

위에서 기술한 내용을 바탕으로, 확산 스핀류가 흐르고 있는 상황을 묘사해 보면, **그림 3.2**와 같은 상황이 된다. $\mu_\uparrow - \mu_\downarrow$의 공간 기울기가 생긴 경우 업스핀은 $\mu_\uparrow$의 농도 기울기를 따라 오른쪽으로 흐르게 되고, 다운스핀은 $\mu_\downarrow$의 농도 기울기를 따라 왼쪽 방향으로 흐르게 된다. 즉, 전하의 흐름은 없지만, 스핀은 확산에 의해 흐르는 상황이 된다. 이 경우, $\mu_\uparrow$, $\mu_\downarrow$는 스핀 의존 화학포텐셜식 (3.3)에 의해서 입자농도의 평형상태로부터의 변화를 나타내고 있으므로, $\mu_\uparrow - \mu_\downarrow$는 업스핀과 다운스핀의 농도의 차이(평형상태로부터의 차이)를 나타내게 되고, 이 차이를 **스핀축적**(spin accumulation)이라 부른다.

다음으로, μ_σ의 공간 분포를 계산하는 방법을 생각해보자. 사용되는

도구는, 전하보존법칙과 스핀완화식이다. 전류에 대한 전하보존법칙을 나타내는 연속방정식(식 (2.10))은

$$\frac{\partial}{\partial t}\rho = -\mathrm{div}\boldsymbol{J}_c \tag{3.10}$$

이고, 스핀류에 대한 스핀완화를 나타내는 식은(식 (2.14), (2.15))

$$\frac{1}{\gamma}\frac{\partial}{\partial t}\boldsymbol{M} = -\mathrm{div}\boldsymbol{J}_s + \boldsymbol{T} \tag{3.11}$$

$$T_z = \frac{\hbar}{2}\left(-\frac{1}{\tau_{\uparrow\downarrow}}\delta n_\uparrow + \frac{1}{\tau_{\uparrow\downarrow}}\delta n_\downarrow\right) \tag{3.12}$$

으로 표현할 수 있다. 여기에서 전하 ρ와 자화 $\boldsymbol{M}$이 시간에 따라 변하지 않는다고 가정하고, 위 각각의 식에 식 (3.7)과 (3.8)을 대입하면,

$$\nabla^2(\sigma_\uparrow\mu_\uparrow + \sigma_\downarrow\mu_\downarrow) = 0 \tag{3.13}$$

$$\nabla^2(\mu_\uparrow - \mu_\downarrow) = \frac{1}{D\tau_{sf}}(\mu_\uparrow - \mu_\downarrow) \equiv \frac{1}{\lambda^2}(\mu_\uparrow - \mu_\downarrow) \tag{3.14}$$

$$D^{-1} = \frac{1}{4}\left\{\left(\frac{N_\uparrow}{N_\uparrow + N_\downarrow}D_\uparrow\right)^{-1} + \left(\frac{N_\downarrow}{N_\uparrow + N_\downarrow}D_\downarrow\right)^{-1}\right\} \tag{3.15}$$

$$\tau_{sf}^{-1} = \left(\frac{N_\uparrow}{N_\uparrow + N_\downarrow}\right)\tau_{\uparrow\downarrow}^{-1} + \left(\frac{N_\downarrow}{N_\uparrow + N_\downarrow}\right)\tau_{\uparrow\downarrow}^{-1} \tag{3.16}$$

을 얻는다(여기에서 $N_\uparrow\tau_{\uparrow\downarrow}^{-1} = N_\downarrow\tau_{\uparrow\downarrow}^{-1}$을 사용했다). 위 식이 μ_σ의 분포를 주는 미분방정식이고, 식 (3.14)를 **스핀확산방정식**(spin diffusion equation)이라 부른다. 식 (3.14)에서 $\lambda = \sqrt{D\tau_{sf}}$를 스핀확산길이라 부른다. 이 미분방정식의 경계조건을 생각해 보자. 자성체/금속 접합에서 스

핀반전 산란이 없다고 가정하면, 각 스핀의 전류는 보존되므로

$$j_{\sigma}^{F}(x=0)=j_{\sigma}^{N}(x=0) \tag{3.17}$$

이 된다. 이것은, 위에서 도입한 것과 같이 전기화학포텐셜의 기울기를 사용하여 다시 쓸 수도 있다. 또한, 접합을 공유하는 각 영역의 μ_{σ}는 일치할 것이므로,

$$\mu_{\sigma}^{F}(x=0)=\mu_{\sigma}^{N}(x=0) \tag{3.18}$$

을 만족해야 한다. 이 두 식 (3.17)과 (3.18)이 미분방정식 (3.14)의 경계조건에 해당한다. 이것으로써 스핀입 혹은 스핀류의 확산 영역을 계산할 수 있는 도구가 마련되었다.

위에 기술한 도구를 사용하여, 강자성 금속/비자성 금속계면에 전류를 흘린 상황을 예제 형식으로 구체적으로 계산해보자.

문제 : 비자성 금속(N1)/자성체 금속(F)/비자성 금속(N2)의 3층막 내부의 확산 스핀류의 계산

그림 3.3과 같이 두께 d의 강자성체를 끼워넣은 비자성 금속(N1)/강자성 금속(F)/비자 성 금속(N2) 접합에 전류 j_C를 흘린 상황에서 발생하는 스핀류 j_s에 대해서 구체적으로 계산해보라.

해답 : 계면에서는 전자의 스핀 편극률의 변화에 따라 전자가 전달하는 스핀류의 양이 변화한다. 강자성 금속층(F)이 스스로의 스핀확산길이보다 충분히 두꺼운 경우는 한쪽의 계면의 영향이 다른 쪽 계면에 도달하

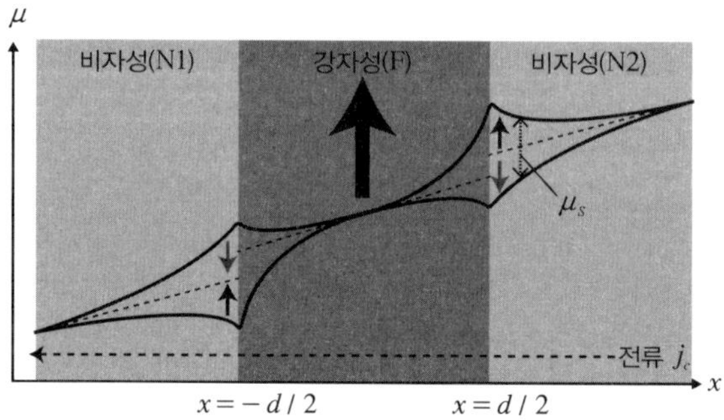

그림3.3 비자성금속(N1)/강자성금속(F)/비자성금속(N2)에 전류를 흘린 경우에 발생하는, 3층막의 스핀의존 전기화학포텐셜 분포.

지 않으므로, 이 경우 계면에서 전류가 전달하는 스핀류 양의 변화분은 확산적으로 흐르게 된다. 전류와 전자의 흐름이 반대 방향임을 생각하면, 전류가 N2→F로 흐르는 상황에서는 F층의 스핀의 방향(**그림 3.3**의 가운데 화살표)과 평행인 스핀을 가진 스핀류가 계면에서 흘러나오고, 전류가 F→N1로 흐르는 상황에서는 F층의 스핀의 방향과 평행인 성분의 스핀류가 계면에서 흘러 들어온다. 한편, F층이 스스로의 스핀확산길이보다 얇은 경우, 양방의 계면에서 형성된 스핀압을 합해야 할 필요가 생긴다. 이런 것을 종합적으로 취급하기 위해서, 약간의 계산이 필요하다. 일단, N1과 F의 계면을 $x=-d/2$, F와 N2의 계면을 $x=d/2$라고 하고, 각각의 층의 전기전도도를 σ^i $(i=\mathrm{N1, F, N2})$, 스핀확산길이를 λ^i라고 하자. $x=-d/2$를 계면으로 했을 때, 식 (3.14)의 일반해는

$$\mu_\sigma(x)=e\phi_0+\frac{ej_C}{\sigma_\uparrow+\sigma_\downarrow}x+A_\sigma\exp\left(-\frac{[x+d/2]}{\lambda}\right)+B_\sigma\exp\left(\frac{[x+d/2]}{\lambda}\right) \quad (3.19)$$

의 형태로 나타난다.[1)] 여기서 ϕ_0은 $x=0$에서의 전위, A_σ와 B_σ는 미정

1) 이 식을 도출하기 위해서 기준점 $x=0$에서의 전위를 ϕ_0이라고 가정하고 전류의 보존을 사용했다.

계수이다. 식 (3.17)과 (3.18)의 연속조건을 N1/F와 F/N2의 계면에 적용하여, 각각의 계면에 걸리는 스핀압 ($\mu_S \equiv \mu_\uparrow - \mu_\downarrow$) $\mu_S^{N1/F}$, $\mu_S^{F/N2}$를 구해서 스핀류를 계산해보자. 전류 j_c를 흘리기 위한 전위를 ϕ로 하고, 각각의 계면에서의 전위가 $\phi^{N1/F}$, $\phi^{F/N2}$라고 표현된다고 하면, 각층의 ↑스핀전자와 ↓스핀전자의 전기화학포텐셜은 다음과 같이 $\mu_S^{N1/F}$, $\mu_S^{F/N2}$와 미정계수 C, D로 쓸 수 있다.

$$\mu_{\uparrow(\downarrow)}^{N_1} = +(-)\frac{\mu_S^{N1/F}}{2}\exp\left(\frac{x+d/2}{\lambda^{N_1}}\right) + \frac{1}{\sigma^{N1}} e j_C x$$

$$\mu_{\uparrow(\downarrow)}^{F} = \frac{1}{\sigma_F}\left[+(-)\sigma_{\uparrow(\downarrow)}^{F} C\cosh(x/\lambda^F) + (-)\sigma_{\uparrow(\downarrow)}^{F} D\sinh(x/\lambda^F) + e j_C x\right] + e\phi^{N1/F}$$

$$\mu_{\uparrow(\downarrow)}^{N2} = +(-)\frac{\mu_S^{F/N2}}{2}\exp\left(-\frac{x-d/2}{\lambda^{N2}}\right) + \frac{1}{\sigma^{N2}} e j_C x + e(\phi^{N1/F} + \phi^{F/N2}) \qquad (3.20)$$

여기에서, $\sigma_\uparrow^N = \sigma_\downarrow^N = \sigma^N/2$, $\sigma^F = \sigma_\uparrow^F + \sigma_\downarrow^F$이다. N1층이나 N2층에서의 스핀 의존 성분은 무한히 먼 곳에서 발산하지 않는다는(즉, 수렴한다는) 조건으로부터 하나의 지수함수로 표현될 것이고, F층의 스핀의존성분은 두 지수함수의 합인 쌍곡선 함수로 표현될 것임을 알 수 있다. $\mu_S^{N1/F}$, $\mu_S^{F/N2}$은 두 계면 (N1/F와 F/N2)에서의 $\mu_\uparrow$과 $\mu_\downarrow$의 연속에 대한 4개의 조건으로부터 얻을 수 있다. 일단, $x=-d/2$의 $\mu_\uparrow$, $\mu_\downarrow$의 연속은

$$-(+)\frac{\mu_S^{N1/F}}{2} - \frac{e j_C d}{2}\left(\frac{1}{\sigma^{N1}} - \frac{1}{\sigma^F}\right)$$

$$+(-)\frac{1}{\sigma_F}\left[\sigma_{\uparrow(\downarrow)}^{F} C\cosh\left(-\frac{d}{2\lambda^F}\right) + \sigma_{\uparrow(\downarrow)}^{F} D\sinh\left(-\frac{d}{2\lambda^F}\right)\right] = e\phi^{N1/F} \quad (3.21)$$

을 주고, $x=d/2$에서의 , $\mu_\uparrow$, $\mu_\downarrow$ 연속조건은

$$+(-)\frac{\mu_S^{F/N2}}{2}-\frac{ej_C d}{2}\left(\frac{1}{\sigma^{N2}}-\frac{1}{\sigma^F}\right)$$

$$-(+)\frac{1}{\sigma_F}\left[\sigma_{\uparrow(\downarrow)}^F C\cosh\left(\frac{d}{2\lambda^F}\right)+\sigma_{\uparrow(\downarrow)}^F D\sinh\left(\frac{d}{2\lambda^F}\right)\right]=e\phi^{F/N2} \quad (3.22)$$

을 준다. 이 두 경우를 연립하면, 계수 C, D는 다음과 같이 구할 수 있다.

$$C=\frac{\mu_S^{N1/F}+\mu_S^{F/N2}}{2}\cosh\left(\frac{d}{2\lambda^F}\right)^{-1},\ D=\frac{\mu_S^{F/N2}-\mu_S^{N1/F}}{2}\sinh\left(\frac{d}{2\lambda^F}\right)^{-1} \quad (3.23)$$

이것을 식 (3.21)과 (3.22)에 대입하면,

$$\phi^{N1/F(F/N2)}=+(-)\frac{P^F}{2e}\mu_S^{N1/F(F/N2)}+\frac{j_C d}{2}\left(\frac{1}{\sigma^F}-\frac{1}{\sigma^{N1(N2)}}\right) \quad (3.24)$$

을 얻을 수 있고, 계면에서의 전기화학포텐셜 $\mu^N=\frac{\mu_\uparrow^N+\mu_\downarrow^N}{2}$,

$\mu^F=\frac{\mu_\uparrow^F+\mu_\downarrow^F}{2}+P^F\frac{\mu_\uparrow^F-\mu_\downarrow^F}{2}$은

$$\mu^{N1}\left(-\frac{d}{2}\right)=-\frac{ej_C}{\sigma^{N1}}\frac{d}{2},\quad \mu^F\left(-\frac{d}{2}\right)=-\frac{ej_C}{\sigma^F}\frac{d}{2}+e\phi^{N1/F}$$

$$\mu^F\left(\frac{d}{2}\right)=\frac{ej_C}{\sigma^F}\frac{d}{2}+e\phi^{N1/F},\quad \mu^{N2}\left(\frac{d}{2}\right)=\frac{ej_C}{\sigma^{N2}}\frac{d}{2}+e(\phi^{N1/F}+\phi^{F/N2}) \quad (3.25)$$

이 된다. 여기서 P^F은 강자성체 내부의 전도전자의 스핀편극률로서,

$$P^F=\frac{\sigma_\uparrow-\sigma_\downarrow}{\sigma_\uparrow+\sigma_\downarrow} \quad (3.26)$$

가 된다. 위 식들을 이용하면, 얻을 수 있는 스핀류

$j_S=-\frac{\hbar}{2e^2}\left(\sigma_\uparrow\frac{\partial}{\partial x}\mu_\uparrow-\sigma_\downarrow\frac{\partial}{\partial x}\mu_\downarrow\right)$는

$$j_S^{N1} = -\frac{\hbar}{4e^2}\frac{\sigma^{N1}}{\lambda^{N1}}\mu_S^{N1/F}\exp\left(\frac{x+d/2}{\lambda^{N1}}\right)$$

$$j_S^F = -\frac{\hbar}{2e^2}\left(\frac{2\sigma_\uparrow^F}{\sigma^F}\frac{\sigma_\downarrow^F}{\lambda^F}\left[C\sinh\left(\frac{x}{\lambda^F}\right)+D\cosh\left(\frac{x}{\lambda^F}\right)\right]+P^F ej_C\right) \quad (3.27)$$

$$j_S^{N2} = \frac{\hbar}{4e^2}\frac{\sigma^{N2}}{\lambda^{N2}}\mu_S^{F/N2}\exp\left(-\frac{x-d/2}{\lambda^{N2}}\right)$$

과 같이 계면에서 발생하는 확산 스핀류와 강자성체의 스핀편극전류에 의해 표현된다. 여기에서 $\widetilde{g}^{N1} \equiv \frac{\sigma^{N1}}{\lambda^{N1}}$, $\widetilde{g}^F \equiv \frac{4\sigma_\uparrow^F\sigma_\downarrow^F}{\sigma^F\lambda^F}$, $\widetilde{g}^{N2} \equiv \frac{\sigma^{N2}}{\lambda^{N2}}$을 정의한다면(소자의 접합 면적을 $\widetilde{g}$로 나눈 양은 소자에서 발생하는 스핀류의 흐르기 어려운 정도를 나타내기 때문에 **스핀저항**(spin resistance)이라고 부른다), 스핀류의 연속은 $x=-d/2$에서

$$\mu_S^{F/N2} = \mu_S^{N1/F}\left[\frac{\widetilde{g}^{N1}}{\widetilde{g}^F}\sinh\left(\frac{d}{\lambda^F}\right)+\cosh\left(\frac{d}{\lambda^F}\right)\right]-\frac{2}{\widetilde{g}^F}P^F ej_C\sinh\left(\frac{d}{\lambda^F}\right) \quad (3.28)$$

를 주고, $x=d/2$에서

$$\mu_S^{N1/F} = \mu_S^{F/N2}\left[\frac{\widetilde{g}^{N2}}{\widetilde{g}^F}\sinh\left(\frac{d}{\lambda^F}\right)+\cosh\left(\frac{d}{\lambda^F}\right)\right]+\frac{2}{\widetilde{g}^F}P^F ej_C\sinh\left(\frac{d}{\lambda^F}\right) \quad (3.29)$$

를 준다. 여기서, $\text{cohs}^2(x)-\sinh^2(x)=1$과 쌍곡선함수 정리 $\cosh^2(x)+\sinh^2(x)=\cosh(2x)$를 썼다. 이것에 의해서

$$\mu_S^{N1/F(F/N2)} = -(+)\frac{2\left(\widetilde{g}^F\tanh\left(\frac{d}{2\lambda_F}\right)+\widetilde{g}^{N2(N1)}\right)P^F ej_C}{(\widetilde{g}^F)^2+\widetilde{g}^{N1}\widetilde{g}^{N2}+\widetilde{g}^F(\widetilde{g}^{N1}+\widetilde{g}^{N2})\tanh\left(\frac{d}{\lambda_F}\right)^{-1}} \quad (3.30)$$

를 얻을 수 있다. 여기에서 $d \gg \lambda^F$인 경우, $\tanh\left(\frac{d}{2\lambda^F}\right)\approx 1$이 되므로,

당초의 예상과 같이, 식 (3.28)과 (3.29)는

$$\mu_S^{N1/F} = \frac{-2P^F e j_C}{\widetilde{g}^{N1} + \widetilde{g}^F}, \quad \mu_S^{F/N2} = \frac{2P^F e j_C}{\widetilde{g}^F + \widetilde{g}^{N2}} \tag{3.31}$$

와 같이 반대편 계면과 관계가 없어진다.

확산스핀주입확률

마지막으로, 주입되는 스핀류의 크기를 한번 보자. 단순화하기 위해서, $\mu_S^{N1/F}$는 식 (3.31)을 사용하고, 이 것을 식 (3.27)에 대입하면, N1층에 주입되는 스핀류는

$$j_S^{N1} = -\frac{\hbar}{2e}\frac{\widetilde{g}^{N1}}{\widetilde{g}^{N1} + \widetilde{g}^F} P^F j_C \exp\left(\frac{x+d/2}{\lambda^{N1}}\right) \tag{3.32}$$

를 얻을 수 있다. $\widetilde{g}^{N1} = \dfrac{\sigma^{N1}}{\lambda^{N1}}$이므로, 이 식은 전기전도도가 작은(비저항이 큰), 혹은 확산길이가 긴 물질에 전류로 스핀을 주입하는 것이 곤란하다는 것을 나타낸다(F층에도 스핀축적 으로 인한 기울기가 생겨서 역방향의 스핀류(back flow spin current)가 생기기 때문이다). 반도체와 같이 비저항이 큰 물질에 큰 효율로 스핀을 주입하는 것은 비저항이 큰 강자성체를 사용하여 $\widetilde{g}^F$를 줄일 필요가 있어서, 이 작업을 **스핀임피던스매칭**(spin impedance matching)이라고 부른다.

위 상황은 얼마든지 확장할 수 있다. 위 예제의 결과를 이용하면 강자성체가 하나 더 있는 비자성/강자성/비자성/강자성/비자성 접합에 전류를 흘린 경우의 스핀압의 분포는 **그림 3.4**와 같이 될 것이라는 것을 알 수 있다.

그런데 이 그림의 (a)를 보면, 우측의 강자성체는 왼쪽에서 주입되는

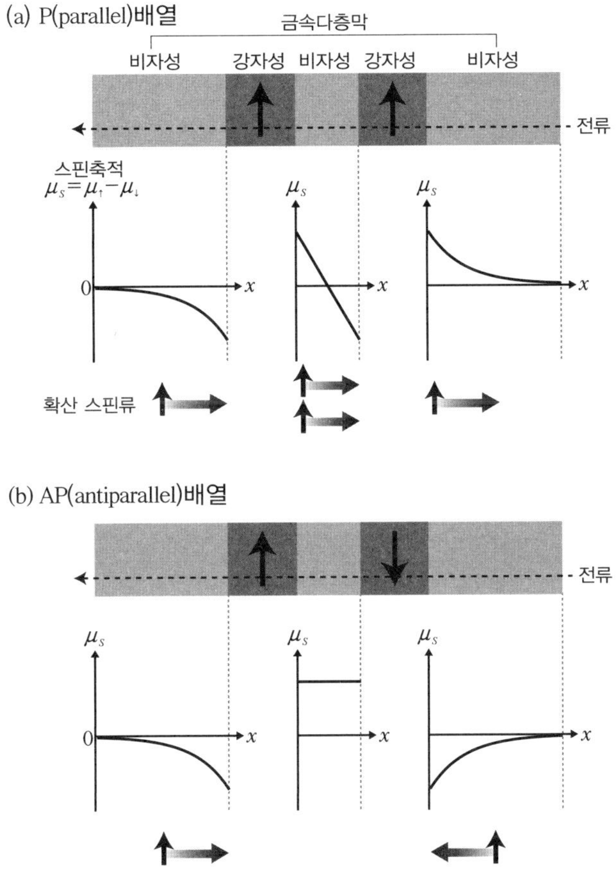

그림 3.4 비자성/강자성/비자성/강자성/비자성 접합에 전류를 흘린 경우, 스핀류의 분포.

스핀류보다 오른쪽으로 나가는 스핀류가 적다는 것을 깨달을 수 있다. 이것은 중간의 비자성층의 두께가 스핀확산길이보다 얇고, 자성체층이 어느 정도 두께가 있는 경우 일반적으로 실현되는 상황인데, 그럼 도대체 이 스핀류는 어디로 사라지는 것일까? 실은, 자성체 내부의 스핀류가 가지는 각운동량이 자성체 내부의 자화에 전달되는 재미있는 현상이 일어난다. 이것에 대해서 다음 장에서 설명한다.

3.2 스핀전달토크(spin transfer torque)

상황을 단순화 시키기 위해서 잠시 스핀완화항 $\boldsymbol{T}$를 무시하자. 자화와 스핀류의 상호작용은 식 (2.15)에 의해서

$$\frac{\partial}{\partial t}\boldsymbol{M}=-\gamma \mathrm{div}\boldsymbol{J}_s \tag{3.33}$$

로 쓸 수 있고, 스핀류의 흐름(부호가 음인 경우, 사라짐을 의미)이 있는 경우, 자화의 시간 변화가 생긴다는 것을 의미한다. 여기에서 자화의 시간 변화에는 에너지 스케일이 크게 다른 두 개의 성분이 있다는 것에 주의해야 한다. 즉, 자화 $\boldsymbol{M}$에 평행한 성분과 수직한 성분이다. 자화에 평행한 성분은 자화의 크기를 바꾼다. 금속의 경우 이것은 스핀축적에 해당한다. 자발자화의 크기는 2.4절에서 생각한 것처럼 쿨롱 힘 등의 아주 큰 에너지 스케일에 의해서 결정되므로, 간단히 바꾸기는 어렵다. 그에 비해, 자화에 수직한 성분은 자화를 회전시키려는 성분에 해당한다. 자화의 방향이 변해도 에너지는 거의 바뀌지 않기 때문에, 자화를 회전시키는 것은 비교적 용이하다(외부 자기장이 없는 경우, 자화가 특정 방향을 향하는 현상은 형상 혹은 결정 자기이방성 에너지만으로 이루어진다). 따라서 대부분의 경우, 자화의 방향을 바꾸려는 작용, 즉, 식 (2.15)에 의해 자화에 수직한 성분이 가장 지배적이 된다. 그렇기 때문에 그 성분만 일단 도출해보자. 이를 위해서 식 (2.15)를 자화에 수직한 면에 투영하면 좋다. 이 투영 성분을 ⊥를 써서 표시해보자. 식 (2.15)우변의 ⊥ 성분을 취한

$$\frac{\partial}{\partial t}\boldsymbol{M}_{\perp} = -\gamma \mathrm{div} \boldsymbol{J}_{S\perp} \tag{3.34}$$

를 말로 표현해 보면, 스핀류가 생기거나 사라지거나 할 때(우변), 그 변화량을 받아서 자화는 스핀류의 변화량과 역방향으로 회전하려고 한다(좌변). 이런 작용을 **스핀전달토크**(spin transfer torque)라고 부른다[6]. 이하, 3.3절, 3.5절, 3.6절에서 몇 개의 대표적 예시를 통해 스핀전달토크를 구체적으로 계산할 것이다. 자화의 거동이 일정한 자성체에 가파른 계면으로부터 스핀류를 주입하는 예, 자화가 천천히 공간 변화하는 자성체에 스핀류를 주입하는 예 등을 살펴볼 것이다.

3.3 스핀류 주입 자화반전과 자기 메모리

균일한 자화를 가진 자성체를 가정하고, 자성체에 비자성 금속을 붙여서 그 계면으로부터 스핀류를 주입하는 상황을 생각해보자. **그림 3.5**와 같이 작은 크기의 강자성체에 금속 전극을 접합한 다음, 전극에서 강자성체에 스핀류를 흘려넣는 상황을 생각한다.

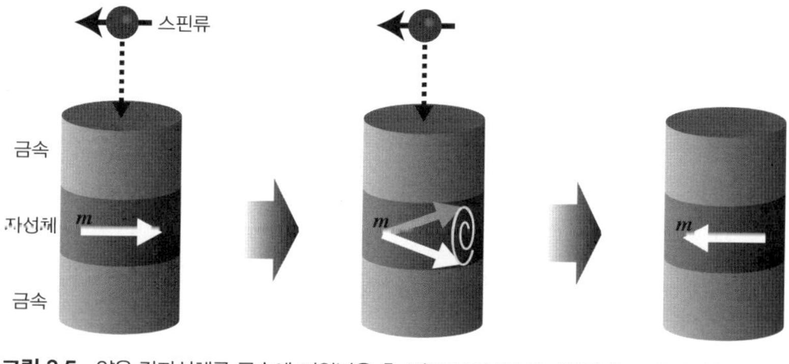

그림 3.5 얇은 강자성체를 금속에 끼워넣은 후, 전극으로부터 강자성체에 스핀류를 흘려넣음.

단순화시키기 위해서, 강자성체는 충분히 작아서 자화가 일정한 방향을 향하고 있다고 가정한다(즉, 자구벽 같은 구조가 없는 상태를 가정한다). 식 (2.15)를 강자성체 금속에 대해서 적분하면,

$$\frac{\partial}{\partial t}\int dV\boldsymbol{M} = -\gamma\int dV \mathrm{div}\boldsymbol{J}_S \tag{3.35}$$

가 된다. 강자성체의 자화 $\boldsymbol{M}$은 일정하므로, 좌변은 강자성체의 자기 모멘트 $\boldsymbol{M}V$의 시간변화 $\partial \boldsymbol{M}V/\partial t$가 되고, 우변은 가우스 공식을 사용하면 자성체표면의 면적적분으로 나타낼 수 있으므로,

$$\frac{1}{\gamma}\frac{\partial}{\partial t}(\boldsymbol{M}V) = -\int dS\boldsymbol{J}_S \equiv -\Delta \boldsymbol{J}_S \tag{3.36}$$

가 된다. 이런 식으로 강자성체 자화를 하나의 자화 벡터로 표현하는 모델을 거시 스핀모델(macrospin model)이라고 부른다. 우변의 면적분은 자성체에 흡수된 스핀류 $-\Delta \boldsymbol{J}_S$에 해당한다. 여기서 스핀전달토크를 도출하기 위해서 ⊥성분($\boldsymbol{M}$에 수직인 성분)을 취하면, 기하학적인 관계에 의해서, $\Delta \boldsymbol{J}_{S\perp} = -\boldsymbol{m}\times(\boldsymbol{m}\times\Delta \boldsymbol{J}_S)$만이 토크 $\partial M/\partial t_{\perp}$를 만든다는 것을 알 수 있다. 여기서 $\boldsymbol{m}$은 자화 $\boldsymbol{M}$의 단위 벡터에 해당한다. 이러한 스핀 전달 토크를 $\boldsymbol{M}$에 대한 LLG방정식에 더해주면,

$$\frac{d\boldsymbol{m}}{dt} = -\frac{\gamma}{d}\boldsymbol{m}\times(\boldsymbol{m}\times\Delta \boldsymbol{J}_S) - \gamma\boldsymbol{m}\times\boldsymbol{H}_{eff} + \alpha\boldsymbol{m}\times\frac{d\boldsymbol{m}}{dt} \tag{3.37}$$

이 된다. 여기에서 d는 자성층의 두께이다. $\boldsymbol{H}_{eff}$는(외부 자기장+자기이방성 자기장)에 해당하고, $\boldsymbol{m}$은 $\boldsymbol{H}_{eff}$를 축으로 하여 세차운동을 하게 된다.

구체적으로, 스핀류의 스핀편극 $\boldsymbol{\sigma}$가 자성체의 자기모멘트 $\boldsymbol{M}V$의

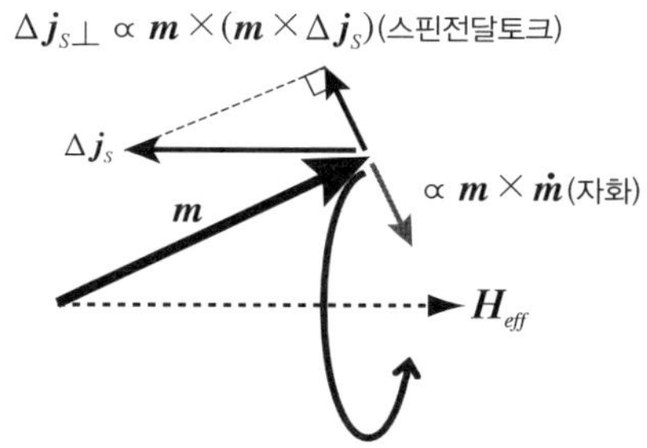

그림 3.6 자화방향 m과 스핀전달토크, 완화벡터 방향의 관계.

세차운동의 축(자화의 시간 평균의 방향)과 반평행인 경우를 생각해 보자. 이 경우, **그림 3.6**에 나타낸 기하학적 관계를 생각해보면, 스핀류에 의한 토크 $\Delta \boldsymbol{J}_{S\perp} = -\boldsymbol{m} \times (\boldsymbol{m} \times \Delta \boldsymbol{J}_S)/d$는 자화의 완화(길버트 댐핑)토크에 항상 반평행이 된다는 사실을 알게 될 것이다. 따라서, 스핀전달토크는 자화의 완화를 상쇄하여, 겉으로 보기에 자화의 완화가 감소하는 것으로 보인다. 스핀류를 더욱 더 키우면, 자화의 겉보기 완화(길버트댐핑토크+$\Delta \boldsymbol{J}_{S\perp}$)가 결국 제로가 되고, 그 후 음의 값을 가지게 될 것이다. 완화가 음이 된다는 것은 자화의 운동이 더 강해진다는 것을 의미한다. 이런 식으로 겉보기 완화가 충분히 큰 음의 부호가 되었을 때, 자화의 세차 운동은 불안정하게 된다. 구체적으로는 열적 진동을 점화선으로 해서 그 운동이 점점 증폭되어, 자발적인 세차운동이 발현된다.[2] 이것을 나노자성체를 통한 **스핀류 주입에 의한 전자파(마이크로파) 발진**(spin transfer torque oscillation)이라 하는데, 이는 실제 관측되고 있는 현상이다.

그런데 제2장에서 기술한 것과 같이, 완화항은 세차운동의 축을 중심

2) 세차운동이 스핀파로 일어나는 경우, 전도전자 스핀류가 스핀파 스핀류로 변환되는 것을 의미한다.

으로 회전하는 자화 운동의 동적 안정성을 내포하고 있다. 스핀전달토크에 의해 이 완화항이 겉보기에 사라지는 것처럼 된다는 것은, 그 세차운동의 축 자체가 **동적으로** 불안정해진다는 것을 의미한다. 이때, 다른 방향에도 자기 모멘트가 에너지적으로 안정한 방향이 있고, 더욱이 그 축 주변의 세차운동의 겉보기 완화의 부호가 양의 값을 갖는다면, 그 새로운 방향을 향해서 자화의 운동은 완화해 갈 것이다. 이런 식으로 스핀전달토크에 의해서 자화가 반전하게 된다.

여기서 강조하고 싶은 점은, 자화 반전을 자기장으로 실현하는 경우와 스핀류로 실현시키는 경우의 차이점이다. 자기장을 인가해서 자화를 반전시키는 경우, 그 메커니즘은 '에너지'이다. 자기장에 의해 특정 자화 상태의 에너지를 높임으로써, 그 상태를 에너지적으로 불안정하게 만들고, 안정한 상태를 향해서 자화가 반전되게끔 하는 것이 자기장에 의한 자화 반전이다. 그에 반해 스핀전달토크는 에너지를 바꾸는 것이 아니라, 특정 자화 상태의 완화를(겉보기에) 사라지게 만들어서 **동적**으로 불안정하게 하여 자화의 반전을 실현시키는 것에 해당한다(**그림 3.7**).

스핀류를 이용한 자화반전 메커니즘은 아주 작은 크기의 자화를 제어하는 아주 효과적인 방법이 되었다. **그림 3.8**과 같이, 자성체 금속/비자성체/자성체 금속 접합을 생각하자. 디바이스 설계상의 조건은 다음과 같다.

(1) 두 자성체 중 아래쪽 자성층의 자화는 쉽게 회전할 수 있지만, 위쪽 자성층의 자화는 회전하기 어렵게 만든다. 이것은 두 자성층의 두께를 달리하면 된다.

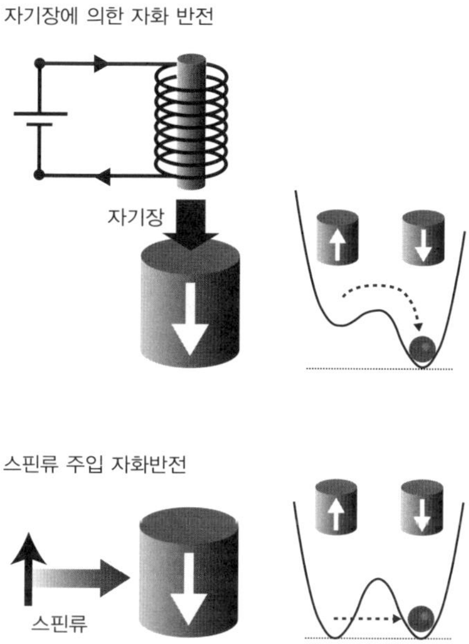

그림 3.7 자기장에 의한 자화반전과 스핀류 주입 자화반전의 비교.

(2) 아래쪽 자성체의 자화는 위쪽 자성체에 대해 평행 혹은 반평행인 두 개의 안정한 상태가 존재한다고 하자(물리에서는, 이러한 두 상태를 축퇴라고 얘기한다).

비자성층의 경우, 충분히 얇다면 절연체든 금속이든 상관없다. 여기서는 실제 소자 응용에서 빈번하게 사용되는 절연체 구조를 예로 생각해보자. 기본적인 물리적 메커니즘은 절연체든 금속이든 거의 같으므로, 금속의 경우 3.1절에서 수행한 계산을 참조하기 바란다.

절연체 층이 충분히 얇은 경우, 두 자성층 사이에 전압을 걸면 그 사이에 터널효과에 의한 전류가 흐르게 된다. 강자성체에서는 ↑스핀전자와 ↓스핀전자의 상태밀도가 다르기 때문에 전류는 스핀편극이 되고, 스핀류가 주입되는 상태가 된다. 이 스핀류는 자성체에 스핀전달토크를 일으키고, 아래쪽 자화를 반전시키는 것이 가능해진다. 아래쪽 자성체에는 안정한 두 개의 자화 상태(위쪽 자성체와 평행 혹은 반평행)가 존재하고, 전류의 방향에 따라 스핀전달토크는 길버트 완화를 강화시키기도 상쇄시키기도 한다. 따라서 전류의 방향에 의해 아래쪽 자성체의 자화 방향 중 어느 방향인가가 불안정해지고, 자화를 임의의 방향으로 바꾸는 것이 가능해진다(**스핀주입자화반전**). 이는 자기장을 걸지 않고 스핀류를 흘려넣는 것만으로도 자성체의 자화의 방향을 바꾸는 것이 가능하다는 것을 의미한다[6].

이러한 특징은 자성체를 이용한 완전히 새로운 메모리 소자의 등장, 즉, **스핀 랜덤 액세스 메모리**(Spin Random Access Memory: **SpinRAM**)를 가능하게 했다. SpinRAM은 차세대 컴퓨터의 기록 소자로서 기대되고 있는 **자기 랜덤 액세스 메모리**(Magnetic Random Access Memory: **MRAM**)의 일종이다. SpinRAM은 **그림 3.8**과 같이 강자성 금속/비자성체/강자성 금속의 3층의 박막을 포갠 적층 구조의 셀 여러 개를 나란히 늘어놓은 것이다. 하나의 셀의 강자성체의 자화가 서로 평행(P 배열)인가 반평행(AP 배열)인가에 따라 0 또는 1의 한 비트를 표현하는 것이 가능하므로, 셀 하나에 하나의 비트를 기록하는 것이 가능하다. 셀에 정보를 기록하는 방법은 셀에 강한 전류를 흘리는 것으로 가능하다. 두 강자성체 중 하나를 얇게 하거나 다른 물질로 바꾸거나 해서 자화가 쉽게 움직이게 설계한다. 자화가 잘 움직이는 층을 **자유층**(Free layer)이라고 하며, 정보가 기록되는 부분이다. 다른 하나의 강자성층은 자화가 움직이

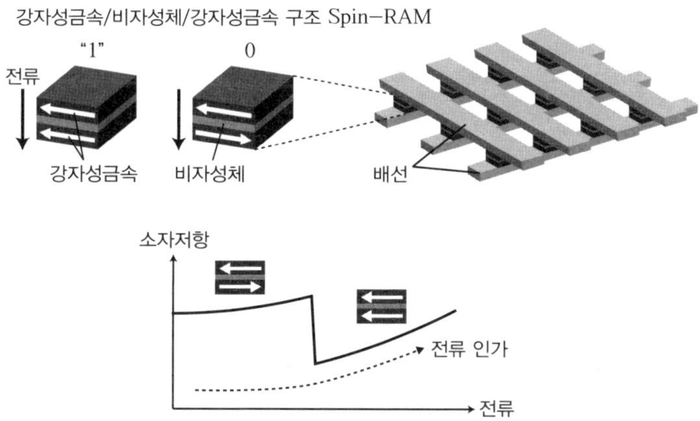

그림 3.8 MRAM의 일종인 SpinRAM의 개념도. 아래 그림은 스핀류 주입 자화반전실험의 모식도임. 전류를 증가시켜가면서 소자의 저항을 측정하면, 특정 전류에서 자화배치가 반평행에서 평행상태로 변하고, 이러한 변화는 터널자기저항효과(3.4절 참조)에 의해 저항의 변화로서 관측됨.

기 어렵고, 전류를 흘리면 스핀류를 동반한 스핀편극전류를 생성하는 역할을 한다. 이러한 셀에 전류를 흘리면, 스핀류가 생성되고, 자유층에 스핀전달토크가 작용해서 스핀 주입자화반전이 일어난다. 전류의 극성에 의해 P 배열, AP 배열 어느쪽인가를 선택할 수 있으므로, 1비트의 정보를 기록하는 것이 가능해진다. 이러한 정보는 전원을 꺼도 보존된다는 점이 큰 특징이므로, 비휘발성 메모리로 불린다. 정보를 읽어내려면, 다음절에 설명할 P 배열과 AP 배열에 따라 전기저항이 달라지는 자기저항효과를 이용해서, 셀에 약한 전류를 흘려 셀의 저항을 측정하면 된다.

3.4 터널 자기저항 효과

강자성 금속/비자성체/강자성 금속 3층 구조의 전기저항은, 비자성체 층의 두께가 얇은 경우, P 배열 혹은 AP 배열에 따라 전기저항이 달

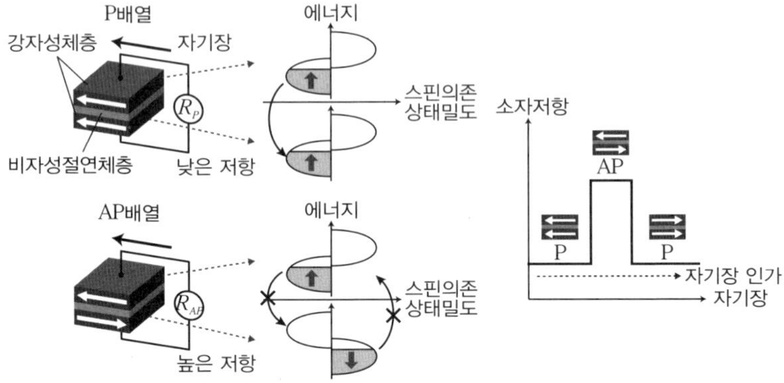

그림 3.9 터널자기저항효과(TMR). 터널자기저항효과 소자 동작의 모식도. 외부 자기장의 크기를 변화시키면 소자의 자화배치를 AP상태와 P상태 중 원하는 것으로 변화시킬 수 있고, 이러한 변화에 수반해서 소자의 저항이 변함.

라진다는 것이 알려져 있는데, 이것이 SpinRAM의 정보를 읽어내는 원리가 된다. 이 현상은 비자성체가 절연체의 경우 **터널 자기저항효과**(tunnel magnetoresistance: **TMR**)[3, 4], 비자성체가 금속의 경우 **거대 자기저항효과**(giant magnoresistance: **GMR**)[1,2]라고 부른다. 양쪽 모두 엄청나게 연구되었고 많은 문헌이 있으므로, 여기서는 터널 자기저항효과의 기본적인 부분만 소개하고자 한다.

아주 얇은 절연체인 비자성체 층에 수직한 방향으로 전류를 흘린 경우를 생각해 보자. 이때, 양자론을 생각한다면, 비자성 절연체를 통해서 두개의 자성층에 전류(터널 전류라고 부른다)가 흐른다. 터널 과정에서 스핀이 반전하는 확률이 작기 때문에, 전자의 터널 확률은 양 전극 중에 같은 스핀을 가진 전도전자의 상태 수가 많은 경우 증가한다. 극단의 경우, 즉, 스핀이 완전히 편극되어 있는 상태(하프메탈, 혹은 완전스핀편극계라고 부른다)를 생각해보면, **그림 3.9**와 같이 P 상태에는 양쪽 전극의 페르미에너지 근처에 ↑전자의 상태가 있어 전자가 터널 가능하지만, AP 상태에는 둘 중 하나의 강자성체에 터널 가능한 ↑전자의 상태가 없어, 터널이 불가능하다. ↓전자에 대해서도 같은 상황이 된다. 따라서 AP 배열에서는 터널 전류가 거의 흐르지 못하고, P 배열에 비해서 전기저항이 커진다. 실제 자성체에는 스핀 편극 P^F=(↑전도전자의 수−↓전도전자의 수)/(↑전도전자의 수+↓전도전자의 수)가 100%가 아니므로, AP 배열에도 어느 정도 전류는 흐른다(↑전자의 수가 ↓전자보다 많다고 가정했다). 이런 경우에도 ↑전자와 ↓전자의 각각의 터널 확률을 계산해서 병렬로 더하는 것이 가능하므로,

$$\frac{R_{AP}-R_P}{R_P}=\frac{2(P^F)^2}{1-(P^F)^2} \tag{3.38}$$

으로 자기저항비를 표시하는 것이 가능하다[3, 4]. R_P와 R_{AP}는 각각 P 배열과 AP 배열에서의 3층막 구조의 전기저항을 의미한다.

3.5 스핀류에 의한 자구벽 이동

앞에서는 아주 간단한 예로서, 자화가 일정한 자성체에 스핀류를 주입하는 상황을 생각하였다. 그러나 스핀전달토크는 자성체/비자성체 접합뿐만 아니라 일반적으로, 자화가 공간적으로 변화하고 있는 영역에서 자화를 회전시키려고 하는 작용을 만들어낸다. 하나의 예로서, 자성체 내부의 자화가 공간적으로 꼬여있는 상태를 생각해보자. 자화의 변화가 공간적으로 서서히 일어난다고 하면, 아래에 기술하는 단열근사를 사용하여 쉽게 설명이 가능하다.

대표적인 상태는 2.6.2에서 소개했던 자구벽에 해당한다. 강자성체에

는 ↑전자와 ↓전자의 양이나 전도도가 다르기 때문에, 전류는 흐를 때 항상 스핀류를 동반한다. 자구벽에 전류(스핀류)를 흘리게 되면, 자구벽 내부의 자화의 변화 방향에 따라, 스핀류의 방향도 바뀌면서 움직인다. 이것은 div$\boldsymbol{J}_s$가 0이 아니라는 의미이다. 식 (2.15)에 의해 $\partial \boldsymbol{M}/\partial t$, 즉, 스핀전달토크가 발생하여 자구벽이 움직이게 된다. 이것이 전류에 의한 자구벽 이동의 메커니즘에 해당한다.

수식을 써서 생각해 보자. 일단, 강자성체 내부의 각 위치에서 스핀류의 성분은 자화의 방향 $\boldsymbol{m}$에 완전히 정렬해 있다고 가정하면,

$$\boldsymbol{J}_s = u\boldsymbol{m} \tag{3.39}$$

으로 스핀류를 간단히 쓸 수 있다. 이러한 근사를 단열근사(adiabatic approximation)라고 부른다. u는 스핀편극률과 전류에 비례하는 계수에 해당한다. 이때, 스핀전달토크 div$\boldsymbol{J}_s$는 $u \cdot \mathrm{div}(\boldsymbol{m})$으로 쓸 수 있다. 1차원의 x축으로 전류가 흐른다고 했을 때, $u \cdot \partial \boldsymbol{m}/\partial x$가 된다. $\partial \boldsymbol{m}/\partial x$는 자화가 변화하는 영역에서만 유한한 값을 가지고, 자화가 일정한(즉, 자구벽이 아닌) 영역에서는 제로가 된다. 따라서 스핀전달토크는 자구벽 내부의 자화를 $\partial \boldsymbol{m}/\partial x$의 방향(자화에 수직한 방향)으로 변화시킨다. 이것은 자화를 회전시킨다는 의미이고, 따라서 **그림 3.10**과 같이 자구벽의 위치를 바꾸게 된다. 이런 원리로 스핀전달토크에 의해 자구벽의 위치를 이동시킬 수 있게 되는 것이다.

이러한 현상은 이전부터 논의되어 왔지만, 실험적으로 증명된 것은 나노기술이 발전한 최근이 되어서다. 나노기술에 의해서 강자성체를 아주 가는 선, 즉 자구벽의 폭보다 얇은 선으로 만드는 것이 가능해짐으로

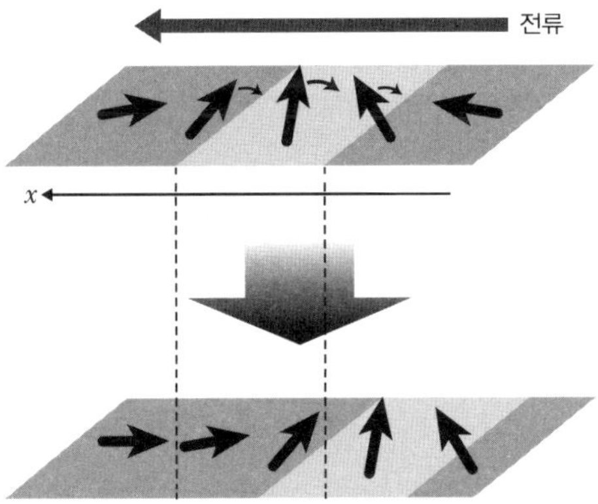

그림 3.10 전도전자 스핀류에 의해 움직이는 자구벽의 개념도.

써, 자구벽을 가는 선 방향으로만 움직이게 하는 것이 가능해졌다. 이러한 가는 선 안에서 자구벽을 도입하고, 전류를 흘림으로써, 자구벽을 움직인 것이 자기힘 원자 현미경(magnetic force microscope)이나 광전자 현미경등으로 관측되었다[12].

이러한 현상을 이용하여 **레이스트랙메모리**(racetrack memory)라고 불리는 자기기록 디바이스도 IBM사로부터 제안되었다. 이것은 강자성 물질로 만든 가는 선에 전류를 흘리면, 스핀전달토크에 의해서 여러 개의 자구벽이 같은 방향으로 움직이는 것을 이용한 것이다. 가는 선에 자구벽의 패턴을 기록하면, 그 상태 그대로 전류에 의한 스핀토크로 평행이동 시키는 것이 가능하게 되고, 가는 선의 특정 위치에서 자기적인 패턴의 시간변화를 측정하면, 가는 선 안에 기록되어 있는 자구벽의 패턴의 정보를 읽을 수 있게 된다는 것이다. 하드디스크나 테이프 레코더와 비슷한 원리이지만, 자구벽만이 이동하는 것이므로, 구동부가 없다는 것이 특징이다.

스핀전달토크는 $\partial \boldsymbol{m}/\partial x$의 방향으로 자화를 회전시키려고 하지만,

최근의 연구에 의하면, 스핀전달토크와 스핀궤도 상호작용에 의한 스핀 완화가 작용함으로써, $\boldsymbol{m}$과 $\partial \boldsymbol{m}/\partial x$에 수직인 방향의 토크가 발생한다는 사실이 알려졌다(β항, 혹은 field–like 항이라고 부름).

자구벽 이외에도 자기 소용돌이 구조나 스커미온격자 등, 다양한 나노자기구조가 전류에 의해서 움직인다는 사실이 밝혀졌고, 자기기록 소자에 응용하는 일도 검토되고 있다.

3.6 스핀파 도플러 효과

자화의 공간 변화가 뼈대가 되는 또 하나의 예를 더 살펴보자. 2.6.3에서 소개한 스핀파에 스핀전달토크가 전해진 경우를 생각해보자. 앞 절에서 설명한 자구벽에서의 스핀전달토크의 해석과 같이, 단열근사를 사용한 경우, 강자성체 내부의 스핀전달토크는 $\partial \boldsymbol{m}/\partial x=\mathrm{div}\boldsymbol{J}_s=u\,\partial \boldsymbol{m}/\partial x$이다. 이것을 푸리에 변환후, $\omega-k$ 표시로 다시 쓰면,

$$\omega=uk \tag{3.40}$$

가 된다. 스핀 전달 토크가 있는 경우, 이것이 스핀파의 분산관계(dispersion relation) $\omega=\gamma H_{eff}+Ak^2$에 더해져서

$$\omega=\gamma H_{eff}+Ak^2+uk \tag{3.41}$$

가 된다. 스핀류의 효과는 k에 비례하는 진동수 시프트에 해당하고, 실험적으로도 관측되었다. 이것은 도플러 효과와 같은 모양을 하고 있다. 실제, 전자계가 100% 스핀 편극되어 있어, 한 방향의 스핀만 존재하는 경우, 스핀류가 있다라는 것은 전도전자계 전체가 움직이고 있다는 것

을 의미한다 . 따라서, 정지계에서 관측한 스핀파의 진동수는 도플러 시프트되므로, 스핀류의 효과는 도플로 효과 그 자체라고 해도 좋을 것이다.

강한 스핀류를 흘리면, 스핀류 도플러 효과에 의해 스핀파의 에너지 ω가 특정 k에서 음의 부호가 된다(**그림 3.11**). 이 경우에는 스핀파를 만들면 만들수록 에너지가 낮아지기 때문에, 스핀파가 자발적으로 증가하고, 강자성체의 기저상태가 불안정화해서 사라져버린다고 생각할 수 있다. 스핀류로 강자성을 없애버리는 것도 가능할지도 모른다.

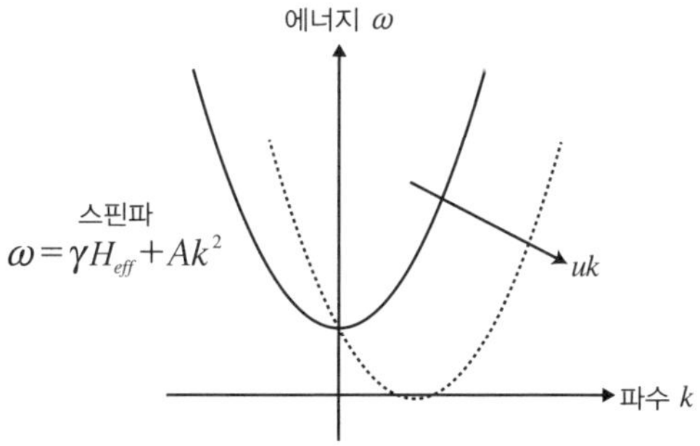

그림 3.11 스핀파의 분산관계(진동수 ω와 파수 k의 관계)와 전도전자 스핀류를 흘린 경우의 스핀파분산관계의 변화(점선).

3.7 스핀펌핑

전도전자에서 강자성체 내부의 자화로 스핀각운동량을 전달해줌으로써 스핀전달토크가 작용하고, 자화의 운동이 발생한다는 것을 알았다. 이 현상의 반작용이 있다면, 자화의 운동으로부터 전도전자의 스핀류를 만들어내는 것이 가능할 것이다. 이러한 반작용이 일어날 조건은 자화의 다이나믹스가 공간적으로 변화하면 가능하다. 전형적인 경우는

3.2절에 생각한 것과 같은 강자성체/금속 접합에서 강자성체의 자화가 운동하고 있는 경우인데, 이러한 접합에서 전도전자 스핀류가 금속층에 주입되는 현상을 **스핀펌핑**(spin pumping)이라고 부른다. 자화의 운동이 스핀파에 의한 경우 스핀파 스핀류가 전도전자 스핀류로 변환된다는 것을 의미한다.

이 외에도 자성체 내부의 자구벽 등 완만한 자기구조가 운동하고 있는 경우에도, 자화 다이나믹스가 공간 변화하고 있으므로, 전도전자 스핀류가 발생한다. 이 경우 강자성체는 스핀편극되어 있고, 스핀류 J_S와 전류 J_C가 독립적이지 않으므로, $J_S = P^F J_C$와 같이 스핀류와 함께 전류도 발생한다. 이것을 **스핀 페러데이 효과**(spin Faraday effect)라고 부른다. P^F는 강자성체 내부 전류의 스핀편극률에 해당한다.

이하에서, 아주 단순한 자성체/금속 2층막의 스핀펌핑을 소재로, 스핀류 생성의 메커니즘을 두 가지 방법으로 기술해 본다.

교환자기장을 이용한 기술방법

강자성체/비자성금속을 상정하고, 실스비(Silsbee)의 이론을 이용하여[18], 계면 근처에서 존재하는 자기모멘트의 다이나믹스를 생각해보자. 상황을 단순화하기 위해서 일단, 전자스핀 $\boldsymbol{\sigma}$의 확산은 무시하자. 계면에서 **교환상호작용**(exchange interaction) $J_{ex}\boldsymbol{M}\cdot\boldsymbol{\sigma}$가 있다고 가정하자. 이 교환상호작용에 의해 비자성 금속 쪽 계면에 발생하는 전자의 자기모멘트 $\boldsymbol{N}_0$은 유효자기장

$$\boldsymbol{H}_{eff} = J_{ex}\boldsymbol{M} \tag{3.42}$$

을 느낀다. 이 유효자기장에 의해 비자성 금속 쪽의 전자의 자기모멘트의 분극이 일어나고, $\boldsymbol{N}_0 = \chi J_{ex}\boldsymbol{M}$의 자기모멘트를 가지게 된다. 여기서 χ는 전자의 스핀 투자율에 해당한다. 이러한 분극은 평형상태에서 생기기 때문에, 스핀류를 만들어내는 스핀축적(spin accumulation)과는 다르다. 평형상태 N_0에서 벗어난 **비평형 스핀편극**이 스핀축적에 해당한다. 스핀축적이 생긴다면, 이 것은 식 (3.7)에 의해 스핀류를 만들어 낸다. 비평형 스핀편극을 계산하기 위해서, 계면 근처의 금속 내부 전자의 자기모멘트의 다이나믹스를 LLG방정식을 바탕으로 기술해보자.

자화 $\boldsymbol{M}$의 다이나믹스에 의해 계면 근처의 자화가 $\boldsymbol{N}_0$에서 $\boldsymbol{N}$으로 변화했다고 하면,

$$\boldsymbol{N} = \chi J_{ex}\boldsymbol{M} + \Delta\boldsymbol{N} \tag{3.43}$$

과 같이, 평형상태와 그로부터의 변화 $\Delta\boldsymbol{N}$의 합으로 쓸 수 있다(**그림 3.12**). 단순화시키기 위해서 χ를 상수라고 가정하면, $\boldsymbol{N}$의 시간 변화는 $\dot{\boldsymbol{N}} = \chi J_{ex}\dot{\boldsymbol{M}} + \Delta\dot{\boldsymbol{N}}$이 된다. 여기서, $|\Delta\boldsymbol{N}| \ll \chi J_{ex}|\boldsymbol{M}|$이므로, $\Delta\dot{\boldsymbol{N}}$은 무시하기로 하자.

$\boldsymbol{N}$의 다이나믹스를 나타내는 방정식으로, 유효자기장 $\boldsymbol{H}_{eff} = J_{ex}\boldsymbol{M}$에 의한 세차운동방정식($\boldsymbol{M}$과 $\boldsymbol{N}$ 사이에 토크를 주고 받는)에 완화항

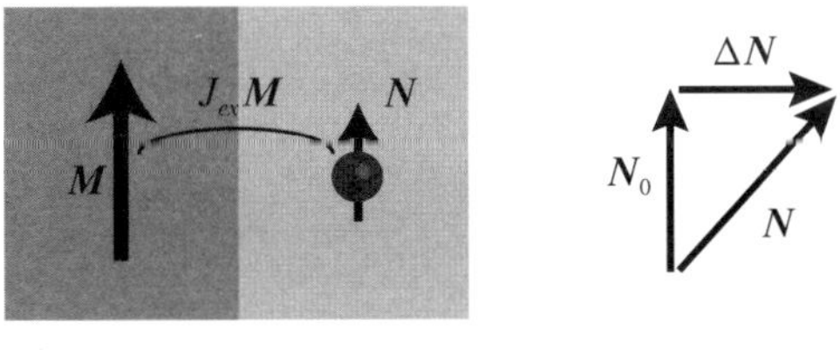

그림 3.12 교환자기장을 이용한 스핀펌핑의 설명.

$-\Delta \boldsymbol{N}/\tau$를 도입하여,

$$\dot{\boldsymbol{N}}=-\gamma \boldsymbol{N}\times J_{ex}\boldsymbol{M}-\frac{\Delta \boldsymbol{N}}{\tau} \tag{3.44}$$

을 얻을 수 있다. $\dot{\boldsymbol{N}}\approx \chi J_{ex}\dot{\boldsymbol{M}}$을 대입하면, 스핀축적은

$$\Delta \boldsymbol{N}\approx -J_{ex}\tau(\gamma\Delta \boldsymbol{N}\times \boldsymbol{M}+\chi\dot{\boldsymbol{M}})=-\frac{\chi}{\Gamma\gamma}\dot{\boldsymbol{m}}-\frac{1}{\Gamma}\Delta \boldsymbol{N}\times \boldsymbol{m} \tag{3.45}$$

이라고 쓸 수 있다. 여기서, 자화 방향의 단위벡터 $\boldsymbol{m}\equiv \boldsymbol{M}/|\boldsymbol{M}|$과 무차원 양인

$$\frac{1}{\Gamma}\equiv J_{ex}\tau\gamma|\boldsymbol{M}| \tag{3.46}$$

을 정의했다. 우변의 $\Delta \boldsymbol{N}$에 우변 전체를 2회 대입하면,

$$\Delta \boldsymbol{N}\approx -\frac{\chi}{\Gamma\gamma}\dot{\boldsymbol{m}}-\frac{1}{\Gamma}\left[-\frac{\chi}{\Gamma\gamma}\dot{\boldsymbol{m}}-\frac{1}{\Gamma}\left(-\frac{\chi}{\Gamma\gamma}\dot{\boldsymbol{m}}-\frac{1}{\Gamma}\Delta \boldsymbol{N}\times \boldsymbol{m}\right)\times \boldsymbol{m}\right]\times \boldsymbol{m}$$

$$=-\frac{\chi}{\Gamma\gamma}\dot{\boldsymbol{m}}+\frac{\chi}{\Gamma^2\gamma}\dot{\boldsymbol{m}}\times \dot{\boldsymbol{m}}+\frac{\chi}{\Gamma^3\gamma}\dot{\boldsymbol{m}}+\frac{1}{\Gamma^3}\Delta \boldsymbol{N}\times \boldsymbol{m}$$

$$=-\frac{\chi}{\Gamma\gamma}\left(\dot{\boldsymbol{m}}+\frac{1}{\Gamma}\boldsymbol{m}\times \dot{\boldsymbol{m}}\right)-\frac{1}{\Gamma^2}\Delta \boldsymbol{N} \tag{3.47}$$

이 된다. 여기에서 $\boldsymbol{m}\perp \dot{\boldsymbol{m}}$을 사용하였고, $\boldsymbol{a}\perp \boldsymbol{b}$의 경우 $(\boldsymbol{a}\times \boldsymbol{b})\times \boldsymbol{b}=-b^2\boldsymbol{a}$를 사용해서, 식(3.45)로부터 얻을 수 있는 $\Delta \boldsymbol{N}\times \boldsymbol{m}=-\Gamma\Delta \boldsymbol{N}-\chi/\gamma\dot{\boldsymbol{m}}$을 대입하였다. 위 식을 정리하면,

$$\Delta \boldsymbol{N}\approx -\frac{\chi}{\gamma}\frac{\Gamma^2+1}{\Gamma}\left(\frac{1}{\Gamma}\boldsymbol{m}\times \dot{\boldsymbol{m}}+\dot{\boldsymbol{m}}\right) \tag{3.48}$$

과 같이 비평형자화 $\Delta \boldsymbol{N}$이 $\boldsymbol{m}\times \dot{\boldsymbol{m}}$에 비례하는 항과 $\dot{\boldsymbol{m}}$에 비례하는 항

의 합으로 스핀 축적 $\Delta \boldsymbol{N}$이 얻어진다.[3] 이 스핀축적 $\Delta \boldsymbol{N}$에 대해서 확산 스핀류의 이론 (3.1절)을 채용하면, 스핀축적으로부터 스핀류가 생긴다는 것을 알 수 있다. 이것이 실스비의 스핀펌핑인데, 스핀전달 토크의 반작용에 해당한다. 특히 Γ가 작은 경우, 스핀펌핑에 의해 생성되는 스핀류의 분극 방향은 $\Delta \boldsymbol{N} \approx -\chi/\gamma \boldsymbol{m} \times \dot{\boldsymbol{m}}$으로 단순화시킬 수 있고, 이것은 길버트 댐핑항의 벡터 $\alpha(\boldsymbol{m} \times \dot{\boldsymbol{m}})$와 같은 방향이다(식 (3.44)참조). 스핀축적이 생긴다는 것은 자성체쪽으로 스핀 역류(back flow spin current)가 일어난다는 말이고, 그렇게 되면 자성체의 길버트 완화항이 겉보기에 커지는 것처럼 보이게 된다.

Spin mixing conductance를 이용한 기술방법

다음으로 spin mixing conductance를 이용하여 스핀펌핑을 본격적으로 기술해 보도록 하자[19]. spin mixing conductance와 산란이론은 부록 A를 참조하도록 하자. 이 절은 상당히 고난이도 이므로, 초심자는 그냥 건너뛰어도 좋다.

계에 입사한 입자가 시간에 의존하는 위상 $\Delta\theta(t)$를 획득한 후 반사하는 상황을 생각해보자. 단순화 시키기 위해서, $\Delta\theta(t)$가 ωt와 같이 진동수 ω로 변화하고 있다고 하면, 반사입자는 반사 시 계로부터 $\hbar\omega$의 에너지를 얻게 된다. 이 진동은

$$J = \frac{1}{2\pi}|b_F|^2 \frac{\partial}{\partial t} \Delta\theta_F \tag{3.49}$$

3) 이 경우, $\dot{\boldsymbol{m}}$에 비례하는 항은 완화로부터 발현된다. 지금, $\tau \to \infty$라고 하면, $\Gamma \to 0$이 되어, 식 (3.48)은 $\Delta N \approx -\frac{\chi}{\gamma}\boldsymbol{m} \times \dot{\boldsymbol{m}}$과 같이 J_{ex}를 포함하지 않는 형식으로 쓸 수 있다.

와 같은 입자류를 만든다. 여기서, $|b_F|$와 $\Delta\theta_F$는 각각 페르미면에서의 입사전자의 진폭과 획득 위상을 의미한다. 이 경우와 같이 계로부터 위상변조를 얻어서 흐름이 발생하는 현상을 양자펌핑이라고 부른다.

식 (3.49)를 도출해보도록 하자. 입자의 확률밀도에 해당하는 파동함수 φ의 제곱을 슈레딩거 방정식을 통해 시간 미분하면,

$$\frac{\partial}{\partial t}[\varphi\varphi^*]=\frac{1}{i\hbar}(\varphi H\varphi^*-\varphi^* H\varphi)=-\nabla\cdot\frac{i\hbar}{2m}(\varphi\nabla\varphi^*-\varphi^*\nabla\varphi)=-\nabla\cdot\boldsymbol{j} \tag{3.50}$$

가 되고, 입자류 밀도 $\boldsymbol{j}$와의 관계를 구할 수 있다. 1차원의 입사파와 반사파로부터 형성되는 평면파를 $\varphi(x)=e^{ikx}+b(k)e^{-ikx}$라 하면, $\varphi(x)$에 의한 입자류 밀도는

$$j(k)=\frac{i\hbar}{2m}(-2ik)(1-|b(k)|^2)=\frac{\hbar k}{m}(1-|b(k)|^2) \tag{3.51}$$

이 되고, 이것을 k에 대하여 $j(k)$를 모두 합하는 것으로 전체 입자류를 계산할 수 있다. 에너지 여기가 없는 완전 반사에서는 어떤 k에 대해서도 $|b(k)|^2=1$이 되므로 흐름은 생기지 않는다. 한편, 에너지 여기가 있어서 반사 시에 획득하는 위상이 시간에 따라 변화하는 경우는, 반사시의 여기에 의해 페르미면에서 $\hbar\omega$의 에너지의 일부분을 얻어, 반사전자만이 존재하는 에너지 영역이 생긴다. 즉, 전체전자류는 $j(k)$를 이 범위에서 적분해서,

$$J=-\int_{k_F-k(\hbar\omega)}^{k_F+k(\hbar\omega)}\frac{\hbar k}{m}|(b(k))|^2dk=-\frac{1}{2}\int_{E_F-\hbar\omega}^{E_F+\hbar\omega}\frac{\hbar k}{m}|(b(E))|^2\frac{1}{4\pi}\frac{2m}{\hbar^2 k}dE$$

$$\approx \frac{1}{2\pi}|b_F|^2\omega = \frac{1}{2\pi}|b_F|^2\frac{\partial}{\partial t}\Delta\theta_F \tag{3.52}$$

를 얻을 수 있다. 여기서, $m/(2\pi\hbar^2 k)$는 1차원 단위길이당 상태밀도이므로, 식 (3.49)를 얻을 수 있다.

다음으로 산란행렬(**부록 A**)을 도입해서 스핀펌핑을 논의해보자. 입자 β에서 입자 α를 향하는 산란행렬의 요소를 산란계수 $S_{\alpha\beta}$로 표기한다(투과계수 및 반사계수의 양방을 포함한다). 산란계수의 관점에서 보면, 획득위상은 산란계수의 위상 그 자체이므로, 반사파의 크기 $|b_\alpha|^2$은 산란계수의 크기로 표현할 수 있다. 산란행렬의 유니터리 성질 $\sum_\gamma s_{\alpha\gamma}s_{\gamma\beta}^{-1} = \sum_\gamma s_{\alpha\gamma}s_{\gamma\beta}^* = \delta_{\alpha\beta}$를 사용하면,

$$\sum_\beta |s_{\alpha\beta}|^2 \frac{\partial}{\partial X}\Delta\theta_{\alpha\beta} = \frac{1}{2i}\sum_\beta\left(\frac{\partial s_{\alpha\beta}}{\partial X}s_{\alpha\beta}^* - s_{\alpha\beta}\frac{\partial s^*{}_{\alpha\beta}}{\partial X}\right) \tag{3.53}$$

가 성립한다[4]. 이것을 식 (3.49)에 대입하면, 산란행렬을 이용한 양자펌핑의 식

$$J_\alpha = \frac{1}{2\pi}\sum_\beta |s_{\alpha\beta}|^2 \frac{\partial}{\partial t}\Delta\theta_{\alpha\beta} = \frac{1}{4\pi i}\sum_\beta \frac{\partial X}{\partial t}\left(\frac{\partial s_{\alpha\beta}}{\partial X}s_{\alpha\beta}^* - s_{\alpha\beta}\frac{\partial s^*{}_{\alpha\beta}}{\partial X}\right) \tag{3.54}$$

를 얻는다.

강자성체를 산란체로 생각해서 스핀펌핑의 식을 도출해보자(**부록 A** 참조). 강자성체가 충분히 얇고, 투과계수를 0이라고 가정하면, 전체 스핀류 $\boldsymbol{J}_s^{pump}$가 $\frac{\hbar\omega}{4\pi i}\left(\frac{\partial \boldsymbol{r}}{\partial\varphi}\boldsymbol{r}^* - \boldsymbol{r}\frac{\partial \boldsymbol{r}^*}{\partial\varphi}\right)$와 같이 반사계수 $\boldsymbol{r}$만으로 계산 가능하다. 여기서 파울리 행렬 σ를 스핀으로 한다면,

4) $A = |A|e^{i\alpha}$이라고 하였을 때, $A^*\frac{\partial A}{\partial X} - A\frac{\partial A^*}{\partial X} = |A|\frac{\partial |A|}{\partial X} + i|A|^2\frac{\partial\alpha}{\partial X} - \left(|A|\frac{\partial |A|}{\partial X} - i|A|^2\frac{\partial\alpha}{\partial X}\right) = 2i|A|^2\frac{\partial\alpha}{\partial X}$.

$$\frac{\partial \boldsymbol{r}}{\partial \varphi}\boldsymbol{r}^* = \frac{1}{\omega}(r_S \dot{\boldsymbol{m}}\cdot\boldsymbol{\sigma})(r^*\mathbf{1} + r_S^*\boldsymbol{m}\cdot\boldsymbol{\sigma}) \tag{3.55}$$

$$\boldsymbol{r}\frac{\partial \boldsymbol{r}^*}{\partial \varphi} = \frac{1}{\omega}(r\mathbf{1} + r_S\boldsymbol{m}\cdot\boldsymbol{\sigma})(r_S^*\dot{\boldsymbol{m}}\cdot\boldsymbol{\sigma}) \tag{3.56}$$

가 되므로(φ는 스핀의 회전각: 부록참조), 전체 스핀류는

$$J_S^{pump}\cdot\boldsymbol{\sigma} = \frac{\hbar}{4\pi i}\omega\left(\frac{\partial \boldsymbol{r}}{\partial \varphi}\boldsymbol{r}^* - \boldsymbol{r}\frac{\partial \boldsymbol{r}^*}{\partial \varphi}\right) \tag{3.57}$$

$$= \frac{\hbar}{4\pi i}\left\{(r^* r_S - r r_S^*)\dot{\boldsymbol{m}}\cdot\boldsymbol{\sigma} + |r_S|^2\left[(\dot{\boldsymbol{m}}\cdot\boldsymbol{\sigma})(\boldsymbol{m}\cdot\boldsymbol{\sigma}) - (\boldsymbol{m}\cdot\boldsymbol{\sigma})(\dot{\boldsymbol{m}}\cdot\boldsymbol{\sigma})\right]\right\}$$

가 된다. 여기서, $(\boldsymbol{m}\cdot\boldsymbol{\sigma})(\dot{\boldsymbol{m}}\cdot\boldsymbol{\sigma}) = -(\dot{\boldsymbol{m}}\cdot\boldsymbol{\sigma})(\boldsymbol{m}\cdot\boldsymbol{\sigma}) = -i(\boldsymbol{m}\times\dot{\boldsymbol{m}})\cdot\boldsymbol{\sigma}$를 이용하면, spin mixing conductance $g_{\uparrow\downarrow}$를

$$|r_S|^2 = \frac{r_\uparrow - r_\downarrow}{2}\frac{r_\uparrow^* - r_\downarrow^*}{2} = \frac{1}{4}(2 - r_\uparrow r_\downarrow - r_\downarrow r_\uparrow^*) = \frac{1}{2}(g_{\uparrow\downarrow} + g_{\uparrow\downarrow}^*) = \mathrm{Re}\, g_{\uparrow\downarrow} \tag{3.58}$$

와 같이 정의하여,

$$\boldsymbol{J}_S^{pump} = \frac{\hbar}{4\pi}\left[\mathrm{Re}g_{\uparrow\downarrow}(\boldsymbol{m}\times\dot{\boldsymbol{m}}) + \mathrm{Im}g_{\uparrow\downarrow}\dot{\boldsymbol{m}}\right] \tag{3.59}$$

을 도출할 수 있다(투과계수를 0이라고 가정해서 $s=r$이라고 놓았으므로, 결과로서 반사계수 r의 크기는 1이 된다[5]).

스핀펌핑의 양자역학적 의미는, 자화의 방향이 시간에 따라 변화하는 자성체와의 계면에서, 반사파의 전자의 위상이 시간 변화하는 것에 의해 흐름이 생성되는 것을 의미한다. 이 위상의 시간 변화에 스핀 의존성이 있다는 것이 스핀류를 만들어내는 조건이 된다. 앞에서 설명한 것

5) 강자성체층의 투과계수가 유한한 경우, 계수가 spin mixing conductance에 의해 보정된다.

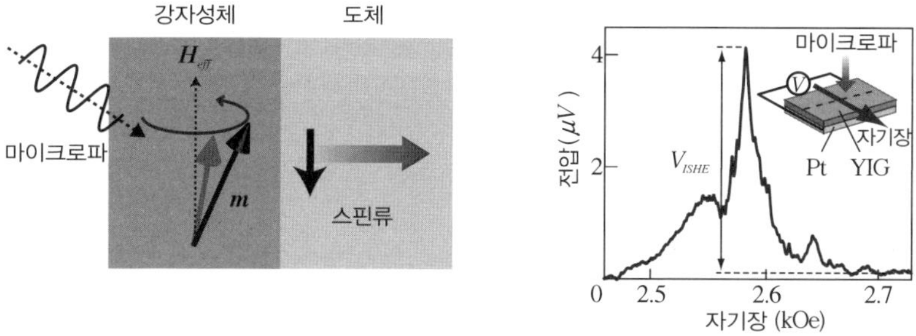

그림 3.13 스핀펌핑의 개념도와 실험 예. 강자성체에 백금박막을 붙여, 마이크로파를 주입하면서 백금박막에 생성되는 전압을 측정한다. 이 시료에서는 마이크로파의 진동수가 2.6GHz의 조건에서 강자성 내부의 자화가 크게 세차운동하고(강자성 공명), 스핀펌핑 현상이 발생한다. 스핀펌핑에 의해서 자성체로부터 백금박막에 스핀류가 주입된다. 주입된 스핀류는 제4장에 소개할 역스핀홀 효과에 의해서 전압으로 변환되고, 검출되게 된다(오른쪽 그래프의 전압 피크에 해당). 시료는 자성 가넷(YIG)/백금(Pt) 박막.

과 같이 전자 위상의 시간 변화에 의해 흐름이 발생하는 것을 양자펌핑이라고 부르며, 따라서 스핀펌핑은 실온에서 관측 가능한 희귀한 양자펌핑 현상에 해당한다.

스핀펌핑은 다양한 계에서 관측된다. 전형적인 예로, 강자성체/비자성 금속의 이중접합구조에서 막과 평행한 방향으로 자기장을 가한 계가 있다. 이 경우, 자기장하에서 자성체의 자화는 식 (2.23)에서 본 것과 같이 세차운동을 한다. 이 세차운동의 주기와 같은 주기로 교류자기장을 외부에서 가해 자화를 움직이면, 세차운동의 진폭은 공명이 일어나 엄청나게 커지게 된다(**강자성 공명**: ferromagnetic resonance라고 부름). 이렇게 아주 큰 세차운동을 하고 있는 강자성체에 금속을 붙이게 되면, **그림 3.13**과 같이 자성체에서 금속으로 스핀펌핑에 의한 스핀류가 주입된다. 이렇게 주입된 스핀류는 다음 장에 기술할 역스핀홀 효과에 의해 전압으로 변환하는 것으로 측정이 가능하다[7]. 이 방법은 계면의 스핀 변환만 있다면 어떤 계에서도 적용이 되므로, 스핀류의 생성 방법으로 써 널리 이용되고 있다.

3.8 스핀제벡효과

스핀펌핑이라는 것은 자성체/금속 접합 구조에서 자성체의 자화가 여기되었을 때 자성체로부터 금속으로 스핀류가 흘러나오는 것이다. 자성체의 자화를 여기시키는 방법은 여러가지가 있겠지만, 생각해보면, 열적 진동에 의한 여기도 한 방법이 될 것이다. 온도 기울기를 준 상태에서 열이 이동하고, 그로부터 스핀류를 생성하는 것도 가능하다. 이러한 효과를 **스핀제벡효과**(spin Seebeck effect)라고 부른다[13, 14]. 스핀제벡효과는 상대적으로 큰(macro scale) 크기의 강자성체/금속 접합에서도 일어난다. 온도 기울기로부터 (스핀류가 아닌) 전류가 생성되는 제벡효과(Seebeck effect)와 비슷하므로 스핀제벡효과로 이름 붙였지만, 실제 메커니즘은 일반적인 제벡효과와 전혀 다르다.

스핀제벡효과를 이해하기 위해서는 스핀펌핑을 열적 진동을 포함한 형식으로 확장해야 한다. 지금까지 생각했던 자화의 다이나믹스에 대한 논의에서는 온도의 효과를 무시해 왔지만, 유한한 온도를 가진 실제의 계에서는 자화가 열에너지에 의해서 흔들리고 있다. 이러한 열적 진동 효과의 일부를 LLG방정식에 새로운 항으로 넣는 방법으로 랑제방(Langevin) 방법이 알려져 있다. 랑제방 방법에서는 열적 진동의 효과를 무작위하게 시간에 따라 변화하는 힘이나 토크에 의해서 기술한다. 그러므로 자화를 기술하는 LLG방정식에 무작위하게 움직이는 자기장

$\boldsymbol{h}(t)$를 더해주면 된다. $\boldsymbol{h}(t)$는 자화에 작용하는 열적 진동을 표현하는 것으로, 그 진동의 크기(열적 진동의 강도)는 온도에 비례한다. 단순화 시키기 위해서 $\boldsymbol{h}(t)$가 완전히 무작위하다고 가정하면,

$$\langle \boldsymbol{h}_i(t)\boldsymbol{h}_j(t')\rangle = AT\delta_{ij}\delta(t-t') \tag{3.60}$$

이 되고, 이때 $\boldsymbol{h}(t)$를 LLG방정식의 $\boldsymbol{H}_{eff}$에 더해주어 적분하면, $\langle m(t)m(t')\rangle$와 같은 여러 가지 물리량을 계산하는 것이 가능하다. 여기서 괄호 $\langle\ \ \rangle$는 시간 평균, A는 비례계수를 타나낸다. 식 (3.60)은 시각 $t=t'$ 이외의 다른 시각에서 $\boldsymbol{h}(t)$는 아무런 상관관계가 없으며, 완전한 무작위라는 것을 나타낸다. 이러한 진동을 화이트노이즈(white noise)라고 부른다(델타 함수를 푸리에 변환하면 전체의 진동수를 포함한 주파수 스펙트럼이 얻어지는 것으로부터 white라고 이름 붙였다). 계수 A는 랑제방 방법으로 구한 $\langle m_z^2\rangle$이 통계역학으로부터 구한 m_z^2의 평균치와 일치하도록 결정하면 된다. $\boldsymbol{h}(t)$를 포함한 LLG방정식을 **확률적 LLG방정식**이라고 부른다.

확률적 LLG방정식을 이용하면, 자화의 열운동을 기술하는 것이 가능해진다. 외부 자기장의 방향을 z라고 하면, $T=0K$에서는 열적 진동은 없으므로, 자화는 완전히 z방향을 향하게 된다. 유한한 온도($T=0K$)에서 자화는, 유효자기장의 주위를 무작위하게 움직이고, z에 수직한 성분 m_x, m_y는 시간적으로 변동해서 양과 음의 값이 동등한 확률로 나타나, 평균을 취하면 $\langle m_x\rangle=\langle m_y\rangle=0$이 된다. 다만, 제곱한 값은 0이 되지 않으므로, $\langle m_x^2\rangle=\langle m_y^2\rangle\neq 0$이 된다. 온도가 높아지면, 식 (3.60)에 표현된 것처럼 열적 진동에 의한 자기장 진동의 진폭이 온도의 상승과 함께 커지

게 되어, 자화 진동의 강도 $\langle m_x^2 \rangle$, $\langle m_y^2 \rangle$도 커지게 된다. 여기서 중요한 것은, $\langle \boldsymbol{m} \times \dot{\boldsymbol{m}} \rangle$도 0이 되지 않고, 온도가 증가함에 따라 커지게 된다는 것이다. $\langle \boldsymbol{m} \times \dot{\boldsymbol{m}} \rangle$은 자화가 시계 방향으로 돌 때와 반시계 방향으로 돌 때 서로 다른 부호가 되지만, LLG방정식을 잘 보면 알 수 있듯이, 실은 자화는 항상 반시계 방향으로밖에 돌 수 없는 아주 중요한 성질을 갖고 있다. 실제, 열적 진동이 없는 경우의 LLG방정식(식 2.24)은, 우변의 외적이 나타내는 것과 같이 자화에 대하여 항상 반시계 방향의 토크가 작용한다. 열적 진동이 있는 경우 식 (3.60)에서 $\langle \boldsymbol{m} \times \dot{\boldsymbol{m}} \rangle$을 계산하면 반드시 유한한 값을 가짐이 알려져 있어(고온극한에서는 $\propto T$), 열에 의해 자화가 움직이는 경우 시간평균을 취하면 자화는 반시계방향으로 돌고 있음을 알 수 있다. 이것은 강자성체가 보이는 본질적인 특징으로, 강자성체의 자화가 정의되었다는 것은 시간반전대칭성이 깨진 것으로부터 기인한다(이 책의 계산에서는 식 (2.23)이 이것을 나타내고 있다). 자화가 세차운동하고 있다면 앞 절에서 설명한 것과 같이, 금속을 붙이면 스핀펌핑에 의한 스핀류가 금속에 주입된다. 실제, 식 (3.48)과 식 (3.59)에 나와 있는 것과 같이 스핀펌핑으로 인해 생성되는 스핀류는 $\langle \boldsymbol{m} \times \dot{\boldsymbol{m}} \rangle$에 비례하여, 위에서 얘기한 열적 진동에 의해 $\langle \boldsymbol{m} \times \dot{\boldsymbol{m}} \rangle$은 유한한 값을 가지므로, 열에 의해 스핀펌핑을 구동할 수 있다는 것을 의미한다. 이것이 열적 스핀펌핑효과에 해당한다.

강자성/비자성 금속계에서는, 각층에서 열적 스핀펌핑의 밸런스를 생각해야 할 필요가 있다. 열역학 제2법칙에 의하면, 열평형 상태에 있는 어떤 시스템에서 어떤 흐름이 마음대로 생성되는 것은 있을 수 없기 때문이다. 강자성체가 아니라 비자성 금속에서 앞의 논의와 같은 생각을 해보면, 비자성 금속 역시 국소적인 자기모멘트의 기대치 $\langle \boldsymbol{m} \rangle$은 0이지만, $\langle \boldsymbol{m} \times \dot{\boldsymbol{m}} \rangle$의 기대치는 온도에 비례해서 유한한 값이 된다는 것을 알게 된다. 즉, 이러한 열적 진동은 비자성금속층에서 자성층으로 역방향의 스핀류를 펌핑시킨다. 이러한 두 가지 열적 스핀펌핑(강자성체→금속층과 금속층→강자성체)이 열평형 상태에서는 정확히 상쇄되므로, 스핀류는 0이 된다. 하지만 강자성체 내부의 스핀계의 유효온도(스핀계의 열적 진동)와 비자성금속층의 전자온도(전자계의 열적 진동)에 차이를 두는 것이 가능하다면, 이러한 열적 스핀펌핑의 상쇄 밸런스를 무너트리고, 유한한 스핀류가 금속 내부에서 흐르게 된다. 여기에서 유효온도라는 것은 열적 진동을 온도로 변환한 양에 해당한다. 이것이 스핀제벡효과의 기본 원리라고 생각된다.

그림 3.14는 스핀제벡효과의 기본구조인 자성절연체(자성가넷 등)와 금속(Pt등)의 접합이다. 접합 방향에 온도 기울기를 주면 스핀제벡효과에 의해 금속에 전도전자 스핀류가 주입된다. 생성된 스핀류는 나중에 기술할 역스핀홀 효과에 의해 전압이나 전력으로 변환하는 것이 가능하므로, 온도 기울기로부터 전압이나 전력을 만들어내는 새로운 원리로서 주목받고 있다.

이상이 스핀제벡효과의 일반 원리에 해당하지만, 온도 기울기로부터 스핀계와 전자계의 유효 온도 차이를 만드는 메커니즘의 디테일은 계에 따라 다르다. 예를 들어, 전자계—격자계 상호작용(electron–lattice interaction)에 비해 스핀계—격자계 상호작용(spin–lattice interaction)이 약한 경우를 생각해보자. 이때, 스핀파는 외부(lattice)와 거의 상호작용이 없고 따라서 스핀계는 격자계의 온도를 알 수 없다. 즉, 스핀계는 긴 거리의 격자계의 평균온도밖에 알 수 없게 된다. 이 거리를 스핀계의 열평형화 거리(thermalization length)라고 부르고, 밀리미터 스케일이 될 때도 있다. 이러한 계에 길이 방향으로 온도 기울기를 준 경우, 격자계에는 온도 기울기가 생기지만, 스핀계는 (긴 거리에 걸쳐 있는 격자들의) 평균 격자온도를 느끼므로, 자성체의 끝에는 스핀계와 격자계에 큰 온도 차이가 생긴다. 이 끝에 금속(Pt등)을 붙이면, 자성체와 금속의 계면에는 금속과 자성체의 격자온도가 같게 되고, 금속 전자계의 온도도 격자계의 온도와 거의 같게 되어(electron–lattice interaction), 계면에 있어서 큰 스핀계—전자계 온도차가 생성된다. 이 온도 차이에 의해 위에서 기술한 열적 스핀펌핑이 구동된다. 이러한 스핀제벡효과를 마그논 메커니즘이라고 부른다. 이 외에도 확산거리가 긴 저주파의 포논이 매개하는 포논 메커니즘도 알려져 있다.

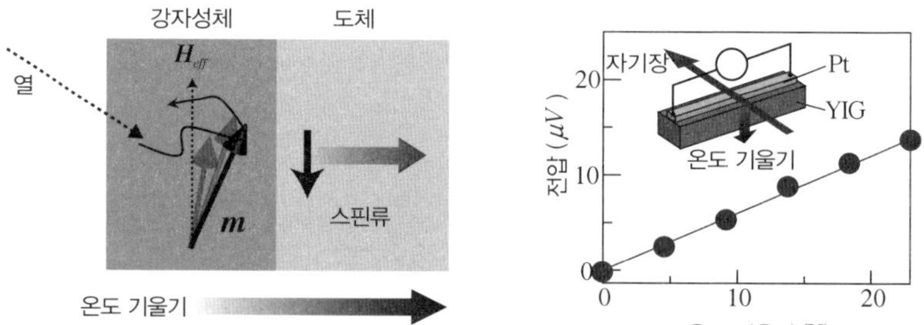

그림 3.14 스핀 제벡 효과의 개념도와 실험예. 자성체에 백금박막을 접합시키고 막의 수직 방향으로 온도기울기를 주면서 백금박막에서 발생하는 전압을 측정한다. 스핀 제벡 효과에 의해서 자성체에서 백금으로 스핀류가 주입되고, 주입된 스핀류는 제4장에 소개할 역스핀홀 효과에 의해 전압으로 변환되어 검출된다. 시료는 자성 가넷(YIG)/백금(Pt) 박막.

3.9 불균일 자기구조와 스핀의존 게이지장

앞 절에서 살펴본 스핀펌핑의 논의에서는, 계면에서 스핀이 급격하게 변하는(즉, 순간적으로 변하는) 상황을 가정했다. 그 역으로 이번 절에서는 공간적으로 완만하게 변하는 자화분포가 시간적으로 천천히 움직이는 상황을 생각해보자. 이런 경우를 설명하기 편리한 게이지장 방법을 소개하고자 한다. 자화가 완만히 변하는 상황에서는 전도전자의 스핀이 자화의 방향에 정렬해가면서 움직인다고 가정할 수 있고, 이것을 단열근사(adiabatic approximation)라고 부른다. 아래에서 이 단열근사에 있어서 전도전자가 자화의 구조로부터 받는 영향을 생각해보자.

자화가 공간적으로 균일하지 않은 경우, 스핀의 z축(양자화축, spin quantization axis)을 서서히 변하는 자화와 평행이 되도록 파동함수의 기저(basis)를 다시 쓰는 것이 편리하다. 이렇게 기저 상태를 바꾸는 것은 아래에 설명하듯이, 스핀공간의 회전변환행렬 U(부록 A의 식 (A.13)의 앞쪽 논의 참조)를 각 위치의 파동함수에 적용하면 된다.

$$\begin{pmatrix} \varphi'_{\uparrow}(\boldsymbol{r}) \\ \varphi'_{\downarrow}(\boldsymbol{r}) \end{pmatrix} = U(r) \begin{pmatrix} \varphi_{\uparrow}(\boldsymbol{r}) \\ \varphi_{\downarrow}(\boldsymbol{r}) \end{pmatrix} \tag{3.61}$$

이런 식으로 기저를 취하면, 자화와 전도전자 스핀 사이의 상호작용은 각 위치에서 대각화(diagonalize) 되어 단순한 포텐셜이 되고, 일정한 자화분포상의 전자 운동의 문제와 같게 된다. 즉, 회전변환만 신경쓰면, 자화의 불균일한 분포는 생각하지 않아도 된다. 하지만 그 대신에 미소연산자가 바뀌어야 한다. 예를 들면, 미소연산자 ∇은

$$P = -i\hbar\nabla \tag{3.62}$$

와 같이 운동량 ($\boldsymbol{P}$) 연산자로서, 그 제곱은 운동에너지가 된다. 여기에서 식 (3.61)과 같이 기저를 변환하고, 각 위치마다 스핀의 양자화 축을 자화의 방향에 정렬하도록 조절한다. 식 (3.61)에 ∇을 적용시키면,

$$\nabla\begin{pmatrix}\varphi'_\uparrow\\ \varphi'_\downarrow\end{pmatrix} = (\nabla U)\begin{pmatrix}\varphi_\uparrow\\ \varphi_\downarrow\end{pmatrix} + U\left\{\nabla\begin{pmatrix}\varphi_\uparrow\\ \varphi_\downarrow\end{pmatrix}\right\} = U\left[U^{-1}\nabla U\begin{pmatrix}\varphi_\uparrow\\ \varphi_\downarrow\end{pmatrix} + \nabla\begin{pmatrix}\varphi_\uparrow\\ \varphi_\downarrow\end{pmatrix}\right] \tag{3.63}$$

가 되어, $\begin{pmatrix}\varphi_\uparrow\\ \varphi_\downarrow\end{pmatrix}$의 앞에 ∇뿐만 아니라

$$U^{-1}\nabla U\begin{pmatrix}\varphi_\uparrow\\ \varphi_\downarrow\end{pmatrix} \tag{3.64}$$

가 나온다. 이것은 기저를 변환함에 따라 운동량 연산자 (3.62)에

$$\frac{i}{\hbar}U^{-1}\nabla U\begin{pmatrix}\varphi_\uparrow\\ \varphi_\downarrow\end{pmatrix} \tag{3.65}$$

가 추가된다는 것을 의미한다. 이 항을 **스핀의존 게이지장**(spin gauge field)이라고 부른다. 양자역학에서는 전자가 전자기장과 상호작용하는 경우 운동량연산자는

$$P = -i\hbar\nabla + eA \tag{3.66}$$

와 같이 수정된다는 것을 상기해주었으면 좋겠다. $\boldsymbol{A}$는 전자기장의 **벡터 포텐셜**로서, 스핀에 의존하지 않는 성분은

$$B = \mathrm{rot}A, \quad E = -\frac{\partial A}{\partial t} \tag{3.67}$$

와 같이 자기장 $\boldsymbol{B}$와 전기장 $\boldsymbol{E}$와 관련있다. ∇에 추가되는 벡터장이라

는 의미로 볼 때, $\boldsymbol{A}$와 식 (3.65)는 같은 의미를 가진다. 따라서, 기저의 변환에 의해 운동량 연산자에 추가되는 성분 (3.65)가

$$e\begin{pmatrix} \boldsymbol{A}_{\uparrow} & 0 \\ 0 & \boldsymbol{A}_{\downarrow} \end{pmatrix} \tag{3.68}$$

가 될 때, $\boldsymbol{A}_{\uparrow}$는 ↑ 스핀전자에 작용하는 실효적인 벡터 포텐셜, $\boldsymbol{A}_{\downarrow}$는 ↓ 스핀전자에 작용하는 실효적인 벡터포텐셜이라고 할 수 있다(제5장에서 다시 생각해볼 것이다). 여기에 회전(rot)을 적용하면, 각각의 전자에 작용하는 스핀에 의존하는 실효적인 자기장을 얻을 수 있다. 또한, $-\partial/\partial t$를 적용하면, 스핀에 의존하는 실효적인 전기장을 얻을 수 있다. 이 자기장이나 전기장은 본질적인 전자기장이 아니라, 불균일한 사화구조를 균일한 자화구조의 문제로 변환할 때 등장하는 **겉보기** 전자기장이다. 스핀에 의존하는 실효적인 전자기장은 로렌츠힘이나 전자기유도 등 본질적인 전자기장과 같은 상호작용을 야기하므로, **스핀전자기장**이라고 부른다. 스핀전자기장으로부터 나오는 홀 효과를 위상학적 홀 효과(topological Hall effect), 스핀에 의존한 전자기유도를 스핀 페러데이 효과라고 부르는 경우도 있다(3.7절도 참조). 위상학적 홀 효과는 불균일 자성체의 홀 효과로서 실험적으로 관측되었다.

제4장 스핀홀 효과와 역스핀홀 효과

4.1 스핀류의 전자기 효과

스핀류를 생성하는 방법 몇 가지를 앞에서 설명했다. 그런데 스핀류를 어떻게 측정할 수 있을까? 생각해보면, 전류가 정밀한 과학의 대상이 된 것은 전류를 측정할 수 있는 방법을 발견했기 때문이다. 전류를 흘리면, **그림 4.1** (a)와 같이 전류 $\boldsymbol{J}_c$의 주변에 원형의 자기장 $\boldsymbol{H}$가 생긴다. 이 발견으로 인해, 전류가 만들어내는 자기장의 힘을 측정함으로써, 전류의 크기를 측정하게 되었다. 체계화된 전자기학에서는 이것을 맥스웰 방정식

$$\mathrm{rot}\boldsymbol{H}=\boldsymbol{J}_C \tag{4.1}$$

로 표현한다. 자기장의 크기는, 자기장 하에서 전하 q가 움직일 때 발생하는 로렌츠힘 $qv\times\mu_0\boldsymbol{H}$($v$는 속도, μ_0는 진공에서의 투자율)을 측정함으로써 알아낼 수 있는데, 이것은 전류의 단위 **암페어**의 정의가 되기도 한다.

그런데 전하의 움직임이 아닌 자하(**N**극이나 **S**극)의 움직임이 있다면 어떤 일이 발생할까? 전기와 자기는 쌍둥이처럼 서로 얽혀서 현상이 나

오는 것이 알려져 있으므로, 혹시 자하의 흐름, **즉 자기 모노폴 흐름**이 있다면, **그림 4.1** (b)와 같이 주변에 전기장이 발생해야 한다. 물론, 전자기학에 의하면 현재 이 세상에는 자기 모노폴은 없고, 자하만의 흐름이 단독으로 존재할 수는 없다. 하지만 원래부터 자기모멘트는 N과 S의 자하의 쌍이므로, 고전적인 자기모멘트의 흐름은 역방향으로 흐르는 **자기모노폴** 흐름의 쌍으로 생각할 수 있다. 구체적으로, 자기 모멘트 $\boldsymbol{m}$은 자기 모노폴 q_m이 거리 $\boldsymbol{l}$ 만큼 떨어져 있는 것으로 생각해 $q_m\boldsymbol{l}=\boldsymbol{m}$으로 쓰고, ($q_m$을 변화시키면서) 자화간의 거리 $\boldsymbol{l}$이 0이 되는 극한을 취한 값이다. 이렇게 생각해보면, 자기모멘트 $\boldsymbol{m}$의 흐름은 자기모노폴 흐름 $\boldsymbol{J}_m=q_m\boldsymbol{v}$가 만들어내는 전기장(**그림 4.1** (b))과, 그것과 $\boldsymbol{l}$ 만큼 떨어진 역방향의 자기모노폴 흐름 $-\boldsymbol{J}_m$을($l\cdot\boldsymbol{J}_m$을 일정하게 유지한 채) 무한히 가까이한 것에 대응하는 **그림 4.1** (c)와 같은 전기장을 만들어낼 것이다.

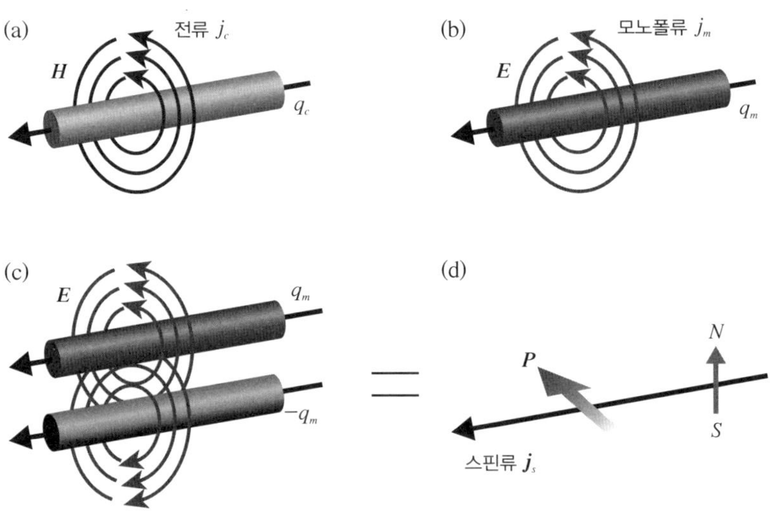

그림 4.1 전류가 만들어내는 자기장과 모노폴이 만들어내는 전기장과 스핀류가 만들어내는 전기장.

이러한 결론은 특수상대론을 사용해도 도출이 가능하다. 제2장에서 설명한 것과 같이 특수상대론에 의하면, 서로 다른 속도로 운동하는 관성계에서 좌표나 물리량은 로렌츠 변환이라 불리는 선형변환에 의해 서로 연결된다. 로렌츠 변환에 의하면, 속도 $\boldsymbol{v}$로 움직이는 자기모멘트 $\boldsymbol{m}$은

$$P_t' = -\frac{1}{\sqrt{1-\left(\frac{v}{c}\right)^2}}(\varepsilon_0 \boldsymbol{v} \times \boldsymbol{m}) \tag{4.2}$$

으로 변환된다[15]. ε_0는 진공에서의 유전율에 해당한다. 이 식은 자기모멘트의 일부가 작은 전기쌍극자 모멘트 P_t'로 변환된다는 것을 나타내고, 이 전기쌍극자 모멘트를 만들어내는 전기장이 바로 그림 4.1(c)에 나타낸 것과 같다.

정확히 표현하면 스핀은 고전적인 자기모멘트와는 다르므로, 스핀자기모멘트의 상대론효과는 양자역학에 의해 계산해야 할 필요가 있다. 자세한 것은 생략하겠지만, 상대론적 양자론을 이용해서 진공에서의 전자 하나에 대하여 계산을 해도, 같은 전기쌍극자가 생성되는 것을 도출할 수 있다. 다만, 상대론적 양자론의 틀에서는, 이러한 전기쌍극자 생성이 스핀궤도 상호작용의 한 종류로서 기술된다.

자, 진공 중의 자기모멘트의 흐름이 전기장을 만들어내는 것을 알았다. 그렇다면, 물질에서 전자 스핀의 흐름에 대해서 생각을 진전시켜보자. 물질 내부 전자의 스핀과 고전적 자기모멘트 사이에는 다른 점이 존재하겠지만, 대칭성을 생각해보면 같은 형태의 전기장을 만들어낼 것으로 기대할 수 있다. 하지만 정식화하는 것은 한층 복잡하다. 물질에서의 전자와 진공에서의 전자의 큰 차이점 중 하나는, 속도의 개념이 물질 내

부에서는 단순하지 않다는 점이다. 물질 내부에서 전자는 블로흐 파동함수로 기술되고, 페르미축퇴되어 있다. 전자 밀도가 높기 때문에 페르미 속도(하나하나의 전자의 속도)는 아주 크다. 그러한 한편, 전자 파속의 운동의 빠르기는 밴드의 곡률로 생각해야 하는 군속도로서, 페르미 속도와 비교했을 때 상당히 느리다. 이렇게 전도전자의 속도 개념이 복잡하기 때문에, 위에서 얘기한 것 같이 로렌츠 변환을 사용해 스핀자기모멘트의 흐름과 전자기장을 단순히 연결할 수 없다. 그러므로, 고체전자론에 기초해서 물질에서의 스핀류의 전기자기효과를 생각해야 할 필요성이 있다. 놀라운 일은, 최근의 연구에 의하면 고체 중에는 **그림 4.1**의 대칭성을 가진 효과가 매우 분명하게 나타나는 것으로 밝혀졌다. 그 근원은 바로 스핀궤도 상호작용이다.

스핀류와 스핀궤도 상호작용

제2장에서 설명한 것과 같이, 스핀궤도 상호작용의 근원은 전기장(전위의 기울기)하에서 이동하는 전자의 상대론적 효과이다. 스핀궤도 상호작용이 전도전자의 운동에 미치는 효과는 물질 내부의 어떤 종류의 전기장이 관여하느냐에 따라 크게 두 가지 타입으로 구분된다. 첫 번째 타입은, 불순물이나 격자의 결함 등 주위와 다른 전기적 상태의 영역이 만들어내는 전기장에 의한 것으로, 이것을 외인성효과(extrinsic effect)라고 부른다. 두 번째 타입은, 결정성으로 잘 정렬된 원자핵이 만들어내는 전기장 전체가 특정 밴드의 전자운동에 영향을 미치는 경우로, 내인성효과(intrinsic effect)라고 부른다.

후자는 물질 표면에 있는 전위 기울기나 물질 내부에 인공적으로 만드는 전자전도면(2차원 전자계, 2DEG)에서 볼 수 있는 2차원적인 스핀궤도 상호작용을 포함한다. 대표적인 2차원계의 내인성 스핀궤도 상호작용으로 **라시바 상호작용**(Rashba interaction)이 있다. 라시바 상호작용은 전도면에 수직한 방향으로 반전 대칭성이 깨져 있는 상황(예를 들면, 균일한 수직전위 기울기 $(\nabla\phi(\boldsymbol{r}))$가 있는 경우 등)을 기술하며, 식 (2.3)을 바탕으로 운동량을 표면전자상태의 파수 $\boldsymbol{k}$로 다시 쓰면

$$\mathcal{H}_{Rashba} \propto (\boldsymbol{s} \cdot (\hbar\,\boldsymbol{k} \times \nabla\phi(\boldsymbol{r}))) \tag{4.3}$$

이 된다. 라시바 상호작용을 이용하면 표면에 전기장을 거는 것으로써 스핀의 전기적 제어가 가능하게 되고, 따라서 스핀 제어에 이용할 수 있다.

내인성 효과의 구체적인 메커니즘은 조금 복잡하므로 그것을 상세하게 설명하기 전에, 물질 내부의 강한 스핀궤도 상호작용에 의하여 어떤 효과가 나타나는지 소개한 후에, 다음 장에서부터 미시적 메커니즘을 자세하게 설명하도록 한다.

4.2 스핀홀 효과

스핀궤도 상호작용의 특징은, 전자스핀이 반전했을 때 상호작용항의 부호가 반전한다는 것이고, 또한 전자의 이동 방향이 바뀌었을 때도 부호가 바뀐다는 것이다. 이때, 전자의 궤도운동이 스핀궤도 상호작용의 결과에 의해 굽게 되면 **그림 4.2**(왼쪽)와 같이 전자스핀이 반대인 경우는 반대로 굽고, 입사 방향이 반대인 경우 역시 반대로 굽는 것을 예상할 수 있다. 이것을 이용하면, 아래와 같이 스핀류와 전류를 상호 변환

하는 스핀홀 효과와 역스핀홀 효과가 실현된다.

비자성 도체에 전류를 흘린다. 전류에는 모든 방향의 스핀을 가진 전자가 동일하게 있다. 이때, **그림 4.2**(오른쪽)와 같이 서로 다른 방향의 스핀을 가진 전자는 위에서 설명한 메커니즘에 의해서 역방향으로 굽게 된다. 이런 현상을 전류에 수직한 방향에서 보면, 전류에 수직한 방향에 서로 다른 방향의 스핀이 반대 방향으로 흐르고 있으므로, 전류에 수직한 방향으로 스핀류가 흐르고 있는 것이다. 이와 같이 비자성체 내부의 전류를 그에 수직한 방향의 스핀류로 변환하는 것이 **스핀홀 효과**(spin Hall effect)이다[20]. 스핀홀 효과는, 스핀류의 생성 방법으로 흔히 이용되고 있다. 최초에 측정된 스핀홀 효과는 반도체 GaAs이다. GaAs시료에 전기장을 걸면, 스핀홀 효과에 의해 인가전기장의 수직한 방향으로 스핀류가 흐르고, 이것이 시료의 가장자리에 부딪히면 스핀축적이 일어난다. 이 스핀축적을 광학적방법(커효과, Kerr effect)으로 측정하였다. 그 결과, 시료의 가장자리를 따라 일정한 스핀축적이 보였고, 이것은 '스핀홀 효과에 의해 스핀류가 시료의 가장자리에 축적되었다'라고 해석되었다. 그 외의 측정방법으로 spin–LED에 의한 원편광측정이 있다[21]. (Al, Ga)As/GaAs이종접합구조에서 pn접합을 이용한 발광다이오드를 만들고, 접합면에 따른 방향으로 p형 반도체에 전기장을 걸면, 스핀홀 효과로 스핀편극된 정공의 흐름이 발생할 것을 기대할 수 있다. 이것을 n형 반도체 내의 전자와 재결합시켜서, 밖으로 나온 빛의 원편광을 측정하는 방법이다. 측정된 발광은 1%정도의 원편광을 가졌고, 이것은 정공의 흐름이 스핀편극되어 스핀홀효과의 결과로 해석되었다.

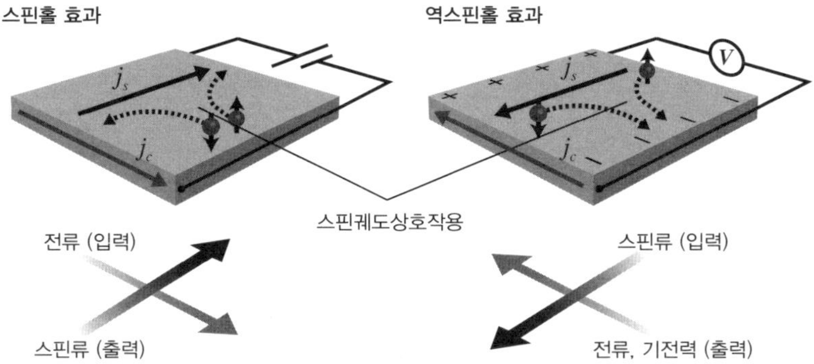

그림 4.2 스핀홀 효과와 역스핀홀 효과.

4.3 역스핀홀 효과

앞절의 반작용을 생각해보자. 도체에 전도전자 스핀류가 주입되었다고 하자. 스핀류가 흐르고 있는 경우, **그림 4.2**(오른쪽)와 같이 서로 반대 방향의 스핀은 반대 방향으로 흐르는 경향이 있다. 이러한 전자는(두 전자의 스핀과 속도의 방향이 모두 반대가 된 것에 주목하자) 스핀궤도 상호작용에 의해 같은 방향으로 굽게 된다. 이것은 **그림 4.2**(오른쪽)와 같이 스핀류의 수직 방향으로 전류, 기전력을 만들어낸다는 것을 의미한다. 이러한 메커니즘에 의해 스핀류를 그것과 수직한 방향의 전류나 전압으로 변환하는 것이 가능하다. 이것을 **역스핀홀 효과**(inverse spin hall effect)라고 부른다. 진공에서 생각한 스핀류의 전기장 생성 효과(**그림 4.1**(c))와 같은 대칭성을 가진 현상이 고체 내부에서 발현되는 현상으로 볼 수 있다.

역스핀홀 효과는 스핀류의 전기적 검출이나 스핀트로닉스와 일렉트로닉스의 인터페이스로서 빈번히 이용되고 있다. 최초에 측정되었던 것은, 강자성체 금속 NiFe와 비자성 금속 Pt의 복합박막에서, 스핀펌핑에 의해 강자성체에서 Pt층으로 주입된 스핀류를 Pt층의 역스핀홀효과에 의해 기전력으로 검출한 실험이다[7](**그림 4.3**). 자기장 하의 자화는 LLG방정식에 따라 세차운동하지만, 이 세차운동과 같은 진동수의 교류자기장(마이크로파)을 인가하면, 공명을 일으켜 세차운동의 진폭이 증가한다. 이것을 **강자성공명**(Ferromagnetic resonance:**FMR**)이라고 부른다. 이 실험에서는, 강자성공명을 통해 자화세차운동을 일으키고, 이러한 세차운동에 의한 스핀펌핑을 이용해서 강자성체 Pt에 스핀류를 주입한 후, 스핀류가 발생시키는 역스핀홀 효과로 기전력을 만들어낸 것이다. Pt는 스핀홀 효과, 역스핀홀 효과를 보이는 전형적인 물질이다.

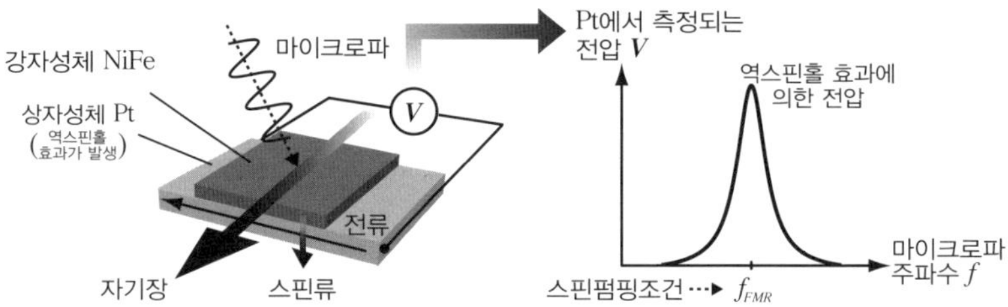

그림 4.3 스핀펌핑에 의한 스핀류 생성과 역스핀홀 효과.

거의 같은 시기에 **비국소 배치법**(nonlocal measurement)을 이용한 실험이 수행되었다[8,9]. **그림 4.4**와 같이 아주 작은 미소 구조를 제작하고, 강자성 가는선 ①로부터 비자성 금속의 가는 선에 화살표 방향으로 전류 ③을 주입하면, 강자성체의 전도전자가 스핀편극되어 있으므로, 스핀편극된 전자가 비자성 금속에 주입되고, 비자성 금속의 가는 선 ②에 스핀축적이 형성된다. 스핀축적이 발생한 곳에는 $\mu_{\uparrow}-\mu_{\downarrow}$가 유한한 값을 가지게 된다. 여기에서 강자성체 가는 선 ①과 Pt의 가는 선 ④의 거리는, 비자성 금속의 스핀확산거리보다 짧다고 하고, 스핀류로서 $\nabla(\mu_\uparrow - \mu_\downarrow)$에 비례하는 확산스핀류만 생각하자. 전하의 확산 길이가 짧기 때문에 전류는 화살표③의 방향으로만 흐르지만, 스핀의 확산 길이는 길어서, **그림 4.4**와 같이 $\mu_\uparrow - \mu_\downarrow$는 전류가 흐르지 않는 영역에도 스핀확산길이의 범위 내에는 유한한 값이 되고, 가는 Pt 선까지 도달하여, ④에 스핀류를 흘려넣는다. Pt wire에 들어간 스핀류는 역스핀홀효과에 의해 전압으로 변환되고 검출된다. 이러한 방법을 비국소 배치법이라고 부른다.

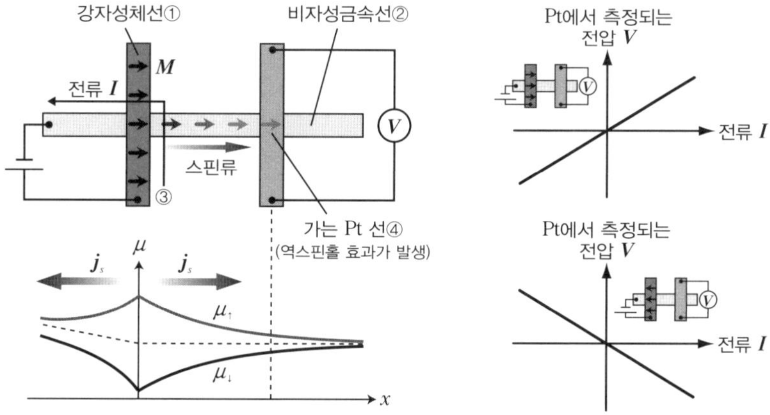

그림 4.4 비국소배치를 이용한 역스핀홀효과 실험의 모식도. 오른쪽 그림은 각각, 강자성금속 ①의 자화를 오른쪽 혹은 왼쪽을 향하게 한 후, 전류 I를 ③과 같이 흘렸을 때 우측의 백금(Pt) 선 ④의 양단에 발생하는 전압신호 V에 해당함. 전류는 ③과 같이 흐르지만, 스핀확산길이가 충분히 길기 때문에, 스핀축적이 비자성금속 ②의 내부에 확산되고, Pt 신 ④까지 도달하어 스핀류를 주입힌다. 이 스핀류는 역스핀홀효과에 의해 전압으로 변환되어 검출되었다.

4.4 비평형 자기장 여기

이 장의 마지막으로, 밴드 운동량 $\hbar\boldsymbol{k}$에 비례하는 스핀궤도 상호작용이 있는 계에 전류를 인가한 경우를 생각해보자. 이것은 스핀궤도 상호작용을 바탕으로 자기장과 유사한 효과를 만든다는 점에서, 물리적으로도 실용적으로도 아주 재미있는 예이다.

스핀궤도 상호작용이 있고, 어떤 전자밴드의 에너지 $\varepsilon(\boldsymbol{k})$가 ↑스핀전자와 ↓스핀전자에 따라 달라지는 상황을 생각해보자. 특히, $\varepsilon(\boldsymbol{k})$를 밴드의 파수 $\boldsymbol{k}$로 전개해서, $\boldsymbol{k}$의 1차항이 중요하게 되는 경우를 생각하자. 4.1절에 생각했던 라시바 상호작용(식 (4.3))

$$\mathcal{H}_{Rashba} \propto (\boldsymbol{s} \cdot (\hbar\boldsymbol{k} \times \nabla\phi(\boldsymbol{r}))) \tag{4.4}$$

이 그 좋은 예에 해당한다. 이러한 스핀궤도 상호작용의 식은, $\boldsymbol{k}$에 의존한 라시바 유효자기장 $\boldsymbol{B}_{Rashba}(\boldsymbol{k}) \propto \hbar\boldsymbol{k} \times \nabla\phi(\boldsymbol{r})$을 도입하면, 이 유효자기장의 제만 상호작용

$$\mathcal{H}_{Rashba} \propto (\boldsymbol{s} \cdot \boldsymbol{B}_{Rashba}(\boldsymbol{k})) \tag{4.5}$$

의 형태로 쓸 수 있다. 다만, 이 유효자기장은 파수 $\boldsymbol{k}$에 의존하고, 더욱이 기함수(odd function)이므로 열평형 상태에서의 평균합

$$\langle \boldsymbol{B}_{Rashba}(\boldsymbol{k}) \rangle = \sum_k \boldsymbol{B}_{Rashba}(\boldsymbol{k})\rho(\boldsymbol{k}) \tag{4.6}$$

에 의해 사라져버려, 이대로는 유효자기장의 영향이 없다. 여기에서 $\rho(\boldsymbol{k})$는 밴드의 전자분포인데, 열평형 상태에서는 $\rho(\boldsymbol{k}) = \rho(-\boldsymbol{k})$이다. 하

지만 $\nabla\varphi(\boldsymbol{r})$에 수직 방향으로 전류를 흘리면 전자는 가속되고, 가속 방향의 운동량을 가진 전자 수가 증가한다. 이때, $\rho(\boldsymbol{k}_{\parallel}) \neq \rho(-\boldsymbol{k}_{\parallel})$가 되므로(여기서 $\boldsymbol{k}_{\parallel}$는 전류 방향에 평행한 파수의 성분), 식 (4.6)의 평균은 사라지지 않고 유한한 값이 된다. 이는 전류를 흘리는 것으로써, 균일자기장과 같은 효과가 생기는 것을 의미한다. 이런 유효자기장은 전자기적인 자기장과 다르고, 스핀궤도 상호작용을 근원으로 하는 것이다. 이러한 유효자기장을 사용해서 자화를 반전시키거나, 자화의 운동을 구동하는 것이 가능하고, 실제로 관측되었다.

제5장

게이지장과 베리곡률

제4장에서는 스핀홀 효과의 기본적인 성질 및 실험적인 보고를 살펴보았다. 실제 물질에서 발생하는 스핀홀 효과의 메커니즘을 생각해보면, 불순물 산란에서의 스핀궤도 상호작용에 기인하는 외인성 메커니즘 외에도, 불순물과 관련 없이 밴드의 구조 자체에 스핀궤도 상호작용의 효과가 있기 때문에 나타나는 내인성 메커니즘이 있다. 이러한 내인성 메커니즘은 베리곡률[22]이라고 부르는 밴드의 수학적 구조에서 유래한다. 고체 결정과 같이 주기성이 있는 계에서의 전자 상태는, 블로흐 정리로부터, 블로흐 파수 k로 설명된다. 블로흐 파수 k로 나타나는 공간 내에서의 파동함수의 미분기하학적인 구조를 특징짓는 것이 바로 파수 공간의 베리곡률이다. 이 베리곡률은 스핀홀 효과뿐만 아니라 다양한 홀 효과에 관여하여, 정수 양자홀 효과에서의 홀 전도율의 양자화도 설명한다. 이 개념을 더욱 발전시킴으로써, 2005년에 위상학적 절연체의 이론적인 예측이 이루어졌다. 5장 이후에서는 스핀홀 효과, 위상학적 절연체에 대하여 이론적인 입장에서 해설하고자 한다. 본 장에서는 베리곡률의 개념에 대해서 설명하고, 이후의 장에서는 이 베리곡률이 여러 홀 효과를 일으키는 메커니즘에 대해서 해설하고자 한다.

5.1 전자기장, 게이지 변환, 모노폴

베리위상[22]은 전자 파동함수의 위상에 관계 있는 양이므로, 일단 전자 파동함수의 위상의 성질에 대해서 생각해 보자. 예를 들면, 위치 $\boldsymbol{r}$에 의존하는 파동함수 $\psi(\boldsymbol{r})$을 생각해보면,

$$\psi(\boldsymbol{r})=|\psi(\boldsymbol{r})|e^{i\theta(\boldsymbol{r})} \tag{5.1}$$

과 같이 절댓값 $|\psi(\boldsymbol{r})|$과 위상 $i\theta(\boldsymbol{r})$의 자유도로 나누어서 생각할 수 있다. 절댓값 $|\psi(\boldsymbol{r})|$은 그 제곱에 해당하는 양이 전자의 존재 확률의 확률밀도를 나타내므로, 이것은 관측 가능량에 해당한다. 위상에 대해서는 그러한 관측 가능량과 직접 관계가 없다. 그러면 전자의 위상은 관측 가능량과 전혀 상관이 없는가? 그렇지는 않다.

전자의 파동함수에는 중첩 원리라는 중요한 성질이 있다. 이러한 중첩에 의해서, 위상은 관측 가능량이 되는 경우가 있다. 예를 들면, 파동함수 $\psi_1(\boldsymbol{r})$로 표현되는 전자파와 $\psi_2(\boldsymbol{r})$로 표현되는 전자파가 특정한 지점 $\boldsymbol{r}$에서 간섭한다고 하자.

$$\psi(\boldsymbol{r})=\psi_1(\boldsymbol{r})+\psi_2(\boldsymbol{r})=|\psi_1(\boldsymbol{r})|e^{i\theta_1(\boldsymbol{r})}+|\psi_2(\boldsymbol{r})|e^{i\theta_2(\boldsymbol{r})} \tag{5.2}$$

그러면 이때, 전자의 존재 확률의 분포는

$$\begin{aligned}|\psi(\boldsymbol{r})|^2&=|\psi_1(\boldsymbol{r})+\psi_2(\boldsymbol{r})|^2\\&=|\psi_1(\boldsymbol{r})|^2+|\psi_2(\boldsymbol{r})|^2+2|\psi_1(\boldsymbol{r})||\psi_2(\boldsymbol{r})|\cos(\theta_1(\boldsymbol{r})-\theta_2(\boldsymbol{r}))\end{aligned} \tag{5.3}$$

이 된다. 이러한 예로부터 알 수 있는 것은 다음과 같다.

• 동일 지점에서의 두 파동함수의 위상차이(위에서는 $(\theta_1(\boldsymbol{r})-\theta_2(\boldsymbol{r}))$)는 관측 가능량이다. 이것은 두 파동함수가 간섭 가능하다는 것으로부터 나온다.

• 위상값 자체는 관측 가능량이 아니다.

예를 들어 유명한 영의 이중 슬릿 실험을 생각해보면, 2개의 슬릿을 통과한 전자파가 간섭하여 간섭무늬를 발생시키는데, 이것이 바로 두 개의 전자파의 위상 차이에 의한 것이다.

그런데 여기서 거꾸로 생각을 해보면, 어떤 지점 $\boldsymbol{r}$에서 파동함수의 위상 자체는 관측 가능량이 아니므로, 자유롭게 선택할 수 있다고 생각할 수 있다. 즉, 공간의 각 점에서 파동함수의 위상을 마음대로 선택해도 된다(물론 필요에 한하여, 위상이 공간좌표에서 연속적으로 변하는 것을 가정한다). 그렇게 되면 원래의 파동함수 $\psi(\boldsymbol{r})$ 대신에, 임의의 실수함수 $\theta(\boldsymbol{r})$을 이용하여

$$\psi'(\boldsymbol{r}) \equiv \psi(\boldsymbol{r})e^{i\theta(\boldsymbol{r})} \tag{5.4}$$

으로 정의되는 함수 $\psi'(\boldsymbol{r})$을 파동함수로서 쓴다고 해도 아무 문제가 없다. 이것을 국소 게이지 변환이라고 한다. 즉, 각 $\boldsymbol{r}$점의 위상을 $\theta(\boldsymbol{r})$만큼 어긋나게 하는 것(밀어내는 것)이 된다.

이것을 사용하면, 운동량 연산자 $\hat{p}_i \equiv -i\hbar\partial/\partial r_i$가 관측 가능량이 안 된다는 사실을 금방 알 수 있다. 같은 상태를 나타내고 있는 ψ와 ψ'에 대하여, $\hat{p}_i$의 기댓값을 계산하면,

$$\hat{p}_i\psi'(\boldsymbol{r})=\left[-i\hbar\frac{\partial\psi}{\partial r_i}+\hbar\frac{\partial\theta}{\partial r_i}\psi\right]e^{i\theta(\boldsymbol{r})} \tag{5.5}$$

$$\langle\psi'|\hat{p}_i|\psi'\rangle=\langle\psi|\hat{p}_i|\psi\rangle+\hbar\left\langle\psi\left|\frac{\partial\theta}{\partial r_i}\right|\psi\right\rangle \tag{5.6}$$

가 되어, ψ와 ψ'에 대한 운동량 $\hat{p}_i$의 기댓값이 달라지고, 따라서 운동량 $\hat{p}_i$는 관측 가능량이 아니다. 이것을 해결하는 방법은 $\hat{p}_i$를 관측 가능량이 아니라고 포기해버리고, 그 대신에 부가적인 항을 추가해서 관측 가능량으로 만드는 방법이 있다. 즉, $\hat{p}_i+eA_i$라고 하는 관측 가능량을 도입한다. 여기서는 일단, $-e(e>0)$는 전자의 전하, $\boldsymbol{A}(\boldsymbol{r})\equiv(A_x, A_y, A_z)$는 전자기학에서 도입했던 벡터 포텐셜이라고 해두자. 더 나아가, 이 벡터 포텐셜은 위에서 설명한 국소 게이지 변환에 대해서

$$\boldsymbol{A}'(\boldsymbol{r})=\boldsymbol{A}(\boldsymbol{r})-\frac{\hbar}{e}\nabla\theta(\boldsymbol{r}) \tag{5.7}$$

로 변환된다고 하자. 그렇게 하면, 간단한 계산에 의해서

$$(\hat{p}_i+eA'_i)\psi'(\boldsymbol{r})=e^{i\theta(\boldsymbol{r})}(\hat{p}_i+eA_i)\psi(\boldsymbol{r}) \tag{5.8}$$

이 되고

$$\langle\psi'|\hat{p}_i+eA'_i|\psi'\rangle=\langle\psi|\hat{p}_i+eA_i|\psi\rangle \tag{5.9}$$

라고 할 수 있으므로, $\boldsymbol{p}+e\boldsymbol{A}$가 관측 가능량이 된다. 식 (5.7)은 전자기장의 벡터 포텐셜에 대응하는 게이지 변환으로, 전자기학 교과서에 실려 있는 것인데, 여기서 알 수 있는 것은 게이지 변환이란 것은 실은 파동함수의 위상 자유도와 관계가 있다는 것이다.

그리고 전자기학에서 배운 것과 같이, 벡터 포텐셜 자체는 위의 게이지 변환의 자유도가 있으므로 관측 가능량이 아니다. 한편, 그 벡터장의 회전을 취한

$$\boldsymbol{B}(\boldsymbol{r}) = \nabla \times \boldsymbol{A}(\boldsymbol{r}) \tag{5.10}$$

은 자속 밀도로서, 관측 가능량에 해당한다. 이 경우, $\boldsymbol{A}$, $\boldsymbol{A}'$에 해당하는 자속 밀도 $\boldsymbol{B}$, $\boldsymbol{B}'$은 $\boldsymbol{B} = \boldsymbol{B}'$이 된다. 즉, 게이지 변환(5.7)에 불변하다.

비슷한 게이지 불변의 양으로, 폐곡선 C를 따라 벡터 포텐셜을 선적분한 값이 있는데, 이 값 역시 관측 가능량에 해당한다.

$$\oint_C d\boldsymbol{r} \cdot \boldsymbol{A}(\boldsymbol{r}) \tag{5.11}$$

이것은 스토크스(Stokes) 정리에 의해, C로 둘러싸인 영역 S를 뚫고 나오는 자속 Φ와 같으므로, 관측 가능량에 해당하고, 실제로 이 양은 아하노브—봄 효과에 있어서, 전자의 위상의 어긋남으로 관측되는 양에 해당한다.

$$\oint_C d\boldsymbol{r} \cdot \boldsymbol{A}(\boldsymbol{r}) = \oint_S d\boldsymbol{S} \cdot \boldsymbol{B}(\boldsymbol{r}) = \Phi \tag{5.12}$$

실제, 게이지 변환 (5.7)을 식 (5.11)에 적용하면,

$$\oint_C d\boldsymbol{r} \cdot \boldsymbol{A}(\boldsymbol{r}) = \oint_C d\boldsymbol{r} \cdot \boldsymbol{A}'(\boldsymbol{r}) \tag{5.13}$$

이 되고 게이지 불변이라는 사실을 알 수 있다.

모노폴(monopole)

이후의 논의의 준비로서, **모노폴**(monopole)[23,24]을 생각해보자. 모노폴은 자기 단극자로도 불리는데, N극 혹은 S극만의 자석을 의미하여, 단독으로는 존재하지 않는다. 하지만 실은 고전전자기학의 범위에서는 모노폴이 단독으로 존재한다고 해도 모순은 발생하지 않는다. 모노폴이 존재하는 경우의 벡터 포텐셜의 구조에 대해서 논의해보자. 예를 들면, 모노폴이 3차원 공간의 원점 $\boldsymbol{r}=0$에 존재한다고 하고, 그것이 방사형의 자기장을 만들어낸다고 하면,

$$\boldsymbol{B}(\boldsymbol{r})=g\frac{\boldsymbol{r}}{r^3} \tag{5.14}$$

로 쓸 수 있다. g는 모노폴의 자하(magnetic charge)를 나타낸다. 이것에 대응하는 벡터 포텐셜을 구해보자. $\boldsymbol{B}(\boldsymbol{r})=\nabla\times\boldsymbol{A}(\boldsymbol{r})$을 만족하는 $\boldsymbol{A}$를 구하면 되므로, 예를 들면 그것은

$$\boldsymbol{A}(\boldsymbol{r})=\frac{g}{r}\frac{1-\cos\theta}{\sin\theta}\hat{\boldsymbol{\phi}} \tag{5.15}$$

로 나타낼 수 있다. 여기에서 (r, θ, ϕ)는 $\boldsymbol{r}$의 구면좌표계로서, $\hat{\boldsymbol{\phi}}$는 ϕ의 좌표 방향의 단위 벡터 $\hat{\boldsymbol{\phi}}=(-\sin\phi, \cos\phi, 0)$이다. 이 벡터 포텐셜이 $\boldsymbol{B}(\boldsymbol{r})=\nabla\times\boldsymbol{A}(\boldsymbol{r})$를 통해 식 (5.14)가 된다는 것은 계산해보면 확인 가능하다. 그러나 자세히 보면, 이 식 (5.15)는 실은 $-z(\theta=\pi)$에서 정의가 되지 않는 것을 알 수 있다.

이러한 특이점이 왜 z축의 음의 부분에서 나오는 것인가를 생각해보자. 모노폴은 원점에 있으므로, 원점에서 특이성이 나오는 것은 자연스럽지만, z축의 음의 부분에서 특이성이 나올 이유는 없다. 실제, z축의 음

의 부분에서 특이성이 나오지 않게 하는 벡터 포텐셜을 정의할 수도 있다. 예를 들면,

$$A(\boldsymbol{r}) = -\frac{g}{r}\frac{1+\cos\theta}{\sin\theta}\hat{\phi} \tag{5.16}$$

라는 형태로 쓰면 가능하다. 이 벡터 포텐셜 역시 $\boldsymbol{B}(\boldsymbol{r}) = \nabla \times \boldsymbol{A}(\boldsymbol{r}) = g\boldsymbol{r}/r^3$을 얻을 수 있다(벡터 포텐셜을 취하는 방법에는 게이지 변환의 자유도가 있다는 것을 주의하자). 그러나 이번에는 $+z(\theta=0)$에서 특이점이 나와버린다. 어쩔 수 없으므로

$$\boldsymbol{A}^N(\boldsymbol{r}) = \frac{g}{r}\frac{1-\cos\theta}{\sin\theta}\hat{\phi} \quad : z \geq 0 \tag{5.17}$$

$$\boldsymbol{A}^S(\boldsymbol{r}) = -\frac{g}{r}\frac{1+\cos\theta}{\sin\theta}\hat{\phi} \quad : z \leq 0 \tag{5.18}$$

과 같이 공간의 z부호를 기준으로 2개로 나누어서, 각각의 영역에서 별도의 함수 형태를 취하는 것으로 하자(**그림5.1**). N, S는 각각 북반구, 남반구를 나타내는 첨자로, 원점 중심으로 그리면, 정확히 z의 부호에 의해 북반구와 남반구로 나누는 것이 가능하다.

이렇게 덧붙인 구조를 만들면, 모노폴의 주변에 벡터 포텐셜을 구성하는 것이 가능하다. 실은 이렇게 덧붙인 구조는 모노폴의 존재와 불가분의 관계에 있어, 벡터 포텐셜로 다른 것을 선택하더라도 이러한 덧붙인 구조를 피할 수가 없다[24]. 다시 말하면, 모노폴의 존재는 모노폴에서 멀리 떨어진 곳에도 남아서, 모노폴을 포함한 영역에서 벡터 포텐셜을 정의하려고 하면, 항상 덧붙인 구조가 남게 된다. 이것은 다음과 같은 논의에서 알 수 있다. 모노폴에서 방사상으로 나오는 자속의 총합을

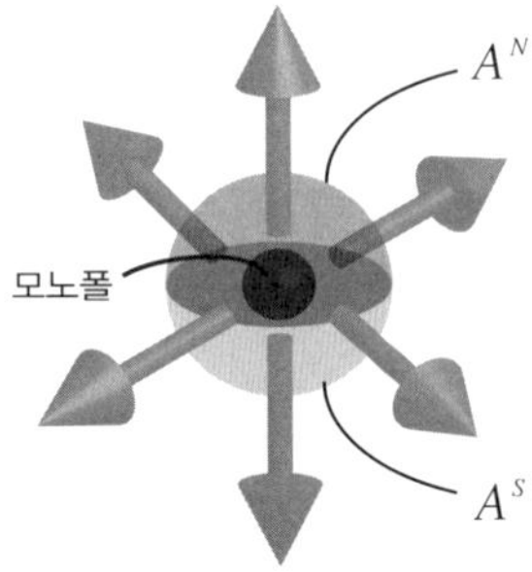

그림 5.1 모노폴 주변에서 벡터포텐셜을 취하는 방법의 예.

Φ라고 하면, 이는 중심이 원점에 있고, 반경이 R인 구에서 $\boldsymbol{B}$의 면적분에 해당하며

$$\Phi = \int_{S+N} d\boldsymbol{S}\cdot\boldsymbol{B} = \oint_{E} d\boldsymbol{r}\cdot(\boldsymbol{A}^N - \boldsymbol{A}^S) \tag{5.19}$$

과 같이 **적도** $E(x^2+y^2=R^2,\ z=0)$ 위에서 $\boldsymbol{A}^N$과 $\boldsymbol{A}^S$의 차이로 나타난다. 적도상에는 식 (5.17), (5.18)로부터

$$\boldsymbol{A}^N - \boldsymbol{A}^S = 2g\nabla\phi \tag{5.20}$$

로 나타내어지므로, 식 (5.19)를 실제 계산해보면,

$$\Phi = 2g\oint_{E} d\boldsymbol{r}\cdot\nabla\phi = 4\pi g \tag{5.21}$$

가 되어, 당연하게도 최초의 출발점인 자속밀도 $\boldsymbol{B}(\boldsymbol{r}) = g\boldsymbol{r}/r^3$으로부터 구한 모노폴의 전체 자속의 값과 같다. 이렇듯 2개의 벡터 포텐셜의 연결 부분에서의 덧붙임(5.20)에 의해 전체 자속이 표현되므로, 모노폴을 기술하기 위해서는 덧붙인 구조가 필요하게 된다. 즉, 만약 전체 영역에서 정의되는 단일함수 벡터 포텐셜이 존재한다면, 이음매에서의 벡터

포텐셜의 어긋남이 없으므로, 전체 자속은 필연적으로 0이 되고, 모노폴은 기술되지 않는다. 이러한 덧붙인 구조는 모노폴이 있는 지점(원점)에서 아무리 멀리 떨어져도 남는다. 즉, 모노폴의 영향은 무한히 먼 곳까지 퍼진다는 것을 의미한다.

5.2 베리 위상, 베리곡률

앞 절에서, 전자기장의 예를 이용해서 실공간 $\boldsymbol{r}$에서 게이지 변환 및 모노폴의 성질에 대해서 서술하였다. 이를 통해 벡터 포텐셜 $\boldsymbol{A}(\boldsymbol{r})$은 특징적인 성질을 가지고 있는 것을 알 수 있다. 실은 벡터 포텐셜은 게이지 장이라고 불리는 장의 하나의 예로서, 위에서 얘기한 벡터 포텐셜의 성질은 게이지장에서 보이는 일반적인 성질에 해당한다. 앞 절에서 도입한, 실공간 $\boldsymbol{r}$에서의 게이지장 대신, 일반적인 변수 집합 $\boldsymbol{R}=(R_1, R_2, \cdots)$을 가정하여, 그 공간 $\boldsymbol{R}$에서의 게이지장을 생각할 수 있다. 이것이 이 절에서 취급할 베리 위상, 베리곡률에 연결된다.

베리 위상(Berry phase)[22]은 해밀토니안이 어떤 변수 집합(즉, 복수의 변수)에 의존하는 경우, 그 고유 상태(eigenstate)가 어떻게 변수에 의존하는가에 착안하여 정의된 양이다. 특히, 변수 집합을 어떤 경로를 따라 단열적으로 한 바퀴 돌았을 때, 양자 상태의 파동함수가 최종적으로 얻는 위상을 베리 위상이라고 부른다. 이것은 경로의 기하학적 성질에 의해서만 결정되기 때문에, **기하학적 위상**(geometric phase)이라고도 불린다. 이 장에서는 베리 위상의 수식을 도출하고, 나아가 이 베리 위상을 생각하는 방법으로부터 베리곡률이라고 불리는 양을 정의한다. 어떤 계를 고려할 것인가, 그리고 그 계의 어떤 변수를 고려할 것인가에 따라서 다양한 물리현상에 이 베리곡률이 나타난다.

일반적으로, 해밀토니안 H가 어떤 변수 집합 $\boldsymbol{R}=(R_1, R_2, \cdots)$에 의존하는 경우를 생각해보자. $\boldsymbol{R}$은 복수의 어떤 실수 변수를 단순히 모아놓은 것에 해당하고, 각각의 변수의 차원도 전부 제각각이라고 해도 좋다.

$$H=H(\boldsymbol{R}) \tag{5.22}$$

이라고 하면, 이 해밀토니안의 고유 에너지 E_n 이나 (정규직교계를 이루는) 고유 상태 $|\phi_n\rangle$도 $\boldsymbol{R}$에 의존한다.

$$H(\boldsymbol{R})|\phi_n(\boldsymbol{R})\rangle=E_n(\boldsymbol{R})|\phi_n(\boldsymbol{R})\rangle \tag{5.23}$$

여기에서 고유치 $E_n(\boldsymbol{R})$은 축퇴(degeneracy)가 없다고 가정한다.

다음으로 이 해밀토니안의 변수 $\boldsymbol{R}$이 시간에 따라 변화한다고 가정하고, 상태 $|\Phi(t)\rangle$의 시간 변화를 계산한다. 일단 $t=0$인 초기상태가 n번째의 고유 상태 $|\phi_n(\boldsymbol{R}(t=0))\rangle$에 있다고 하면

$$|\Phi(t=0)\rangle=|\phi_n(\boldsymbol{R}(t=0)\rangle \tag{5.24}$$

여기에서 변수를 변화시킬 때, 만약 변수 $\boldsymbol{R}$의 시간 변화가 충분히 느리다고 가정하면, 변수를 변화시켜도 상태는 n번째의 고유 상태에 머무를 것으로 예상할 수 있다. 이것을 증명할 수도 있지만, 논의가 너무 복잡해지는 것을 피하기 위해 일단은 이것을 가정하고 다음의 논의를 진행시켜보자. 그러면 시간의존 슈뢰딩거 방정식은 다음과 같이 된다.

$$i\hbar\frac{\partial}{\partial t}|\Phi(t)\rangle=H(\boldsymbol{R}(t))|\Phi(t)\rangle \tag{5.25}$$

여기에서 변수를 변화시켜도, n번째의 고유 상태에 머무른다고(**그림5.2** (b)) 가정하고,

$$|\Phi(t)\rangle = e^{i\theta(t)}|\phi_n(\boldsymbol{R}(t))\rangle \tag{5.26}$$

로 둔다. $\theta(t)$는 t에 의존한 위상에 해당한다. 이것을 슈뢰딩거 방정식에 대입하면,

$$\hbar e^{i\theta(t)}\left(-\frac{d\theta(t)}{dt}|\phi_n(\boldsymbol{R}(t))\rangle + i\frac{\partial}{\partial t}|\phi_n(\boldsymbol{R}(t))\rangle\right) = E_n(\boldsymbol{R}(t))\,e^{i\theta(t)}|\phi_n(\boldsymbol{R}(t))\rangle \tag{5.27}$$

$\langle\phi_n(\boldsymbol{R}(t))|$을 왼쪽에 곱해주면

$$\frac{d\theta(t)}{dt} = i\left\langle\phi_n(\boldsymbol{R}(t))\left|\frac{\partial}{\partial t}\right|\phi_n(\boldsymbol{R}(t))\right\rangle - \frac{1}{\hbar}E_n(\boldsymbol{R}(t)) \tag{5.28}$$

가 된다. 그러므로,

$$\theta(t) = -\frac{1}{\hbar}\int_0^t dt' E_n(\boldsymbol{R}(t')) + i\int_0^t dt'\left\langle\phi_n(\boldsymbol{R}(t'))\left|\frac{\partial}{\partial t'}\right|\phi_n(\boldsymbol{R}(t'))\right\rangle \tag{5.29}$$

이 된다. 즉, 시각 t에서의 상태 $|\Phi(t)\rangle$는

$$|\Phi(t)\rangle = e^{i\gamma(t)}e^{-i\int_0^t dt' E_n(\boldsymbol{R}(t'))/\hbar}|\phi_n(\boldsymbol{R}(t))\rangle \tag{5.30}$$

$$\gamma(t) = i\int_0^t dt'\langle\phi_n(\boldsymbol{R}(t'))|\frac{\partial}{\partial t'}|\phi_n(\boldsymbol{R}(t'))\rangle \tag{5.31}$$

이 된다. 식 (5.30)의 우변의 위상 부분 중, $e^{-i\int_0^t dt' E_n(\boldsymbol{R}(t'))/\hbar}$ 의 부분은 시간 의존 슈뢰딩거 방정식에서 항상 등장하는 위상 부분으로, 예를 들면 $\boldsymbol{R}$이 t에 의존하지 않는 경우에는 $e^{-iE_n t/\hbar}$ 이 된다. 한편, $\gamma(t)$는 변수 $\boldsymbol{R}$이 t에 대하여 단열적으로 변화하는 경우 발생하는 위상으로써, 이것을 베

리 위상(또는 기하학적 위상)이라고 부른다[22]. 그리고 $|\phi_n(\boldsymbol{R}(t'))\rangle$이 자기 자신과 내적하면 1이 된다는 사실로부터, $\gamma(t)$는 실수가 된다는 것을 주의하자.

이러한 물리는 게이지 자유도와 밀접한 관계가 있다. 식 (5.23)에서, 어떠한 $\boldsymbol{R}$에서의 해밀토니안 $H(\boldsymbol{R})$의 고유 상태 $|\phi_n(\boldsymbol{R})\rangle$을 정의하고 있는데, 이 정의에서 고유 상태 $|\phi_n(\boldsymbol{R})\rangle$의 위상을 선택하는 방법은 자유롭다. 즉, 임의의 위상 $\theta_n(\boldsymbol{R})$을 추가해서

$$|\phi'_n(\boldsymbol{R})\rangle = e^{i\theta_n(\boldsymbol{R})}|\phi_n(\boldsymbol{R})\rangle \tag{5.32}$$

이라고 하고, $|\phi'_n\rangle$을 $|\phi_n\rangle$ 대신에 써도 아무 문제가 없다. 이러한 변환을 **게이지 변환**(gauge transformation)이라고 부르고, 이러한 게이지 변환의 자유도를 **게이지 자유도**(gauge degree of freedom)라고 부른다. 이 자유도는 표면적인 자유도로서, 물리적인 관측 가능량은 게이지 자유도의 선택 방법과 상관없이 불변이어야 한다. 이러한 게이지 변환을 통해서 $\gamma(t)$는

$$\gamma'(t) = i\int_0^t dt' \left\langle \phi'_n \boldsymbol{R}(t') \middle| \frac{\partial}{\partial t'} \phi'_n(\boldsymbol{R}(t')) \right\rangle = \gamma(t) + \theta_n(\boldsymbol{R}(t=0)) - \theta_n(\boldsymbol{R}(t)) \tag{5.33}$$

로 변환된다. 이와 같이 $\gamma(t)$와 $\gamma'(t)$는 일반적으로 동일하지 않고, 따라서 $\gamma(t)$는 게이지 불변이 아니다. 그리고 $\gamma(t)$ 자신은 일반적으로 관측 가능량이 아니므로, 게이지 불변이 아니더라도 아무런 문제가 없다.

$\gamma(t)$ 자신은 관측 가능량이 아니라고 얘기했지만, 한가지 예외가 있다. 그것은, $t=0$과 $t=T$에서의 변수의 값이 동일할 때, 즉 $\boldsymbol{R}(T)=\boldsymbol{R}(0)$인 경우이다(**그림 5.2** (a)). 이 경우 $\gamma'(T)=\gamma(T)$가 되어 베리 위상 $\gamma(T)$

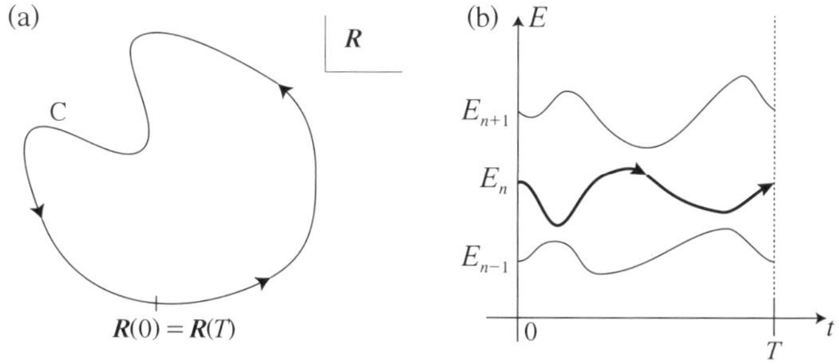

그림 5.2 (a)변수 공간 $\boldsymbol{R}$ 내부에서의 변수의 시간 변화, (b)에너지 고유치의 시간 변화.

가 게이지 불변이 된다. 이 경우는 $t=0$과 $t=T$에서 해밀토니안이 한바퀴 돌아서 원래 위치로 돌아오는 경우이다. 그러면 베리 위상$\gamma(T)$는

$$\gamma'(T)=i\int_0^T dt'\left\langle\phi_n(\boldsymbol{R}(t'))\left|\frac{\partial}{\partial t'}\right|\phi_n(\boldsymbol{R}(t'))\right\rangle$$

$$=i\oint_C d\boldsymbol{R}\cdot\left\langle\phi_n(\boldsymbol{R})\left|\frac{\partial}{\partial\boldsymbol{R}}\right|\phi_n(\boldsymbol{R})\right\rangle=\oint_C d\boldsymbol{R}\cdot\boldsymbol{A}_n(\boldsymbol{R}) \tag{5.34}$$

라고 표현된다. 여기에서 $\boldsymbol{A}_n(\boldsymbol{R})$은

$$\boldsymbol{A}_n(\boldsymbol{R})=i\left\langle\phi_n(\boldsymbol{R})\left|\frac{\partial}{\partial\boldsymbol{R}}\right|\phi_n(\boldsymbol{R})\right\rangle \tag{5.35}$$

로 정의되는 $\boldsymbol{R}$공간 내의 실수벡터장으로써, C는 $\boldsymbol{R}$공간에서 $t=0$에서 $t=T$ 사이에서 $\boldsymbol{R}(t)$가 그리는 곡선에 해당한다. 이러한 변수의 변화가 단열적으로 일어난다면, 베리 위상 $\gamma(t)$는 곡선 C에만 의존하며, 함수 $\boldsymbol{R}(t)$의 시간 의존성에 의존하지 않는다.

여기서 도입한 벡터장 $\boldsymbol{A}(\boldsymbol{R})$은 여러 가지 성질이 있는데, 다음과 같다. 먼저 $\boldsymbol{R}$의 각 성분 $R_1, R_2, \cdots$은 차원이 일반적으로 제각각이므로, $\boldsymbol{A}(\boldsymbol{R})$ 역시 각 성분의 차원은 제각각이다. 하지만 이것이 크게 문제가

되지는 않는다. 그리고 위에서 설명한 게이지 변환 (5.32)에 의해 $\boldsymbol{A}$는

$$\boldsymbol{A}_n'(\boldsymbol{R}) = \boldsymbol{A}_n(\boldsymbol{R}) - \nabla_R \theta_n(\boldsymbol{R}) \tag{5.36}$$

로 변환된다. 간단히 하기 위해서, $\boldsymbol{R}$이 3차원 벡터라고 하고

$$\boldsymbol{R} = (X, Y, Z) \tag{5.37}$$

라고 두자. $\boldsymbol{R}$의 각 성분은 차원도 제각각일 가능성이 있으므로, 이를 위해 이 X, Y, Z는 공간좌표와 관계 없다는 사실에 주의하자. 여기에서 X, Y, Z와 같이 이름 붙인 이유는, 3차원 공간 내의 벡터해석의 공식을 적용하기 쉽게 하기 위해서다. 이를 통해

$$\gamma(t) = \oint_C d\boldsymbol{R} \cdot \boldsymbol{A}_n(\boldsymbol{R}) = \int_S d\boldsymbol{S} \cdot \boldsymbol{B}_n(\boldsymbol{R}), \quad \boldsymbol{B}_n(\boldsymbol{R}) = \nabla_R \times \boldsymbol{A}_n(\boldsymbol{R}) \tag{5.38}$$

로 쓸 수 있다. S는 폐곡선 C로 둘러싸인 영역에 해당한다. 이 $\boldsymbol{A}_n(\boldsymbol{R})$, $\boldsymbol{B}_n(\boldsymbol{R})$은 전자기학에서의 벡터 포텐셜과 자속 밀도와 유사하고, $\boldsymbol{R}$ 공간 내의 실수벡터장에 해당한다. $\boldsymbol{A}_n(\boldsymbol{R})$은 **베리접속**(Berry connection) 혹은 **게이지장**(gauge field), $\boldsymbol{B}_n(\boldsymbol{R})$은 **베리곡률**(Berry curvature) 혹은 **장의 강도**(field strength)라고 불린다. 게이지 변환(5.36)에 의해 베리곡률 $\boldsymbol{B}_n(\boldsymbol{R})$은 불변이다.

정의로 돌아가서 다시 쓰면,

$$\boldsymbol{A}_n(\boldsymbol{R}) = i\left\langle \phi_n(\boldsymbol{R}) \middle| \frac{\partial}{\partial \boldsymbol{R}} \middle| \phi_n(\boldsymbol{R}) \right\rangle, \quad \boldsymbol{B}_n(\boldsymbol{R}) = i\left\langle \frac{\partial \phi_n}{\partial \boldsymbol{R}} \middle| \times \middle| \frac{\partial \phi_n}{\partial \boldsymbol{R}} \right\rangle \tag{5.39}$$

이 된다. $\boldsymbol{B}(\boldsymbol{R})$을 성분 표시하면

$$B_{n,i}(\boldsymbol{R}) = i\varepsilon_{ijk}\left\langle \frac{\partial \phi_n}{\partial R_j} \middle| \frac{\partial \phi_n}{\partial R_k} \right\rangle = i\varepsilon_{ijk} \sum_m \left\langle \frac{\partial \phi_n}{\partial R_j} \middle| \phi_m \right\rangle \left\langle \phi_m \middle| \frac{\partial \phi_n}{\partial R_k} \right\rangle \tag{5.40}$$

이 된다. ε_{ijk}는 완전 반대칭 텐서이고, m의 합은 해밀토니안 고유 상태 $|\phi_m\rangle$ 전체에 대한 합에 해당한다. 이 m에 대한 합은 $m=n$과 $m \neq n$으로 나누어지는데, $m=n$의 항은 $\langle \phi_n | \phi_n \rangle = 1$로부터 도출되는 식 $\left\langle \frac{\partial \phi_n}{\partial R_k} \middle| \phi_n \right\rangle = -\left\langle \phi_n \middle| \frac{\partial \phi_n}{\partial R_k} \right\rangle$ 등을 이용하여, 0이 된다는 사실을 알 수 있다. 한편 $m \neq n$의 경우는, $H|\phi_n\rangle = E_n|\phi_n\rangle$을 R_k로 미분해서

$$\frac{\partial H}{\partial R_k}\left|\phi_n\right\rangle + H\left|\frac{\partial \phi_n}{\partial R_k}\right\rangle = \frac{\partial E_n}{\partial R_k}\left|\phi_n\right\rangle + E_n\left|\frac{\partial \phi_n}{\partial R_k}\right\rangle \tag{5.41}$$

여기에서 왼쪽에 $\langle \phi_m |$을 곱하면, $m \neq n$, $E_m \neq E_n$으로부터

$$\left\langle \phi_m \middle| \frac{\partial \phi_n}{\partial R_k} \right\rangle = \frac{1}{E_n - E_m} \left\langle \phi_m \middle| \frac{\partial H}{\partial R_k} \middle| \phi_n \right\rangle \tag{5.42}$$

마찬가지로,

$$\left\langle \frac{\partial \phi_n}{\partial R_j} \middle| \phi_m \right\rangle = \frac{1}{E_n - E_m} \left\langle \phi_n \middle| \frac{\partial H}{\partial R_j} \middle| \phi_m \right\rangle \tag{5.43}$$

에 의해, 이들의 총합은

$$B_{n,i}(\boldsymbol{R}) = i\varepsilon_{ijk} \sum_{m(\neq n)} \frac{\left\langle \phi_n \middle| \frac{\partial H}{\partial R_j} \middle| \phi_m \right\rangle \left\langle \phi_m \middle| \frac{\partial H}{\partial R_k} \middle| \phi_n \right\rangle}{(E_n - E_m)^2} \tag{5.44}$$

이라고 할 수 있다. 그리고 이 식으로부터 바로 $\boldsymbol{B}_n(\boldsymbol{R})$이 게이지 불변이라는 것을 얘기할 수 있다. 그리고 일반적으로, 각 n밴드가 다른 밴드와 근접하고 있는 경우에는 식 (5.44)의 분모가 작아지므로, 베리곡률 $\boldsymbol{B}_n(\boldsymbol{R})$이 커지는 것을 알 수 있다.

이러한 벡터장 $\boldsymbol{A}_n(\boldsymbol{R})$, $\boldsymbol{B}_n(\boldsymbol{R})$의 이미지를 이해하기 위해서는, 몇 가지 예를 살펴보면 알 수 있다. 그럼 특징적인 예를 들어보겠다.

예: 3차원 무질량(massless) 디랙페르미온

예를 들면 $\boldsymbol{R}=(X, Y, Z)$에 대하여

$$H(\boldsymbol{R})=\boldsymbol{\sigma}\cdot\boldsymbol{R}=\begin{pmatrix} Z & X-iY \\ X+iY & -Z \end{pmatrix} \tag{5.45}$$

라고 하자. $\boldsymbol{\sigma}=(\sigma_x, \sigma_y, \sigma_z)$는 파울리 행렬에 해당한다. 그러면 고유 에너지는 $E_\pm=\pm R$, $R\equiv|\boldsymbol{R}|$이 된다. 그리고 고유 상태는 각각

$$E_+=+R,\ \ \phi_+^N=\frac{1}{\sqrt{2R(R+Z)}}\begin{pmatrix} Z+R \\ X+iY \end{pmatrix} \tag{5.46}$$

$$E_-=-R,\ \ \phi_-^N=\frac{1}{\sqrt{2R(R+Z)}}\begin{pmatrix} -X+iY \\ Z+R \end{pmatrix} \tag{5.47}$$

이 된다. 금방 확인할 수 있는 것과 같이, 이것은 Z축의 음의 부분에 근접할 때, 어떤 방향으로 근접하느냐에 따라 극한이 달라진다. 이것은 자기 단극자(monopole)의 경우와 비슷하다. 자기 단극자의 경우와 같이 이 경우도 덧붙인 구조가 필요하고, 또 다른 고유 상태를

$$\phi_+^S=\frac{1}{\sqrt{2R(R-Z)}}\begin{pmatrix} X-iY \\ R-Z \end{pmatrix} \tag{5.48}$$

$$\phi_-^S=\frac{1}{\sqrt{2R(R-Z)}}\begin{pmatrix} -R+Z \\ X+iY \end{pmatrix} \tag{5.49}$$

로 표현할 수 있다. 이것은 Z축의 양의 부분에 특이점이 존재한다. 즉, 베리접속(Berry connection)을 쓰려고 하면, 필연적으로 덧붙인 구조를

가질 수밖에 없다. 따라서 덧붙인 구조를 가진 파동함수로서, 예를 들면 $Z \geq 0$에서는 $\phi_{\pm}^{N}$, $Z \leq 0$에서는 $\phi_{\pm}^{S}$를 가져다 쓰면, 각각의 영역에 대해서 파동함수가 특이점을 가지지 않게 할 수 있다. 이것으로부터 베리접속 $\boldsymbol{A}$를 구하면, 모노폴의 경우와 유사한 형태가 된다. 더 나아가 베리곡률을 구하면,

$$\boldsymbol{B}_{\pm}(\boldsymbol{R}) = \mp \frac{\boldsymbol{R}}{2R^3} \tag{5.50}$$

이 된다. 그리고

$$\rho_n(\boldsymbol{r}) = \nabla \times \boldsymbol{B}_n(\boldsymbol{R}) \tag{5.51}$$

로 나타나는 모노폴 밀도를 계산하면

$$\rho_{\pm}(\boldsymbol{R}) = \mp 2\pi\delta(\boldsymbol{R}) \tag{5.52}$$

이 되어, 모노폴이 원점에 있는 것처럼 된다. 원점 $\boldsymbol{R}=0$에서는 해밀토니안의 고윳값이 축퇴되어 있다. 한편 축퇴가 없는 경우 ($\boldsymbol{R} \neq 0$)에는, 파동함수는 특이점을 가지지 않도록 선택하는 것이 가능하므로,

$$\rho_n(\boldsymbol{R}) = \nabla_{\boldsymbol{R}} \cdot (\nabla_{\boldsymbol{R}} \times \boldsymbol{A}_n) \equiv 0 \tag{5.53}$$

이 되어, 모노폴은 없다. 즉, 이 경우에는 밴드의 축퇴점에서 베리곡률이 모노폴을 가지고, 그것이 베리곡률에 덧붙인 구조를 요구하게 된다. 이것은 자기단극자의 경우와 동일하다.

제6장 내인성(intrinsic) 스핀홀 효과

앞장에서 설명한 베리곡률은 해밀토니안이 변수 **R**에 의존하는 경우 발생하는 것으로서, 어떤 것을 이 변수 **R**로 선택하느냐에 따라 다양한 베리곡률이 정의된다. 다음에 설명할 것은 블로흐 파수 **k**를 변수 **R**로 선택했을 때의 베리곡률에 대한 설명으로, 이 베리곡률이 여러 종류의 홀 효과 및 다양한 위상학적 현상의 기원이 된다.

6.1 정수 양자홀 효과와 비정상 홀 효과

앞장에서 살펴보았듯이, 일반적으로 해밀토니안이 어떠한 변수군 **R**에 의존하면, 그 파동함수에 대하여 베리접속, 베리곡률이라고 하는 구조가 정의된다. 이 변수군이 무엇인가에 따라 다양한 맥락에 적용할 수 있다. 그 중의 한 예는 블로흐 파수 **k**를 변수 **R**로 선택한 경우이다. 역사적으로 이것은 정수 양자홀 효과에 적용되었고[25, 26], 그 후에 고체 내부의 다양한 홀 효과(비정상 홀 효과, 스핀홀 효과 등)에 연결되었으며, 더 나아가 다양한 위상학적 현상(양자홀 효과, 위상학적 절연체)에 연결되었다. 이 장에서는 먼저 베리곡률과 홀 효과에 대해서 설명하고, 다음 장에서 위상학적 절연체로 이야기를 전개해보자.

결정 내부에서의 **블로흐 정리**(Bloch theorem)를 얘기해보자. 결정 내부의 해밀토니안은 결정의 기본 병진 벡터 $\boldsymbol{a}$의 병진에 대하여 불변이다. 이 경우 파동함수는 블로흐 파동함수의 형태

$$\psi(\boldsymbol{r})=u_k(\boldsymbol{r})e^{i\boldsymbol{k}\cdot\boldsymbol{r}}, \qquad u_k(\boldsymbol{r}+\boldsymbol{a})=u_k(\boldsymbol{r}) \tag{6.1}$$

이 된다는 것이 알려져 있다. 이것은 블로흐 정리라고 불리는 고체의 밴드 이론의 기본 정리이다. $\boldsymbol{k}$를 **블로흐 파수**(Bloch wavevector)라고 부른다. $\psi(\boldsymbol{r})$는 해밀토니안 $\hat{H}$의 고유 상태이므로,

$$\hat{H}\psi(\boldsymbol{r})=E\psi(\boldsymbol{r}) \tag{6.2}$$

이 되어, 여기에 식 (6.1)을 대입하면, $u_k(\boldsymbol{r})$에 관한 고유방정식이

$$H_k u_k(\boldsymbol{r})=E_k u_k(\boldsymbol{r}), \qquad H_k \equiv e^{-i\boldsymbol{k}\cdot\boldsymbol{r}}\hat{H}e^{i\boldsymbol{k}\cdot\boldsymbol{r}} \tag{6.3}$$

의 형태가 된다는 것을 알 수 있다. 간단한 예로써 $\hat{H}=\frac{(-i\hbar\nabla)^2}{2m}+V(\boldsymbol{r})$ 의 경우,

$$H_k=\frac{(-i\hbar\nabla+\hbar\boldsymbol{k})^2}{2m}+V(\boldsymbol{r}) \tag{6.4}$$

이 된다. $u_k(\boldsymbol{r})$에 대응하는 해밀토니안을 생각해보면, H_k와 같이 $\boldsymbol{k}$에 의존하는 형태가 된다. 이 $\boldsymbol{k}$를 변수 $\boldsymbol{R}$이라고 하면, 앞장에서 설명했던 베리곡률의 식을 그대로 적용할 수 있다. 즉, $\boldsymbol{k}$ 공간에서의 베리접속 및 베리곡률은 각각

$$\boldsymbol{A}_n(\boldsymbol{k})=i\langle u_{nk}|\nabla_k|u_{nk}\rangle \equiv i\int_{\text{unit cell}} u_{nk}^{+}\frac{\partial u_{nk}}{\partial k_i}d^d x \tag{6.5}$$

$$B_n(\boldsymbol{k}) = \nabla_k \times A_n(\boldsymbol{k}) \tag{6.6}$$

로 정의된다. 여기서는 n번째 밴드에 주목해서, n이라는 첨자를 붙였다. 식 (6.5)의 적분은 물질이 d차원계라고 가정했을 때 그 물질의 d차원 단위세포 내에서의 적분에 해당한다. 그렇게 되면 이것은 앞 장에서 얘기한 것과 같이 전자기학에서의 벡터 포텐셜 및 자속 밀도와 정확히 같은 수학적 구조를 가진다. 그리고,

$$\rho_n(\boldsymbol{k}) = \nabla_k \times B_n(\boldsymbol{k}) \tag{6.7}$$

로 모노폴 밀도를 정의한다. 자속 밀도에 내응하는 모노폴은 존재하지 않지만, 이 베리곡률에 관련해서는 모노폴이 존재한다는 것을 다음의 **예** ①로부터 알게 될 것이다. 아래에서 간단한 두 가지 예를 들어보자.

예 ①: 3차원 무질량(massless) 디랙페르미온

모노폴을 가지는 것처럼 보이는 예가 바로 디랙콘이라고 불리는 원뿔 모양의 분산을 가진 경우이다. 이것은 식 (5.45)에서 취급한 모형과 본질적으로 같지만, 이후 이 예를 사용하기 위해서 한 번 더 복습을 해두자. 해밀토니안은

$$H = v\boldsymbol{k} \cdot \boldsymbol{\sigma} = v\begin{pmatrix} k_z & k_x - ik_y \\ k_x + ik_y & -k_z \end{pmatrix} \tag{6.8}$$

이다. v는 양의 정수라고 하자. 이 해밀토니안은 고유 에너지로서

$$E_u(\boldsymbol{k}) = vk, \qquad E_l(\boldsymbol{k}) = -vk \tag{6.9}$$

를 가진다. u, l은 각각 upper, lower의 약자로서, upper band, lower band의 의미를 가지며, **그림6.1**(a)의 위쪽과 아래쪽의 원뿔에 해당한다. 이에 대한 베리곡률은

$$\boldsymbol{B}_u(\boldsymbol{k}) = -\frac{\boldsymbol{k}}{2k^3}, \qquad \boldsymbol{B}_l(\boldsymbol{k}) = \frac{\boldsymbol{k}}{2k^3} \tag{6.10}$$

가 된다. 즉,

$$\rho_u(\boldsymbol{k}) = -2\pi\delta(\boldsymbol{k}), \qquad \rho_l(\boldsymbol{k}) = 2\pi\delta(\boldsymbol{k}) \tag{6.11}$$

가 되어, upper band는 반 모노폴(자하가 -2π)을, lower band는 모노폴(자하가 2π)을 원점($\boldsymbol{k}=0$)에 가지는 것을 알 수 있다. 이와 같이 베리곡률의 모노폴의 **자하**가, 일반적으로 반드시 2π의 정수배로 양자화되는 것을 뒤에서 설명할 것이다.

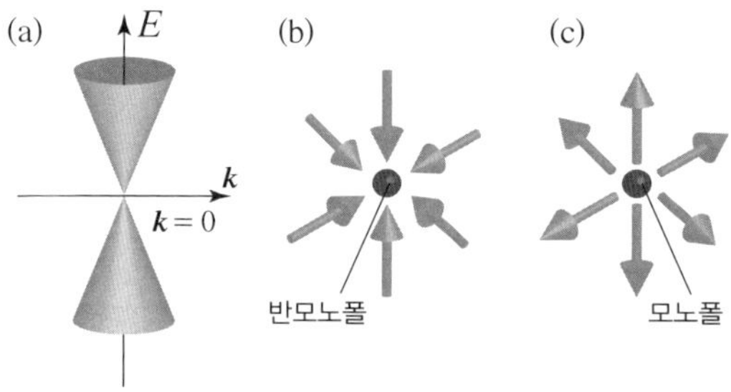

그림 6.1 (a)3차원 디랙콘 밴드 구조의 모식도, (b)upper band($E=vk$)의 베리곡률 분포, (c)lower band($E=-vk$)의 베리곡률 분포.

예 ②: 질량있는(massive) 2차원 디랙페르미온

다른 예로써, 2차원계에서

$$H(\boldsymbol{k})=v(k_x\sigma_x+k_y\sigma_y)+m\sigma_z=\begin{pmatrix} m & v(k_x-ik_y) \\ v(k_x+ik_y) & -m \end{pmatrix} \quad (6.12)$$

을 생각해보자. v는 양의 정수, 파수 $\boldsymbol{k}=(k_x, k_y)$로 정의하자. 고유 에너지 $E=\pm\sqrt{v^2k^2+m^2}$, $k=|\boldsymbol{k}|$가 된다.

여기에서 2차원계의 경우를 상정했으므로, $\boldsymbol{A}$는 xy 평면의 벡터 $\boldsymbol{A}=(A_x, A_y)$를 가지며, $\boldsymbol{B}$는 z 성분 B_z만 가진다는 것에 주의하자. 고유 상태로부터 계산된 베리곡률은 각각

$$B_{+,z}(\boldsymbol{k})=-\frac{v^2m}{2(v^2k^2+m^2)^{3/2}} \quad (6.13)$$

$$B_{-,z}(\boldsymbol{k})=\frac{v^2m}{2(v^2k^2+m^2)^{3/2}} \quad (6.14)$$

이 된다. m을 변화시키면 이 베리곡률이 어느 정도 변화하는지 생각해보자. 에너지는 $2|m|$의 갭이 있으므로, $m=0$에 근접해가면 갭이 점점 닫히게 된다. 한편, 베리곡률 $B_{n,z}(\boldsymbol{k})$의 분포는 $\boldsymbol{k}=0$에서 최댓값을 가지는데, 이것은 두 밴드 사이의 에너지 차이가 $\boldsymbol{k}=0$에서 아주 작아진다는 것에 대응된다. 여기에서 m이 작아지면, 서서히 베리곡률 $B_{n,z}(\boldsymbol{k})$의 분포의 폭이 좁아져서 최댓값의 크기가 커진다 . 한편, $\boldsymbol{k}$ 평면 전체에서의 베리곡률의 적분값은

$$\int B_{\pm,z}(\boldsymbol{k})\,d^2k=\mp\,\mathrm{sgn}(m)\,\pi \quad (6.15)$$

가 된다. 여기에서 $\mathrm{sgn}(m)$은 m의 부호를 나타낸다. 다시 말하면, m의 부호가 바뀌지만 않는다면, 베리곡률의 적분값은 일정한 값을 유지하지만, 갭이 사라지는 $m=0$을 경계로 적분값이 불연속적으로 점프하게 된

다.

6.2 홀 전도율과 베리곡률

자, 그렇다면 홀 전도율이 파수 공간의 베리곡률과 관계 있다는 것을 증명해보자. y축 방향으로 전기장 $\boldsymbol{E}=(0, E)$를 인가한 경우에 대해, x 방향에 여기되는 전류를 구하되, 상황을 단순화시키기 위해서 2차원계에 한해서 이야기를 해보자. 여기서 도출되는 식은 **쿠보 공식**(Kubo formula)이라고 불리는데, 외부의 장(field)에 대한 물질의 **선형응답**(linear response)을 나타내는 공식에 해당한다. 전자의 전하는 $-e(e>0)$라고 하자. 전기장에 의한 해밀토니안 eEy를 넣으면, 섭동(perturbation)에 의해 고유 상태 $|\alpha\rangle$는,

$$|\alpha'\rangle=|\alpha\rangle+\sum_{\beta(\neq\alpha)}\frac{\langle\beta|eEy|\alpha\rangle}{E_\alpha-E_\beta}|\beta\rangle \tag{6.16}$$

와 같이 변화한다. 그렇게 되면, 전류밀도 연산자 $j_x=-ev_x$(v_x: 속도연산자)의 기대치 $\langle j_x\rangle$는

$$\begin{aligned}\langle j_x\rangle&=\frac{1}{L^2}\sum_\alpha f(E_\alpha)\langle\alpha'|j_x|\alpha'\rangle\\&=\frac{1}{L^2}\sum_\alpha f(E_\alpha)\sum_{\beta(\neq\alpha)}\frac{\langle\alpha|-ev_x|\beta\rangle\langle\beta|eEy|\alpha\rangle}{E_\alpha-E_\beta}+c.c.\end{aligned} \tag{6.17}$$

가 된다. 여기서 계의 면적을 L^2라고 두었다. 그리고 $c.c.$는 복소공역(complex conjugate)을 나타내고,

$$f(E)=\frac{1}{e^{\beta(E-\mu)}+1} \tag{6.18}$$

은 페르미 분포함수를 나타낸다.

여기에서 $\langle\beta|y|\alpha\rangle$를 변형시키기 위해서, $\langle\beta|v_y|\alpha\rangle=\langle\beta|\dot{y}|\alpha\rangle=\frac{-i}{\hbar}\langle\beta|[y, H]|\alpha\rangle=-\frac{i}{\hbar}(E_\alpha-E_\beta)\langle\beta|y|\alpha\rangle$라고 놓자. 그렇게 되면, 홀 전도율 σ_{xy}는

$$\sigma_{xy}=-ie^2\hbar\frac{1}{L^2}\sum_\alpha f(E_\alpha)\sum_{\beta(\neq\alpha)}\frac{\langle\alpha|v_x|\beta\rangle\langle\beta|v_y|\alpha\rangle}{(E_\alpha-E_\beta)^2}+c.c. \quad (6.19)$$

로 나타난다. 여기에서 α, β는 밴드 지표와 블로흐파수의 쌍으로 $\alpha=(n.\ \boldsymbol{k})$, $\beta=(m, \boldsymbol{k})$와 같이 표현한다. 조금 더 나아가 $v_i\equiv\frac{1}{\hbar}\frac{\partial H}{\partial k_i}$를 이용하면,

$$\sigma_{xy}=-i\frac{e^2}{\hbar}\frac{1}{L^2}\sum_{\boldsymbol{k}}\sum_n f(E_{n\boldsymbol{k}})\sum_{m(\neq n)}\left[\frac{\langle n\boldsymbol{k}|\frac{\partial H}{\partial k_x}|m\boldsymbol{k}\rangle\langle m\boldsymbol{k}|\frac{\partial H}{\partial k_y}|n\boldsymbol{k}\rangle}{(E_{n\boldsymbol{k}}-E_{m\boldsymbol{k}})^2}-c.c.\right] \quad (6.20)$$

가 되고, 이것은 식 (5.44)를 이용하면

$$\sigma_{xy}=-\frac{e^2}{\hbar}\frac{1}{L^2}\sum_{\boldsymbol{k}}\sum_n f(E_{n\boldsymbol{k}})B_{n,z}(\boldsymbol{k})=-\frac{e^2}{\hbar}\int\frac{d^2k}{2\pi}\sum_n f(E_{n\boldsymbol{k}})B_{n,z}(\boldsymbol{k}) \quad (6.21)$$

가 된다.

조금 더 나아가 절대영도를 가정한다면,

$$\sigma_{xy}=-\frac{e^2}{\hbar}\sum_n\int_{E_{n\boldsymbol{k}}<E_F}\frac{d^2k}{2\pi}B_{n,z}(\boldsymbol{k}) \quad (6.22)$$

가 되어, 각 밴드의 페르미 에너지 이하의 상태에 대하여 베리곡률을 적분한 후 $-e^2/\hbar$를 곱한 것이 홀 전도율 σ_{xy}가 된다. 이 식 (6.22)가 어떤 성질을 가지고 있는지, 밴드 절연체와 금속, 두 경우에 대하여 설명을 해보도록 하자.

밴드 절연체의 홀 전도율과 양자화

절대영도에서 2차원 밴드 절연체는 완전히 꽉차있는 밴드와 완전히 비어있는 밴드로 나타난다. 그렇게 되면, 홀 전도율은

$$\sigma_{xy} = -\frac{e^2}{\hbar}\sum_{n:\ filled}\mathrm{ch}_n \qquad (6.23)$$

과 같이 완전히 차있는 밴드의 총합으로 나타난다. 여기에서 Ch_n은

$$Ch_n \equiv \int_{BZ}\frac{d^2k}{2\pi}B_{n,z}(\boldsymbol{k}) \qquad (6.24)$$

로 정의되는데, 이것은 밴드마다 정의되는 수로서, **체른 수**(Chern number)라고 불린다.

아래에서 설명하겠지만, 실은 (n번째의 밴드에 대응하는) 체른 수 Ch_n은 반드시 정수가 된다는 것이 증명되었다. n번째의 밴드가 밴드갭에 의해서 다른 밴드와 떨어져 있다고 가정하면, σ_{xy}는 $e^2/\hbar$의 정수배가 되어, 2차원 밴드 절연체의 홀 전도율은 반드시 양자화 된다는 **정수 양자홀 효과**(integer quantum Hall effect)가 도출된다.

그렇다면, 체른 수가 반드시 정수가 된다는 것을 증명해 보자[26]. 식 (6.24)는 브릴루앙 영역 전체를 적분하므로, $\boldsymbol{B}_n = \nabla_{\boldsymbol{k}} \times \boldsymbol{A}_n$를 이용하여 스토크스(Stokes) 정리를 적용하자. 아주 간단하게 생각하면 다음과 같은 논의가 성립될 것 같다. 즉,

$$\mathrm{Ch}_n = \oint_{\partial BZ}\boldsymbol{A}_n(\boldsymbol{k})\cdot\frac{d\boldsymbol{k}}{2\pi} \qquad (6.25)$$

와 같이 브릴루앙 영역의 가장자리 ∂BZ의 선적분이 된다. 그런데 브릴루앙 영역의 주기성으로 인해, 이 적분은 실제로 같은 곳을 왕복해서 적

분하는 것이 되어버려서, 적분값은 0이 되어버린다(**그림 6.2**(a)). 이런 논의는 언뜻 맞는 것처럼 보이지만, 실제는 한 군데 틀린 곳이 있는데, 그걸 수정한다면 체른 수가 정수가 된다는 것을 이해할 수 있을 것이다.

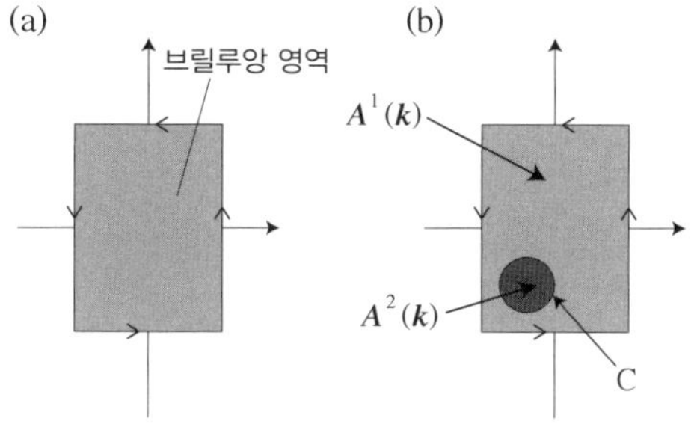

그림 6.2 브릴루앙 영역 전체에서의 베리곡률의 적분.

수정해야 할 것이 생기는 이유는, 실은 베리접속(Berry connection) $\boldsymbol{A}_n(\boldsymbol{k})$가 덧붙인 구조를 필연적으로 가지는 경우가 존재하기 때문이다 [26]. 예를 들면, 베리접속 $\boldsymbol{A}_n(\boldsymbol{k})$가 어떤 $\boldsymbol{k}$ 점에서 특이점을 가지는 경우, 그 점을 포함하는 영역에서는 다른 게이지(다른 베리접속)를 사용할 필요가 있다. 그러면 영역 1, 2 각각의 내부에 파동함수를 u_k^1, u_k^2라고 하고, 대응하는 베리접속을 $\boldsymbol{A}^1(\boldsymbol{k})$, $\boldsymbol{A}^2(\boldsymbol{k})$라고 두자(**그림 6.2**(b) 참조). 그러면 영역 1, 2 사이의 경계의 곡선 C에 대하여

$$\mathrm{Ch}_n = \int_1 \frac{d^2k}{2\pi} B_{n,z}(\boldsymbol{k}) + \int_2 \frac{d^2k}{2\pi} B_{n,z}(\boldsymbol{k}) = \oint_C (\boldsymbol{A}^2(\boldsymbol{k}) - \boldsymbol{A}^1(\boldsymbol{k})) \cdot \frac{d\boldsymbol{k}}{2\pi} \quad (6.26)$$

가 된다. 두 영역의 경계 C상에서 파동함수를 취하는 방법은 두 가지(u_k^1과 u_k^2)가 있고, 그 둘은 게이지 변환에 서로 연관되어 있으므로,

$$u_k^1 = u_k^2 e^{i\theta(\boldsymbol{k})}, \quad \boldsymbol{k} \in C \quad (6.27)$$

라고 쓸 수 있다. 따라서,

$$\mathrm{Ch}_n = \oint_C \nabla_k \boldsymbol{\theta}(\boldsymbol{k}) \cdot \frac{d\boldsymbol{k}}{2\pi} = \frac{\Delta_C \boldsymbol{\theta}}{2\pi} \tag{6.28}$$

가 된다. 여기서 $\Delta_C\boldsymbol{\theta}$는 C를 한 바퀴 돌았을 때, $\boldsymbol{\theta}$의 변화량에 해당한다. u_k^1, u_k^2 각각에 대하여, 파동함수의 일대일대응이 성립하므로, $\Delta_C\boldsymbol{\theta}$는 2π의 정수배가 되고, 결과적으로 체른 수는 정수가 된다.

체른 수는, **위상학적 수**(topological number)혹은 **위상학적 불변량**(topological invariant)이라고 불리는 것 중의 하나이다. 위상학적 수라고 하는 것은 (어떤 조건을 바탕으로) 계를 연속적으로 변형시켰을 때, 변하지 않는 수에 해당한다. 위상학적 수의 이미지를 설명하기 위해서 예를 한번 들어보자. 위상학적 수를 설명할 때 가장 유명한 예가 바로, **그림 6.3**에 나타낸 것과 같은 도너츠와 컵이다. 도너츠를 자유롭게 수축하거나 변형할 수 있다고 하고, 어딘가를 자르거나 붙이지 않으면서 변형을 가한다고 생각해보자. 이 경우, 컵으로는 변형이 되지만, 공으로는 변형될 수 없다. 왜 변형되지 않는지를 설명하기 위해서 구멍의 수(genus라고 불린다)를 생각해보자. 구멍의 수는 연속적인 변형에는 불변이므로, 구멍의 수가 1인 입체(도너츠, 컵)에서 구멍의 수가 0인 입체(공)로 변형은 가능하지 않다. 여기서 구멍의 수(genus)가 위상학적 수의 하나에 해당한다.

이번 경우에는 체른 수가 위상학적 수에 해당한다. 밴드 간의 갭이 없어지지 않도록 계를 연속적으로 변형하는 경우 체른 수는 변화하지 않는다. 이것은 체른 수가 정수로 양자화되어서, 연속적인 변화에 의해 정수에서 다른 정수로 변화할 수 없기 때문이다. 그런데 지금 생각하고 있

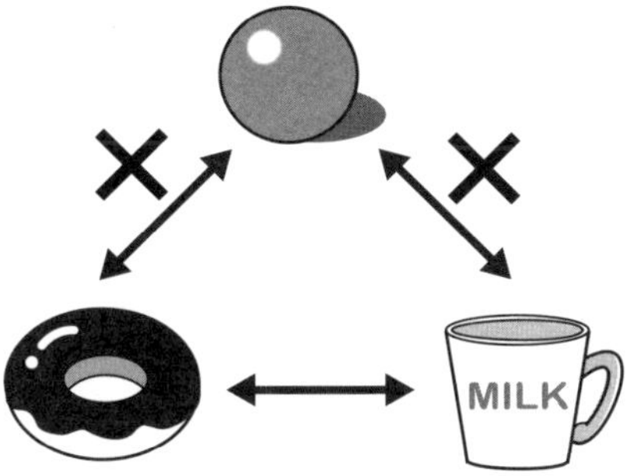

그림 6.3 구멍의 수에 의한 위상학적 분류와 변형가능성.

는 어떤 밴드와 다른 밴드 사이의 갭이 없어지면, 그곳에서 파동함수가 특이점을 가지므로, 그 경우에는 체른 수가 변할 수 있다. 또한 체른 수를 베리곡률의 적분을 통해 구하는 것은, genus를 가우스곡률의 적분으로 구하는 것(Gauss–Bonnet theorem)과 유사하다고 볼 수 있다.

다른 관점에서 체른 수를 한번 살펴보자. 브릴루앙 영역을 **그림 6.4**와 같이 두 경계를 굽혀서 붙이면, 도너츠와 같은 토러스(Torus) 모양이 된다. 베리곡률을 $\boldsymbol{k}$ 공간의 자속 밀도라고 보면, 체른 수는 브릴루앙 영역 전체를 관통하는 (베리곡률의) 자속의 총합을 2π로 나눈 것에 해당한다. 브릴루앙 영역은 토러스의 형태이므로, 전체의 자속이 0이 아니라면 토러스 내부에 모노폴이 존재한다는 사실과 다름없다(**그림 6.4**(b)). 토러스 면을 관통하는 전체 자속이 2π의 정수배로 양자화된다는 것으로부터, 모노폴이 2π의 정수배로 양자화되어 있다는 것을 알 수 있으므로, 실제 이 모노폴의 양자화를 체른 수의 양자화의 증명과 같다고 보고, 직접 보일 수 있다(3차원의 변수 공간에서 모노폴을 포함하는 폐곡면을 생각하고, 그 위에서의 베리곡률의 적분이 양자화되어 있다는 것을 보이면 된다).

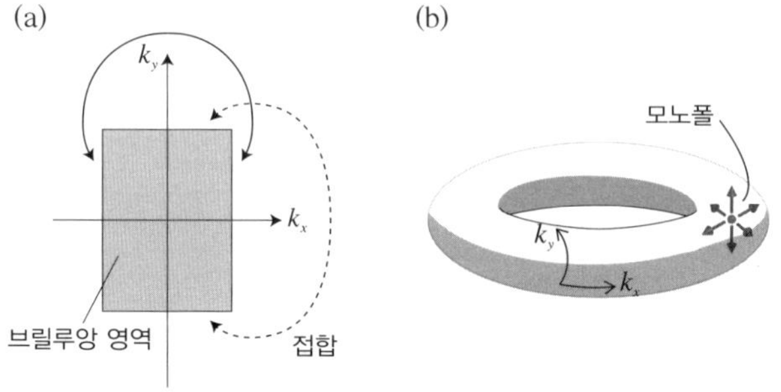

그림 6.4 (a)브릴루앙 영역을 굽혀서 붙이면 토러스가 된다. (b)토러스 내부의 모노폴.

이렇듯, 모노폴의 강도는 2π의 정수배로 양자화되어 있으므로, **모노폴의 개수**를 2π단위로 생각하면, 체른 수는 브릴루앙 영역의 토러스 내부의 모노폴의 개수에 해당하게 된다. 한편, 모노폴은 (밴드와 다른 밴드 사이의) 축퇴점에 해당한다고 알려져 있다. 그런데 지금 주목하는 밴드는 다른 밴드와의 축퇴점을 가지지 않고 갭으로 떨어져 있다고 가정했으므로, 토러스 표면(즉, 브릴루앙 영역의 내부)에는 모노폴이 없는 것이 된다. 여기에서 계를 연속 변형했다고 하면, 모노폴은 토러스 내부를 연속적으로 움직이지만, 모노폴이 토러스 내부를 움직이고 있을 때 체른 수는 변하지 않는다. 한편, 모노폴이 토러스의 표면을 관통하여 내부와 외부의 사이를 왔다 갔다 한다고 하면, 체른 수가 변화한다. 이렇게 변화하는 경우에는 모노폴이 토러스 표면에 존재하게 되므로, 관심이 되는 밴드가 다른 밴드와 축퇴하고 있는 것이 된다. 이러한 축퇴가 일어날 때, 축퇴점 주변 분산의 가장 고전적인 경우가 앞에서 애기했던 디랙콘에 해당한다(물론 다른 형태도 가능하다).

지금까지의 논의에서는 블로흐 파수 $\boldsymbol{k}=(k_1, k_2)$를 이용했는데, 이것은 요동(fluctuation)이 없는 2차원계의 경우에만 적용이 가능하다. 만일 요동이 있는 경우 이론은 약간 수정되어야 한다. 이 경우는 경계조건에서 위상의 비틀림을 도입하여, 그것을 블로흐 파수 대신 사용함으로써, 체른 수를 정의할 수 있다[27]. 예를들면, x, y 방향으로 각각 L_x, L_y의 길이를 가진 2차원계에서는,

$$\psi(x+L_x, y)=\psi(x, y)e^{i\theta_x}, \quad \psi(x, y+L)=\psi(x, y)e^{i\theta_y} \qquad (6.29)$$

와 같이 x, y방향에 각각 위상 θ_x, θ_y 만큼 비틀린 경계조건을 설정한다. 그러면 θ_i가 블로흐 파수 k_i와 $\theta_i \leftrightarrow k_i L_i$와 같은 대응을 만들 수 있으므로, 이를 치환한 식을 다시 체른 수로 정의하면, 요동이 있는 2차원 전자계에도 체른 수는 정의 가능하다. 이 경우 체른 수는 θ_x, θ_y에 관한 적분의 형태로 나타나는 것과 동시에, 홀 전도율도 페르미 에너지(E_F) 이하에 존재하는 밴드들의 체른 수를 총 합한 것의 $-e^2/\hbar$ 배가 된다.

6.3 체른 수와 벌크-에지 대응

체른 수는 홀전도율의 계산으로부터 나왔지만, 실은 계의 에지(edge, 2차원계의 경계)에 국소화되어 있는 에지상태와 관계가 있다. 체른 수 자신은 벌크의 블로흐 파동함수로부터 계산되기 때문에 벌크의 정보를 반영하게 되는데, 그것과 에지상태를 대응시키는 관계를 **벌크-에지 대응**(bulk–edge correspondence)이라고 한다. 이 벌크 에지 대응은 정수 양자홀 효과의 연구에 의해서 확립되었다. 이것을 **러플린 사고실험**(Laughlin gedanken experiment)[28]이라고 불리는 방법을 이용해서 설명해보자.

앞 절과 마찬가지로 절대영도에 존재하는 절연체를 생각해보자. 예

를 들면, 자기장 하의 2차원 전자계에서는 란다우 준위라고 불리는 등간격 양자 준위가 형성되는데, 인접한 란다우 준위 사이에 페르미 에너지가 있는 경우, 밴드 절연체라고 할 수 있다(구체적으로는 6.6절에서 다루겠다). 여기에서 계의 2 방향 축 중에서, y 방향에는 주기적인 경계조건을 주고, x 방향으로는 충분히 긴 원통형 계를 생각해보자(**그림6.5**). 이 계의 y 방향의 주기의 길이를 L_y라고 두자.

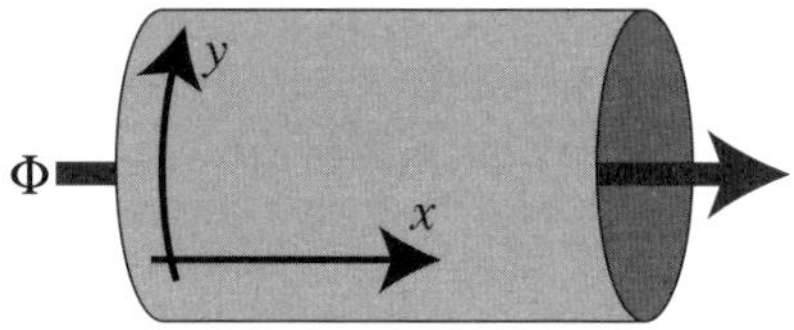

그림 6.5 러플린 사고실험

이 원통의 축을 따라, 원통의 내부에 x 축 방향으로 자속 Φ를 점차 늘려간다고 생각해보자. 자속 Φ는 처음에는 0이지만, 시간 T가 흐른 후에는 자속양자 하나에 해당하는 $\Phi=\phi_0\equiv h/e$가 된다고 하자. 그렇게 되면, 이때 y 방향에는 크기 h/eT의 유도기전력이 생긴다. 이것에 의한 유도 전기장은 h/eTL_y가 된다. 만약 계가 유한한 홀 전도율 σ_{xy}를 가진다고 하면, 이 유도전기장에 의해 x 방향에 $j_x=h\sigma_{xy}/eTL_y$의 전류 밀도로 전류가 흐르게 된다. 그 결과, $t=0$에서 $t=T$ 사이에 흐르는 전하의 총합 Q는 $Q=j_xL_yT=h\sigma_{xy}/e$가 된다. 더 나아가 식 (6.23)을 이용하면,

$$Q=-e\sum_{n:\ filled}\mathrm{Ch}_n \tag{6.30}$$

이 되어, 체른 수가 정수라고 하는 것을 유의한다면, 전자의 전하 $-e$의 정수배가 된다. 즉, 왼쪽에서 오른쪽으로

$$N = \sum_{n:\ filled} \mathrm{Ch}_n \tag{6.31}$$

이라는 개수의 전자가 이동한 것이 된다(이것은 정숫값에 해당한다).

자, 그러면 이것을 벌크상태와 에지상태의 형태로 취급해보자. 자속이 없는 경우 y 방향의 파수 k_y는, 주기적 경계조건으로부터 $2\pi/L_y$의 정수배로 양자화되어 있다. 즉, $k_y = \frac{2\pi}{L_y}n$(n: 정수)의 파수에 해당하는 고유 상태가 있고, 페르미 에너지(E_F) 이하의 상태에 전자는 가득 차 있다. 자속 Φ를 가해주면, 다음과 같은 y 방향의 벡터 포텐셜 A_y가 추가된다.

$$-\Phi = \oint dy A_y = A_y L_y \quad \Rightarrow \quad A_y = -\frac{\Phi}{L_y} \tag{6.32}$$

이 벡터 포텐셜은 시간 T가 경과할 때까지 0부터 $\frac{-h}{eL_y}$까지 변화하고, 이 벡터 포텐셜은 $p_y \to p_y + eA_y$의 치환 형태로 해밀토니안에 들어간다. 자속이 0일 때의 해밀토니안의 고유방정식을

$$H(\hat{p}_y)\left[\psi(x)e^{ik_y y}\right] = E(k_y)\left[\psi(x)e^{ik_y y}\right] \tag{6.33}$$

이라고 쓰면, 자속이 가해졌을 때의 고유방정식은

$$H(\hat{p}_y + eA_y)\left[\psi(x)e^{i(k_y - eA_y/\hbar)y}\right] = E(k_y)\left[\psi(x)e^{i(k_y - eA_y/\hbar)y}\right] \tag{6.34}$$

과 같이 도출된다. 여기서 고유함수에 y 방향의 주기적 경계조건을 주면, $k_y - eA_y/\hbar = 2\pi n/L_y$($n$: 정수)가 된다. 즉, 분산의 형태는 자속을 가해주어도 $E = E(k_y)$로서 변화하지 않는 반면, 허가되는 k_y의 값은 자속의 증가와 함께 음의 방향으로 밀려간다는 것이 된다. 최종적인 k_y의 감소량은 정확히 허가된 파수의 간격 $2\pi/L_y$와 같은 값이 되고, 따라서 컨베

이어 벨트처럼 일제히 k_y가 감소하는 방향으로 밀려가, 최종적으로 한 눈금 밀리는 것과 같은 상황이 된다.

이러한 변환에서 벌크상태나 에지상태가 어떻게 변화하는지 생각해 보자. 벌크상태는 절연체이므로, 가전자대와 전도전자대 사이에 갭이 존재한다. 이 상황에서 위에서 설명한 것과 같이 파수가 밀려가도 최종적인 상태는 가전자대에 전자가 가득찬 상태로, 초기상태와 변함없다. 하지만 식 (6.30)에서 설명한 것과 같이 전하는 Q에 해당하는 양이 왼쪽에서 오른쪽으로 이동해야만 하므로, 그 전하의 이동을 일으키기 위해서는 벌크상태 이외의 상태가 존재하지 않으면 안된다. 이것은 바로 아래에 설명하는 것과 같이, 갭이 없는 에지상태(gapless edge state)가 존재해야만 한다는 결론에 다다른다(혹, 갭이 있는 에지상태가 있다면, 위의 벌크상태와 같이 전하 이동에는 기여하지 않는다).

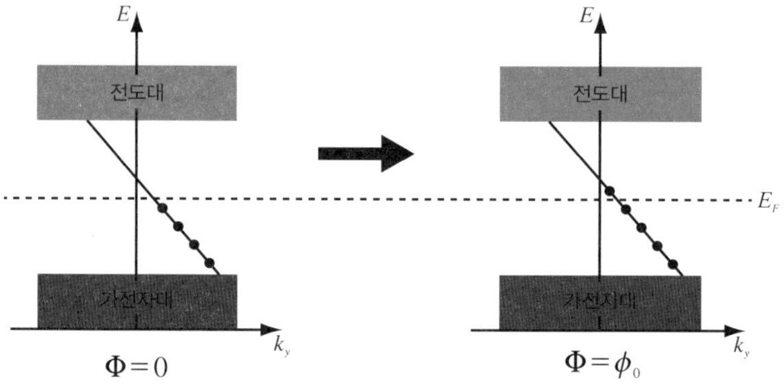

그림 6.6 러플린의 사고실험에서, 우측의 에지에 $-y$축 방향(분산의 기울기가 음의 부호를 가짐)의 속도를 가진 에지상태가 하나 있는 경우에서의 자속변화에 의한 전하량 변화.

그림 6.5에 나타낸 계에서는 에지가 왼쪽과 오른쪽에 있는데, 예를 들어 오른쪽의 끝에 국소되어 있는 에지상태를 보자. 이 에지상태는 갭이 없는 상태로, 그 밴드의 분산(에너지의 파수 의존성)이 페르미 에너지를 음의 기울기(즉, 음의 속도 $v_y = \frac{1}{\hbar}\frac{\partial E}{\partial k_y} < 0$)로 지나간다. 그러면 **그림 6.6**과 같이 파수가 서서히 변해가면서, 시간 T 동안 오른쪽 에지의 전자 수가 1개 증가한다. 거꾸로, 오른쪽 끝의 에지상태의 밴드 분산이 페르미 에너지를 양의 기울기로 지나가면, 시간 T 동안 전자의 수가 1개 감소하는 것이 된다. 전체적으로 보면 왼쪽에서 오른쪽으로 식 (6.31)과 같이 N개의 전자가 이동하였다는 사실로부터 알 수 있는 것은, 오른쪽 끝의 페르미 에너지에 있어서, 음의 기울기의 에지상태의 개수로부터 양의 기울기의 에지상태의 개수를 빼면 N이 된다는 결론이다. 이것을 더욱 단순화하면, 에지상태의 분산이 전부 음이고, 그 개수가 N인 경우가 된다. 같은 방법으로 생각해보면, **그림 6.5**의 왼쪽의 끝에서는 페르미 에너지에 있어서 양의 기울기의 에지상태의 개수로부터 음의 기울기의 에지상태의 개수를 빼면 N이 된다는 것을 알 수 있다.

그래서 결국 아주 단순화한다면, **그림 6.7**과 같이 에지에는 반드시 시계 방향의 에지상태가 N개 존재한다는 결론이 된다(실제는 시계 방향 상태의 개수에서 반시계 방향 상태의 개수를 뺀 것이 N). 즉, 이 절의 결론을 정리해보면, 벌크의 갭 안에 페르미 에너지 E_F가 있는 경우,

$$N = \sum_{n:\ filled} \mathrm{Ch}_n \qquad (6.35)$$

은 E_F상에 존재하는 시계 방향의 에지상태의 개수와 같다는 것이 된다(**그림 6.7**). 이러한 일방통행의 성질을 **카이럴**(chiral)이라고 부른다. 이렇

듯 카이럴 에지상태(Chiral edge state)의 개수와 체른 수가 간단한 관계 (6.35)로 연관되는 것을 **벌크—에지 대응**(bulk–edge correspondence)이라 한다. 이것은 수학적으로는 지수정리라고 부르는 것에 대응하는 비자명적인 결론이나, 이것이 위에서 설명한 것과 같이 사고실험으로 도출되는 것은 아주 흥미로운 일이다.

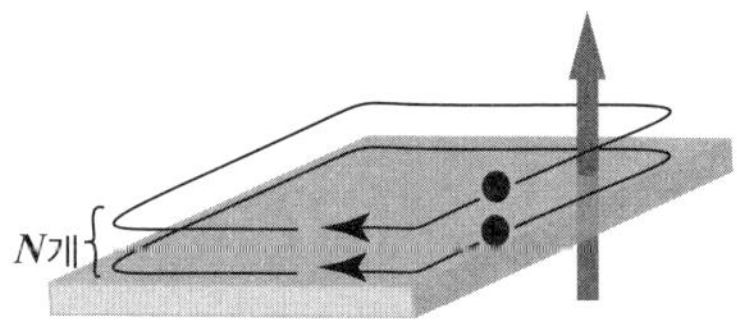

그림 6.7 양자홀계에 존재하는 *N*개의 카이럴 에지상태

6.4 란다우–뷔티커(Landauer–Buttiker) 공식

앞 절에서 체른 수와 에지상태를 결합시키는 벌크—에지 대응(bulk–edge correspondence)에 대하여 설명하였다. 그런데 실은 에지상태와 홀 전도도가 직접 관련이 있다는 것이 다른 물리적인 사고를 통해 밝혀졌다. 그런 의미에서, 체른 수, 에지상태의 개수, 홀 전도도는 서로서로 관계가 있다고 할 수 있다. 에지상태와 홀 전도도의 관계를 도출하기 위해서는, 중시계(mesoscopic system)에서 잘 알려진 **란다우—뷔티커 공식**을 이용할 필요가 있다. 란다우—뷔티커 공식에 대한 상세한 설명은 다른 문헌에서 참조하길 바라며, 여기서는 필요한 최소한만 설명하기로 하자.

먼저, 관심의 대상이 되는 2차원계가 충분히 작다고 하고, 그 내부에는 전자의 비탄성산란(inelastic scattering: 전자끼리의 산란 및 전자와 포논의 산란 등, 전자 자신의 에너지가 바뀌는 산란)이 일어나지 않는다고 가정한다. 즉, 비탄성 산란장(inelastic scattering length)이 계의 크기 정도라고 해두자. 더 나아가 이 계에 복수의 전극이 연결되어 있는 상황을 가정하자. 이 전극은 금속으로, 그 내부에서 비탄성산란이 충분히 빈번하게 일어나서, 그 결과 전자의 분포는 주어진 온도 T의 페르미 분포를 따른다. 지금은 일단 $T=0$이라고 해두자.

여기에다 전극 간에 전위차를 주자. 그러면, 전극 사이에 전류가 흐른다. 이러한 시스템은 아래와 같이 된다. 예를 들면, $T=0$의 경우에는 일단 전극으로부터 페르미 에너지 F_F보다 낮은 에너지를 가진 전자가 주입된다. 이 전자는 상황에 따라서는 불순물 등에 탄성산란되지만, 비탄성 산란은 없다고 가정하였으므로, 에너지 손실은 일절 없이 최종적으로는 어딘가의 전극으로 들어갈 것이다. 전극에 들어간 전자는 전극 내부의 비탄성산란에 의해, 그 분포는 급속히 $T=0$에서의 페르미 분포를 따라갈 것이다. 그 결과, 이 계의 전도 특성은 **어느 전극으로부터 페르미 에너지상의 각 상태에 전자를 넣은 경우, 최종적으로 어느 전극으로 들어가는가**라는 투과계수에 의해 기술되게 된다.

지금 취급하고 있는 절연체에서, 에지상태만이 갭이 없는 경우, 페르미 에너지상에는 에지상태밖에 없다. 게다가 에지상태는 카이럴(chiral, 일방통행)이므로, 다른 불순물이 있어도 전자가 산란되어 반대로 돌아오는 경우는 발생하지 않는다. 특히 시계 방향의 카이럴 에지상태가 N개 있다고 하면, 홀 효과를 측정하는 배치에서는 홀 전도도가 $-Ne^2/h$이 된다는 사실을 알 수 있다[29]. 여기서는 예를 들면, **그림 6.8**과 같은 4단자 양자홀계를 생각해보자. 그림에는 단순화를 위해 $N=1$의 경우

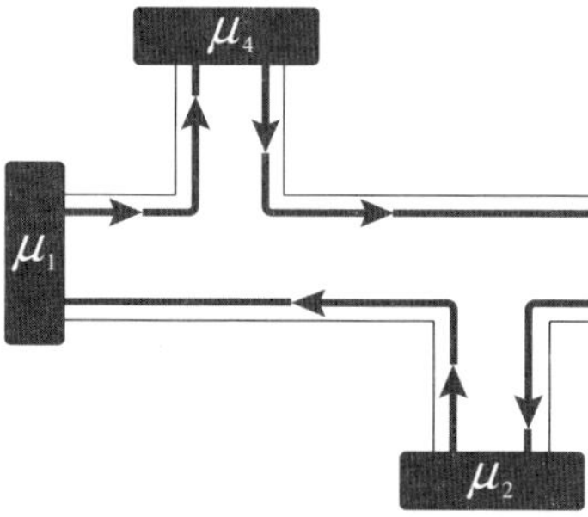

그림 6.8 양자홀계에서의 에지상태에 의한 전도와 란다우–뷔티커 공식.

를 나타내었다. 여기서 j번째의 단자에서 나오는 전류 I_j는, $I_j = -Ne/h(\mu_j - \mu_{j+1})$ for $(j=1, 2, 3)$, $I_4 = -Ne/h(\mu_4 - \mu_1)$이 된다(제1항은 단자 j에서 나온 전류, 제2항은 단자 j+1에서 나와서 j로 가는 전류). 그리고 계수 $-e/h$는 상태 밀도와 상태 1개에 해당하는 전류의 적분에 해당한다. 여기에서 단자 2, 4를 전압단자로 하고, 전류는 $0(I_2 = I_4 = 0)$이라고 한 후, 그 전위를 V_2, V_4라고 한다. 그러면, y 방향의 전위차 $V = V_2 - V_4 = -1/e(\mu_2 - \mu_4)$, x 방향의 전류 $I = I_1 = -I_3$가 된다. 이것으로부터, 홀 전도도의 식 $G = I/V = -Ne^2/h$이 도출되어, 앞에서 논의한 결과와 일치한다.

6.5 반고전적(semiclassical) 운동방정식

베리 위상은 파동 위상의 밀림으로 표현된다고 앞에서 설명했지만, 다음에서 설명하는 것과 같이 일반적으로 파속 위치의 밀림으로 나타난다는 것이 알려져 있다. 먼저 공간적으로 편재해 있는 파동의 파속을 생각해보자(**그림 6.9**). 파속은 n번째 밴드의 고유상태로부터 형성되어 있다고 하자. 이 파속은 실공간에서도, 파수 공간에서도, 어느 한 범

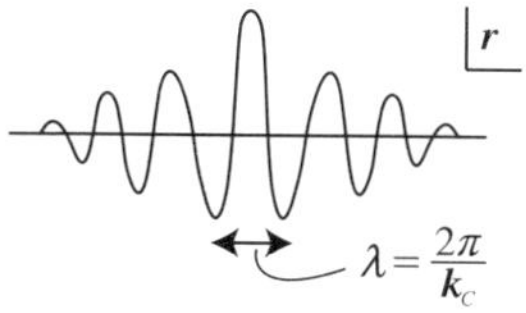

그림 6.9 파속

위에 치우친 분포를 하고 있다. 이 파속에 대하여, 위치 분포의 중심 $\boldsymbol{x}$와 파수 분포의 중심 $\boldsymbol{k}$의 시간에 따른 변화를 기술하는 것이 **반고전적**(semiclassical) **운동방정식**에 해당한다. 전기장 $\boldsymbol{E}$가 걸린 계에서의 반고전적 운동방정식[30]은

$$\dot{x} = \frac{1}{\hbar}\frac{\partial E_n(\boldsymbol{k})}{\partial \boldsymbol{k}} - \dot{\boldsymbol{k}} \times \boldsymbol{B}_n(\boldsymbol{k}) \qquad (6.36)$$

$$\hbar\dot{\boldsymbol{k}} = -e\boldsymbol{E} \qquad (6.37)$$

가 된다. 식 (6.36)의 제2항이 없다면, 이것은 고체물리 교과서에 있는 볼츠만 방정식(Boltzmann equation)에 해당하고, 밴드가 하나밖에 없는 경우가 그곳에 잘 기술되어 있다. 여기에서 만일 복수의 전자 밴드가 존재한다고 생각하면, 베리곡률에 기원한 식 (6.36)의 제2항과 같은 보정항이 들어간다는 점이 새로운 점이다. 식 (6.36) 우변 제1항은 통상적으로 나타나는 항으로 군속도를 나타낸다. 베리곡률에 의한 식 (6.36)의 우변 제2항을 **비정상 속도**(anomalous velocity)라고 부른다.

식 (6.36)과 (6.37)로부터 알 수 있듯이, 이 비정상 속도가 전기장 $\boldsymbol{E}$에 수직한 방향이므로, 홀 효과, 특히 강자성체의 비정상 홀 효과 및 상자성체의 스핀홀 효과를 만들어내게 된다. 실제 이 항으로부터 얻어지는

홀 전도율을 계산해보면, 선형응답이론으로부터 구한 식 (6.22)와 일치하는 결과가 된다.

이 비정상 속도의 기원은, 파속이 n번째 밴드의 파동함수로부터 형성되므로, 그 밴드의 베리곡률을 느끼면서 운동하는 것이라 볼 수 있다. 이것을 다른 말로 표현하면 다음과 같이 된다. 파속은 어떤 중심 파수에 가까운 파수의 블로흐파를 중복하여 생성하고, 이것들의 간섭에 의해 파속의 중심 위치가 결정된다. 전기장을 가하면, 식 (6.37)에 따라 파수가 변화하는데, 이때 이 파가 얻는 위상은 파수에 의해 달라져 그 위상차의 베리곡률 $\boldsymbol{B}_n(\boldsymbol{k})$로 기술된다. 이 위상차는, 파속을 블로흐 파로부터 구성할 때 간섭에 영향을 미쳐서, 파속 중심의 좌표의 변화를 불러일으킨다. 즉, 이것은 전자의 위상, 다시 말하면 전자의 파동성에 기인하고 있다. 이러한 베리 위상의 물리는 일반적인 파동 현상에서 보편적으로 볼 수 있다. 예를 들면, 빛에 대하여도 같은 효과가 나타나, 원편광 빔이 이종계면에서 굴절·반사하는 경우, 입사면의 수직방향으로 밀려나는 앵베르시프트(Imbert shift)를 일으킨다[31, 32]. 즉, 앵베르시프트는 빛의 스핀홀 효과로 볼 수 있다. 그리고 자성체 내부의 마그논(스핀파)에 대해서도 마그논 자신의 밴드 구조에 기인하는 베리곡률이 있으므로 (동일한 효과로) 온도 기울기를 가해준 경우 수직 방향에 열전류(heat current)를 여기하는 열 홀 효과(thermal Hall effect)로 나타날 것으로 기대된다[33,34].

6.6 자기장하의 2차원 전자계 – (좁은 의미의) 정수 양자홀 효과

지금까지 2차원 밴드 절연체에서 홀 전도율이 e^2/h의 정수배로 양자화 된다는 정수 양자홀 효과를 설명했다. 통상적으로, 정수 양자홀 효과라고 말하면 (좁은 의미의) 정수 양자홀 효과[35], 즉, 반도체 양자우물에서 실현되는 2차원 전자가스에 수직 방향으로 강한 자기장을 건 경우, 홀 전도율이 양자화하는 것을 의미한다. 그 경우에 대해서 지금까지 설명한 이론을 적용한 결과가 어떻게 되는지 아래에서 설명하고자 한다. 질량 m의 2차원 전자가스의 해밀토니안은

$$H=\frac{1}{2m}(\hat{p}_x^2+\hat{p}_y^2),\quad \hat{p}_i\equiv -i\hbar\frac{\partial}{\partial x_i} \tag{6.38}$$

라고 쓸 수 있다. 여기에서 z축 방향으로 균일한 자속 밀도 B를 걸면, 벡터 포텐셜 $\mathbf{A}=(0, Bx)$가 들어가서, 해밀토니안은

$$H=\frac{1}{2m}(\hat{p}_x^2+(\hat{p}_y+eBx)^2) \tag{6.39}$$

이라고 쓸 수 있다. 이것을 대각화(diagonalize)하면 고유상태·고유 에너지는 각각

$$\mathbf{\Psi}_n=\frac{1}{\sqrt{L_y}}e^{iky}H_n\left(\frac{x+kl^2}{l}\right)\exp\left(\frac{-1}{2l^2}(x+kl^2)^2\right) \tag{6.40}$$

$$E_n=\hbar\omega_c\left(n+\frac{1}{2}\right),\quad n=0,1,2,\cdots \tag{6.41}$$

이 된다. $\omega_C\equiv\frac{eB}{m}$는 사이클로트론 주파수, $l\equiv\sqrt{\hbar/eB}$는 자기 길이(magnetic length), L_y는 y 방향의 계의 길이, H_n은 에르미트(Hermition)

다항식이다. 에너지 준위는 $\hbar\omega_c$ 간격으로 이산적인 준위로 양자화 되어 있다. 이것을 **란다우 준위**(Landau level)라고 부른다. 원래의(자기장이 없는 경우의) 2차원 전자계는 연속적인 준위가 분포하고, 단위면적당 상태 밀도는 $m/2\pi\hbar^2$이지만, 그것이 $\hbar\omega_c$의 간격으로 이산적인 준위가 되므로, 계의 면적을 S라고 하면, 각 란다우 준위는 $S \cdot m/2\pi\hbar^2 \cdot \hbar\omega_c = S/(2\pi l^2)$개로 축퇴되어 있다.

만일 페르미 에너지가 두 개의 란다우 준위 사이에 있는 경우를 생각해보면, 페르미 에너지에는 벌크의 전자 상태가 없으므로, 정확히 앞 절까지 논의했던 **밴드 절연체**의 경우에 해당한다. 란다우 준위 사이에는 갭이 있으므로, 각 란다우 준위에 대해서 체른 수를 정의하는 것이 가능하다. 실제 계산해보면, 각 란다우 준위의 체른 수는 +1이 된다는 사실을 알게 된다. 이것을 확인하기 위해서는 일단, 식 (6.40)에서 파속의 중심위치 $x=-kl^2$, $k=2n\pi/L_y$는 등간격으로 분포하고 있다는 것을 주목하자. 이 시스템에 자속을 가하게 되면, 6.3절에서의 논의와 같이 허용되는 k의 값이 $k+e\Phi/L_y h=2\pi n/L_y$와 같이 변화하기 때문에, 파속 중심위치가 x의 양의 방향으로 밀린다. 그리고 최종적으로는 파동함수의 중심이 되는 x의 위치가 하나씩 오른쪽으로 밀리는 것으로부터 $ch=+1$을 얻을 수 있다. 예를 들면, $n=0$과 $n=1$의 란다우 준위의 사이에는 +1개의 카이럴 에지상태(chiral edge state), 다시 말하면 시계 방향으로 1개의 카이럴 에지상태가 나타난다. 같은 방식으로, E_{n-1}의 란다우 준위와 E_n의 란다우 준위의 사이에는 n개의 시계 방향 카이럴 에지상태가 나타난다. 이러한 시계 방향의 카이럴 에지상태는, 자기장 중의 사이클로트론 궤도가 벽에서 반사되면서 계의 에지를 따라 운동하는 것과 같은 스킵

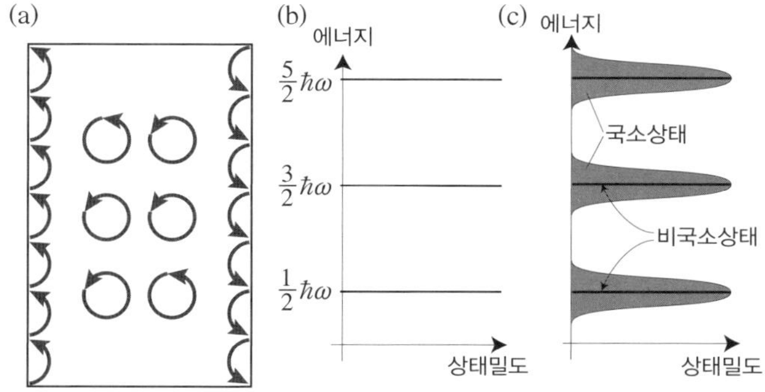

그림 6.10 (a)자기장하의 2차원 전자계에서의 스킵핑 궤도. (b)요동이 없는 경우의 란다우 준위와 (c)요동이 있는 경우의 란다우 준위.

핑(skipping) 궤도 (**그림 6.10**(a))라고 생각할 수 있다.

그리고 2차원 전자계에서의 (좁은 의미의) 정수 양자홀 계의 경우, 또 하나의 중요한 사항이 있다. 그것은 바로 요동(fluctuation)에 의한 효과로서, 이것에 의해서 자기장을 변화시킨 경우에도 홀 전도도가 변화하지 않는 플래토(plateau)의 존재가 설명된다. 만일 자기장 0이라고 하면, 모든 상태가 앤더슨 국소화(Anderson localization)가 되어서 , 절연체와 같은 행동을 보인다. 하지만 지금 생각하고 있는 계에서는 자기장이 있으므로 얘기가 다르다. 요동에 의해서 란다우 준위가 유한한 에너지 폭으로 확장된다(**그림 6.10**(c)). 이때, 자세한 계산을 해보면, 하나의 란다우 준위에 들어있는 매크로한 개수의 상태 중에, 란다우 준위의 중심에 단하나의 비국소적 상태(non–localized state, localization length가 무한대)가 있어, 그 외의 상태는 국소적 상태가 되는 것이 알려져 있다.

이렇게 요동이 가미된 경우에 체른 수는 어떻게 될지 생각해보자. 체른 수는 앞에서 설명한 것과 같이, 계의 경계조건의 비틀림에 대하여 상태가 어떻게 변화하는가에 따라 결정된다. 국소적 상태는 유한한 국소장(localized length) 이내에 편재하고 있으므로, 매크로한 크기의 계에서는, 계의 경계조건의 비틀림에는 거의 반응하지 않는다. 이로 인해, 이러한 상태에 대응하는 체른 수는 0이 된다. 한편, 원래의 란다우 준위자체는 Ch=1의 체른 수를 가지므로, 또 이 체른 수는 비국소적 상태에 그대로 연결되어야 하므로, 각 비국소적 상태가 Ch=1의 체른 수를 가진다고 할 수 있다[28]. 오히려 란다우 준위가 0이 아닌 체른 수를 가지므로, 그것을 맡은 비국소적 상태가 필연적으로 남아 있다고 얘기해도 좋다.

이러한 요동에 의한 국소·비국소적 상태로의 분리에 의해, 홀 전도율 σ_{xy}에서 나타나는 플래토가 다음과 같이 설명된다. 자기장이나 전자 밀도를 변화시키면, 란다우 준위에 대응하는 페르미 에너지의 위치가 바뀌게 된다. 만약 계에 요동이 없다고 하면, 란다우 준위의 에너지 폭은 0(**그림 6.10**(b))이므로, 충전율(전자 수를 페르미 준위의 축퇴도로 나눈 것)이 정수에서 조금이라도 벗어나면 페르미 에너지가 란다우 준위 바로 위에 와서 계는 금속처럼되고, 지금까지의 논의는 적용이 가능하지 않게 될 것이다. 하지만 실제는 요동이 있으므로 란다우 준위의 에너지 폭이 유한하고, 더욱이 넓어진 란다우 준위의 중앙에 있는 하나의 비국소적 상태를 제외한 전체가 국소적인 상태가 된다. 이 때문에 충전율이 다소 변화해서 페르미 에너지가 란다우 준위에 대응하여 변화해도 페르미 에너지가 국소상태를 지나가는 사이에 계는 절연체 그대로 남아 있다. 더욱이 충전율이 변해도 홀 전도도는 변하지 않는다. 이러한 것으로부터 플래토의 존재가 자연스럽게 도출된다.

6.7 비정상 홀 효과

지금까지는 절연체에서의 홀 전도율과 베리곡률의 관계를 논의해 왔다. 이번에는 금속을 한번 생각해보자. 금속은 일단, 식 (6.22)로 나타나는 내인성 홀 전도율의 성질이 바뀐다. 다시 말하면 식 (6.22)에서, 절대 영도에서의 홀 전도율의 식에 있는 베리곡률의 적분범위가 브릴루앙 영역 전영역이 아니라 페르미면 내부가 되므로, 홀 전도율이 양자화 되지 않는다. 더욱이 금속의 경우에는, 식 (6.22)에 나타나지 않은 불순물 산란의 결과, 외인성 홀 전도율이 등장하게 된다.

비정상 홀 효과에 있어서 이러한 기여는 활발하게 논의되어 왔다 [36]. 일반적인 홀 효과는 외부 자기장하에서 일어나는 것에 반하여, 자기장을 자화로 치환한 것이 바로 **비정상 홀 효과**(anomalous Hall effect)이다. 즉, 비정상 홀 효과라는 것은 (자기장 대신에) 강자성체의 자화에 의해 발생하는 효과이다. 하지만 그 메커니즘을 생각해보면 홀 효과와 비정상 홀 효과는 꽤 많이 다르다. 고전적인 관점에서 홀 효과는 외부 자기장에 의한 로렌츠 힘에 의해 발생함에 반해, 비정상 홀 효과는 이러한 고전적인 관점이 존재하지 않고, 양자역학의 관점에서 설명이 가능하다. 비정상 홀 효과의 메커니즘은 **내인성**(intrinsic)과 **외인성**(extrinsic)의 두 개로 나눌 수 있는데, 어떤 것이든 간에 반드시 필요한 것은 스핀궤도 상호작용이다. 스핀궤도 상호작용에 의해 자화의 방향이 전자의 궤도, 즉 파속의 거동의 차이에 직접 반영되어 홀 효과로 연결된다. 다양한 계에서 요동에 의한 효과가 계통적으로 조사되었고, 내인성과 외인성의 기여가 논의되고 있다.

외인성 메커니즘은 **스큐 산란**(skew scattering)과 **사이드 점프**(side jump)로 나눌 수 있다. 전자의 파동은 불순물에 의한 산란으로 그 궤도가 바뀌는데, 이때 두 가지 메커니즘이 있다. 입사파와 산란파의 파수가 달라지는 스큐 산란(skew scattering, **그림 6.11**(a))과 파수변화가 없이 파속의 중심이 옆으로 밀려서 나타나는 사이드 점프(side jump, **그림 6.11**(b))가 그것이다.

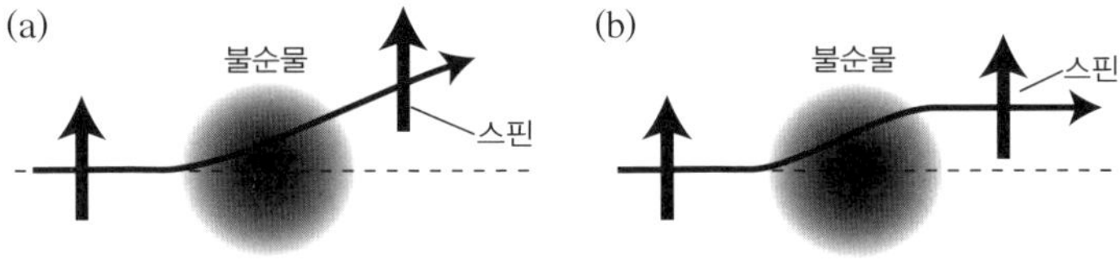

그림 6.11 외인성 비정상 홀 효과에 있어서의 (a)스큐 산란과 (b)사이드 점프의 모식도.

이렇게 외인성 메커니즘을 두 가지로 나누는 이유는, 불순물 농도 등 시료의 청정도에 대하여 스케일링의 방법이 다르기 때문이다. 시료의 청정도는 전도율 σ_{xx}로 특징지을 수 있다. σ_{xx}가 변했을 때, 홀 전도율 σ_{xy}가 어떤 식으로 스케일링되는가를 생각해보자. 내인성홀 전도율은 그 정의에 따라, 불순물 산란에 의존하지 않으므로, $\sigma_{xy} \propto \sigma_{xx}^0$가 된다. 한편, 스큐산란에서는 불순물에 의해 입사 방향에서 각도 θ 만큼 바뀌어서 산란된다고 하면, 인가한 전기장에 평행한 방향의 전류밀도 j와 수직 방향의 홀 전류 밀도 j_H 사이에 $j_H/j \sim \tan\theta$의 관계가 있다. 이로 인해, $\sigma_{xy} \propto \sigma_{xx}$가 된다. 한편, 사이드 점프는 내인성과 같이 $\sigma_{xy} \propto \sigma_{xx}^0$가 된다. 그렇게 되면 비교적 청정한 계에서는 σ_{xx}가 아주 크기 때문에 스큐 산란이 지배적이 되고, 홀 전도율도 커지게 된다. 점점 요동을 증가시키면 스큐 산란은 억제되고, 내인성이나 사이드 점프의 기여가 지배적이 된다. 이런 영역에서는 σ_{xx}가 변화하더라도 σ_{xy}는 거의 일정하게 된다. 하지만 어느 정도 요동을 늘려나가면, 밴드 구조가 점점 사라져서 전도가 깡충 뛰기(hopping)전도에 근접하기 때문에 내인성 및 사이드 점프의 기여가 감소하여 전체 홀 전도율이 감소한다고 여겨진다. 결과적으로, 요동의 정도가 중간 정도인 계에 대하여, 내인성 및 사이드 점프의 기여가 지배적일 것이라 추측하며[37], 그것을 지지하는 실험 데이터도 존재한다.

여기까지가 강자성 금속의 비정상 홀 효과의 이야기였다. 한편, 비정상 홀 효과에서 혹시 강자성체가 2차원 절연체라면, 앞에서 얘기한 메커니즘에 의해 절대영도에서 홀전도율이 e^2/h의 정수배로 양자화된다. 이것이 0이 아닌 양자수를 가지는 경우, **양자 비정상 홀 효과**(quantum anomalous Hall effect)라고 부른다. 아주 오랫동안 이론적 가능성만이 제시되다가, 최근 Bi_2Se_3에 Cr을 첨가한 박막에서 관측되었다[38]. 이러한 계는 **체른 절연체**(Chern insulator)라고 불리며, 0이 아닌 체른 수를 가진다. 이러한 물질을 실현하기 위해서는 스핀궤도 상호작용과 자발자화에 의한 교환상호작용에 의해 밴드 갭이 열려 있어야 하는데, 실험적으로 측정된 계는 정말로 그런 특징을 가지고 있었다.

6.8 스핀홀 효과

이번에는 자기장도 자화도 없는 상황을 생각해보자. 상자성 물질에 전기장을 걸면, 제4장에서 설명했던 것과 같이 인가한 전기장의 수직한 방향으로 전류를 동반하지 않는 스핀의 흐름, 즉, 순 스핀류(pure spin current)가 발생한다는 것이 스핀홀 효과이다. 이것은 다양한 금속 및 반도체에서 실제로 관측되었다. 여기서 핵심은 바로 고체 내부의 전자에 영향을 주는 스핀궤도 상호작용이다. 이 스핀궤도 상호작용에 의해 전자의 궤도운동이 스핀에 의존하게 되어, 그것을 이용해서 전자 스핀의 운동을 (자기장이 없어도) 전기적으로 제어할 수 있다. 이러한 수단 중의 하나가 바로 위에서 보인 스핀홀 효과[39–41]이다.

도대체 왜 스핀의 방향에 따라 그 움직임이 달라지는지 의문이 들지도 모르겠다. 이것은 홀 효과나 비정상 홀 효과로부터 유추해보면 이해가 쉽다. 예를 들면, 홀 효과(**그림 6.12**(a))를 생각해보자. 시료가 xy 평면에 있다고 가정하고, 시료의 면에 수직한 방향(z 방향)으로 자기장을 걸고, 시료에 평행한 방향(x 방향)으로 전기장을 걸게 되면, 자기장 중의 전자는 로렌츠 힘을 받아서 y방향으로 굽게 된다. 이것이 홀 효과이다. 여기에서 자기장하의 금속 대신에, 수직자화 강자성체를 생각해보면, **그림 6.12**(b)와 같이 비정상 홀 효과가 나타난다. 자기장을 자화로 치환한 것처럼 유추해보면, 이러한 현상이 일어나야 한다는 것을 상상할 수 있다. 강자성체에서는 스핀이 분극되어 있고(즉, 업스핀과 다운스핀의 개수가 다르고), 만일 업스핀의 개수가 많다면, 평균적으로 업스핀이 그림의 왼쪽 방향으로 굽는 것과 같다. 다음으로, 강자성체 대신 상자성체에 전류를 흘렸을 때가 바로 스핀홀 효과이다. 업스핀이 왼쪽으로 굽기 때문에, 만일 다운스핀이 있다면 그것은 전기장하에서 오른쪽으로 굽어야 한다. 따라서, 상자성체와 같이 업스핀과 다운스핀의 개수가 같은 경우는, 각각의 스핀의 방향에 따라 오른쪽 혹은 왼쪽으로 궤도가 굽는다고 예상할 수 있다. 이것이 스핀홀 효과이다(**그림 6.12**(c)).

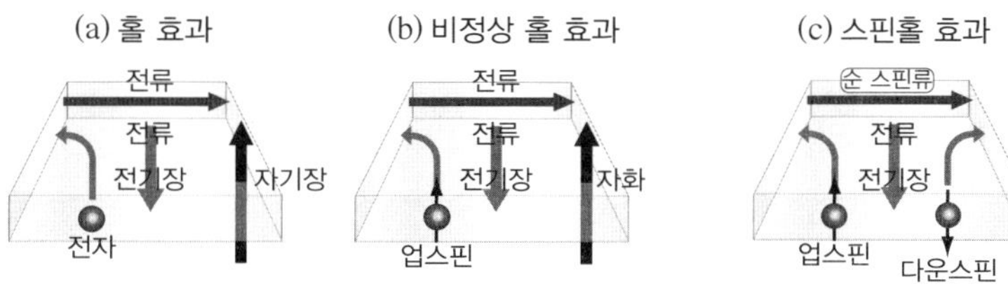

그림 6.12 (a)홀 효과, (b)비정상 홀 효과, (c)스핀홀 효과의 모식도.

통상의 홀 효과는 자기장 하에서 전기장을 인가하면, 그것에 수직한 방향으로 전류가 흐르는 것인데, 그에 반해 스핀홀 효과는 자기장이 0인 경우에 발생한다는 것에 주의해야 한다. 앞에서 설명한 것과 같이 스핀홀 효과에 대해서는 시간반전대칭성이 깨지지 않은(상자성 물질·자기장 0인 경우에 전기장을 가한) 상태에서도 스핀류가 여기된다. 스핀류는 스핀의 방향과 흐름의 방향, 두가지의 방향을 가지므로, $j_j^i(\approx s^i v_j)$라는 텐서로 표현된다. 여기에서 i는 스핀의 방향, j는 흐름의 방향을 나타낸다. 예를 들어 (Si이나 GaAs와 같이) bcc 구조에 시간반전대칭성이 있다고 하면, 전기장에 대응하는 스핀류는 대칭성에 의해서 $j_j^i = \sigma_S \sum_k \varepsilon_{ijk} E_k$의 형태로 한정된다($\varepsilon_{ijk}$는 완전 반대칭 텐서). 다시 말하면, 이 경우에는 여기되는 스핀류의 스핀의 방향 i, 흐름의 방향 j, 외부 전기장의 방향 k가 모두 서로 수직이 된다. 여기에서 계수 σ_S를 스핀홀 전도율이라 부른다. 이러한 스핀류가 시료의 에지(edge)에 부딪히면 그곳에 스핀은 축적되고, 그것이 스핀확산 및 스핀완화를 일으킴으로써 정상상태에 이르게 된다. 또는 다른 물질을 접합하여, 그 물질에 스핀을 주입하는 것도 가능하다.

이러한 스핀홀 효과의 메커니즘은 비정상 홀 효과와 같아서, 크게 외인성과 내인성으로 나누어지는데, 어느 메커니즘이든 스핀궤도 상호작용이 반드시 필요하다. 외인성 스핀홀 효과[39]는 고체 내부의 불순물에 유래한다. 불순물이 고체 내부에 존재하면 불순물 때문에 전자가 산란하게 되는데, 스핀궤도 상호작용에 의해서 산란의 방향에 스핀 의존성을 가지게 된다. 그 결과 스핀홀 효과가 나타난다. 비정상 홀 효과의 경우와 같이, 스큐 산란 혹은 사이드 점프로 나눌 수 있다(**그림 6.13**).

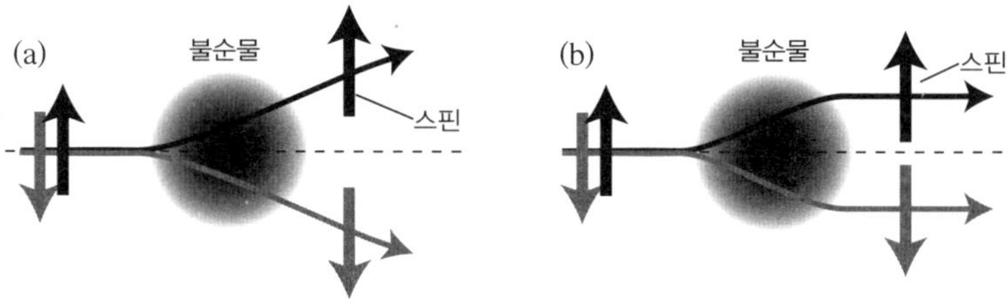

그림 6.13 외인성 스핀홀 효과에 있어서 (a)스큐 산란과 (b)사이드 점프의 모식도.

한편 내인성 스핀홀 효과는 고체 자신의 밴드 구조에 기인하는 효과로서, 불순물 산란이 없어도 일어난다. 2003년에 p형 반도체[40] 및 2차원 n형 반도체 이종접합 구조[41]에 대하여, 내인성 스핀홀 효과가 이론적으로 예측되었다. 내인성 스핀홀 효과의 원리에 대해서는 반고전적 운동방정식 (6.36)에 들어 있는 $\boldsymbol{B}_n(\boldsymbol{k})$를 스핀궤도 상호작용을 가진 상자성체에 대하여 계산해보면 잘 알수 있다. 시간반전대칭성이 보존되는 경우, 즉, 자기장이 걸리지 않은 상자성체의 경우, 업스핀과 다운스핀에서 정확히 베리곡률이 반대 방향이다. 즉, 반고전적 운동방정식 (6.36), (6.37)로부터, **그림 6.12**와 같이 업스핀과 다운스핀에서 역방향의 비정상 속도가 발생하는 것을 시간반전대칭성으로부터 유추할 수 있다. 이것이 스핀홀 효과이다.

그리고 이 반고전론에서는 스핀의 양자성, 불순물 산란 등의 스핀 완화 메커니즘이 무시되어 있어, 이러한 요인을 고려한 선형응답이론의 계산 및 유한계에서의 수치 계산 등이 이루어지고 있다. 한편, 위의 반고전론에도 의의는 있는데, 다른 방법(선형응답이론, 유한계에서의 수치계산 등)에 비해서 직관적으로 이해가 쉽고, "어떤 계가 내인성 스핀홀 효과가 클까?"를 생각하는데 아주 편리한 방법이다. $\boldsymbol{B}_n(\boldsymbol{k})$의 식 (5.44)에서 보듯이 분모에 에너지 차이의 2승이 들어 있기 때문에 이 에너지 밴드가 근접하면 $\boldsymbol{B}_n(\boldsymbol{k})$는 커지고, 특히 두 밴드가 어떤 파수 $\boldsymbol{k}$에 축퇴되면 그곳에서 발산하듯이 커진다. 좀더 복잡한 경우도 같은 방식으로 이해할 수 있는데, 예를 들면 p형 반도체는 $\boldsymbol{k}=0$에서 무거운 정공 밴드와 가벼운 정공 밴드가 축퇴되어 있어서, 그 부근에서 베리곡률이 발산적으로 커지고, 스핀홀 효과가 엄청나게 커질 것으로 예상할 수 있다.

그리고 구체적인 논의를 할 때는, 스핀류의 정의가 통일되지 않았다는 사실을 유념할 필요가 있다. 전하는 보존되는 양이므로, 전류는 그 정의가 통일되어 있으나, 스핀은 보존되지 않는(스핀궤도 상호작용에 의해 세차운동을 일으켜 완화를 줌) 양이므로, 스핀과 스핀 사이에 연속방정식이 성립하는 것처럼 스핀류를 정의하는 것은 가능하지 않다. 이걸 다시 얘기하면, 스핀류의 값은 어떻게 관측하느냐에도 의존해서, 예를 들면 스핀축적으로 관측하느냐 스핀주입으로 관측하느냐에 따라서 일반적으로 바뀐다고 여겨진다. 한편, 유사한 계에서는 측정 방법과 상관없이 스핀류는 거의 일정하다는 실험 보고가 있고, 이러한 입장에서는 **스핀류**라는 물리량이 있다고 생각해도 문제가 없으므로, 이 점을 이론적으로 구축할 필요가 있다.

제7장 위상학적 절연체

위상학적 절연체(topological insulator)는 2005년에 이론적으로 예측된 [42–44] 비자성 절연체에서의 새로운 양자상으로, 그 후 다양한 물질에서 실험적으로 관찰되고 있다. **그림 7.1**의 모식도에서 나타낸 것과 같이, 이 양자상은 2차원[42–44] 및 3차원계[45–47]에서 실현된다. 벌크(시료 내부)의 에너지 분산에는 갭이 존재해서 비자성 절연체이지만, 그 에지(2차원의 경우)나 표면(3차원의 경우)에는 갭이 존재하지 않아, 금속과 같은 상황이 된다. 이러한 에지/표면상태(edge/surface state)에서는 서로 다른 방향의 스핀이 서로 다른 방향으로 흐르고, 이러한 성질을 **헬리컬**(helical)이라고 부른다. 뒤에서 설명할 테지만, 이 헬리컬 에지/표면상태는 비자성 불순물 등에 의해 산란되지 않고, 갭이 없는 성질을 유지하는 특성이 있다. 일반적인 절연체와는 다르게 위상학적 절연체는 계의 경계에 에너지 갭이 없는 상태[42–44]를 가지므로, 전체적으로 보면 절연체가 아니라 에지/표면상태에 기인하는 전도적 성질을 나타낸다.

이 에지/표면에는 평형상태임에도 헬리컬 스핀류가 항상 흐르고 있다. 평형상태에서는 그 스핀류를 외부로 빼낼 수 없지만, 시료에 전기장을 가하게 되면, 에지/표면 스핀류에 의하여, 인가한 전기장의 수직 방향으로 스핀류가 흐르게 된다. 이러한 성질로부터, 위상학적 절연체는 앞에서 설명한 스핀홀 효과의 절연체 판이라고 생각할 수도 있어, **양자 스핀홀계**(quantum spin Hall system)라고 부른다. 스핀홀 효과와 양자 스핀홀 효과의 관계는 홀 효과와 양자홀 효과의 관계와 유사하다. 양자홀 효과에서 에지상태는 카이럴(일방통행) 특성으로, 전류와 관계 있음에 반해, 양자 스핀홀계에서 에지/표면상태는 헬리컬특성을 지니고, 스핀류와 관계가 있다(**그림 7.2**).

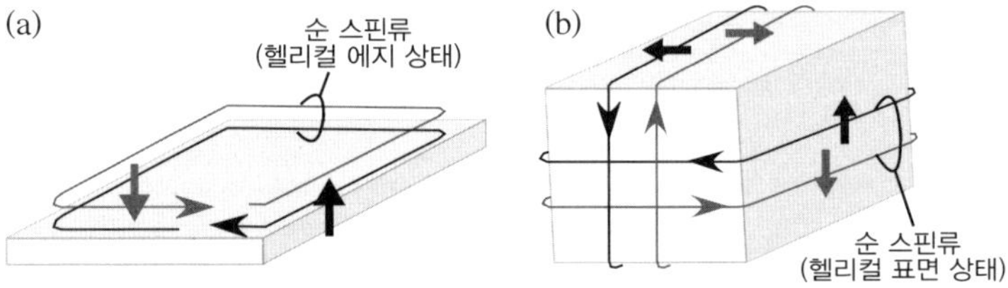

그림 7.1 (a)2차원 및 (b)3차원 위상학적 절연체의 모식도.

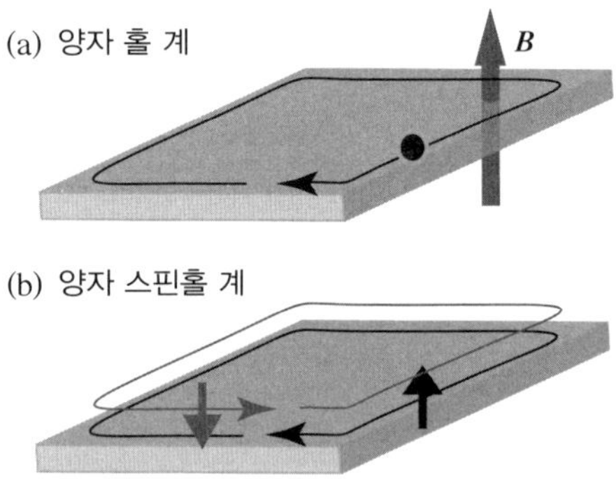

그림 7.2 (a)양자 홀 계와 (b)양자 스핀홀 계(위상학적 절연체)에 있어서의 에지 상태.

7.1 시간반전 대칭성

위상학적 절연체에서 중요한 개념이 바로 **시간반전 대칭성**(time-reversal symmetry)이다. 시간반전에 대해서는 양자역학 교과서에 잘 쓰여 있지만, 이 개념을 이용한 논의를 진행하기 앞서, 여기서 간단히 설명해두는 게 좋겠다.

시간반전 대칭성은 대략적으로 얘기하면, 시간의 흐름에 따라 기록된 비디오를 거꾸로 돌리는 조작과 같다. 이 조작에 의해 시간은 $t \to -t$로 변환되고, 그에 동반하는 입자의 속도도 부호가 바뀐다. 맥스웰 방정식(Maxwell equation)을 예로 들어 전자기장의 시간반전 대칭성을 논해보자. 맥스웰 방정식은

$$\nabla \cdot \boldsymbol{D} = \rho \tag{7.1}$$

$$\nabla \cdot \boldsymbol{B} = 0 \tag{7.2}$$

$$\nabla \times \boldsymbol{E} = -\frac{\partial \boldsymbol{B}}{\partial t} \tag{7.3}$$

$$\nabla \times \boldsymbol{H} = \boldsymbol{j} + \frac{\partial \boldsymbol{D}}{\partial t} \tag{7.4}$$

이다. 전자기장에 관련한 시간반전조작은

$$\rho \to \rho,\ \ \boldsymbol{j} \to -\boldsymbol{j},\ \ \boldsymbol{E} \to \boldsymbol{E},\ \ \boldsymbol{D} \to \boldsymbol{D},\ \ \boldsymbol{H} \to -\boldsymbol{H},\ \ \boldsymbol{B} \to -\boldsymbol{B} \tag{7.5}$$

로 정의되는데, 이 시간반전조작을 맥스웰 방정식에 가해도, 맥스웰 방

정식은 불변이다.

양자역학에 있어서는, 시간반전 연산자를 Θ로 쓰면, 스핀이 없는 (spinless) 경우는 $\Theta = K$ (K는 complex conjugate연산자)이므로, $\Theta\psi = \psi^*$ (*는 complex conjugate)라고 표현된다. 스핀 1/2인 경우, $\Theta = i\sigma_y K$ (σ_y: 파울리 행렬)로 쓸 수 있으므로, $\Theta\psi = i\sigma_y \psi^*$, 다시 말하면 $\psi = \begin{pmatrix} \psi_\uparrow \\ \psi_\downarrow \end{pmatrix}$에 대하여,

$$\Theta\psi_\uparrow = \psi_\downarrow^* \tag{7.6}$$

$$\Theta\psi_\downarrow = -\psi_\uparrow^* \tag{7.7}$$

가 된다. 이하에서는 스핀 1/2인 경우를 한정해서 생각해보자.

만약 해밀토니안 $\hat{H}$이 시간반전에 불변이라고 하면 $[\hat{H}, \Theta] = 0$, 다시 말하면, $\Theta\hat{H}\Theta^{-1} = \hat{H}$이 된다. 여기에서 $H_k \equiv e^{-ik\cdot r}\hat{H}e^{ik\cdot r}$이므로,

$$\Theta\hat{H}\Theta^{-1} = H_{-k} \tag{7.8}$$

가 된다. 시간반전 대칭성이 있는 계에 있어서, 해밀토니안이 시간반전 대칭이라는 사실이 고유 상태에 어떤 영향을 끼치는지 알아보자. 일단 식 (6.3)으로부터 출발해보자.

$$H_k u_{nk} = E_{nk} u_{nk} \tag{7.9}$$

u_{nk}는 n번째 밴드에 속한 블로흐 파동함수의 주기적으로 변하는 부분이다. 여기서 양변에 Θ을 곱하고, 식 (7.8)을 이용하면,

$$\Theta H_k \Theta^{-1} \Theta u_{nk} = E_{nk} \Theta u_{nk} \Rightarrow H_{-k}(\Theta u_{nk}) = E_{nk}(\Theta u_{nk}) \qquad (7.10)$$

가 된다. 여기서 $\boldsymbol{k}$를 $-\boldsymbol{k}$로 바꿔보면, 에너지 밴드의 구조가 $\boldsymbol{k} \leftrightarrow -\boldsymbol{k}$의 변환에 대하여 불변이 된다는 것을 알 수 있다. 다시 말하면, 원점에 대하여 대칭이라고 말할 수 있다. 시간반전 조작을 통해 $\boldsymbol{k}$가 $-\boldsymbol{k}$로 바뀐다는 사실을 상기한다면, 시간반전 대칭성을 가진 계의 밴드 구조는 $\boldsymbol{k} \leftrightarrow -\boldsymbol{k}$에 불변이라는 것은 자연스러운 일이다. 하지만, 일반적인 $\boldsymbol{k}$에 대해서는 더 이상(예를 들면, 축퇴되어 있거나 하는)의 것은 얘기할 수 없다.

여기에서 특별한 파수가 존재한다는 사실에 착안해보자. 그것은 바로 **시간반전불변 운동량**(time–reversal invariant momenta, TRIM)이다. 이것은 $\boldsymbol{k} \equiv -\boldsymbol{k}$ (mod $\boldsymbol{G}$)로 정의되는데, $\boldsymbol{G}$는 역격자 벡터이다. 즉, $\boldsymbol{k}$와 $-\boldsymbol{k}$의 차이는 역격자 벡터와 같고, 다시 말하면, 블로흐 파수로서는 등가라는 의미이다. 2차원계에서, 역격자 기본벡터를 $\boldsymbol{G}_1$, $\boldsymbol{G}_2$라고 하면, 2차원 브릴루앙영역의 내부에는 TRIM이 4개, $\boldsymbol{k}=0$, $\boldsymbol{G}_1/2$, $\boldsymbol{G}_2/2$, $(\boldsymbol{G}_1+\boldsymbol{G}_2)/2$가 존재한다(**그림 7.8**(a)). 이러한 TRIM을 $\boldsymbol{k}=\Gamma_i (i=1, 2, 3, 4)$로 쓰기로 하자. 또한 3차원계에서 역격자 기본 벡터를 $\boldsymbol{G}_1$, $\boldsymbol{G}_2$, $\boldsymbol{G}_3$라 하면, 3차원 브릴루앙영역의 내부에는 8개의 TRIM$(\boldsymbol{k}=\frac{1}{2}(n_1\boldsymbol{G}_1+n_2\boldsymbol{G}_2+n_3\boldsymbol{G}_3)(n_1, n_2, n_3=0, 1))$이 존재한다. 이러한 TRIM을 $\boldsymbol{k}=\Gamma_i (i=1, 2, \cdots, 8)$로 쓰기로 한다.

이러한 TRIM에서는 정의에 의하여

$$H_k = H_{-k} \qquad (7.11)$$

가 되어, 이것과 식 (7.9), (7.10)을 합하면, $\boldsymbol{k}$가 TRIM의 하나인 경우에 대하여

$$H_k u_{nk} = E_{nk} u_{nk}, \quad H_k(\Theta u_{nk}) = E_{nk}(\Theta u_{nk}) \tag{7.12}$$

가 된다. 이와 같이 같은 고유치를 가지는 고유상태가 u_{nk}와 Θu_{nk} 2개 존재한다. 더욱이, 이 2개의 고유상태는 서로 직교한다. 왜냐하면, Θ가 스핀을 반전시키므로, 이 2개의 상태는 정반대의 스핀을 가지기 때문이다. 이것을 명시적으로 나타내면,

$$u_{nk}^{+} \cdot (\Theta u_{nk}) = (u_{\uparrow}^{*}, u_{\downarrow}^{*}) \begin{pmatrix} u_{\downarrow}^{*} \\ -u_{\uparrow}^{*} \end{pmatrix} \equiv 0 \tag{7.13}$$

이 된다. 즉, 시간반전 대칭성이 있는 계의 TRIM에서의 상태는 반드시 2중 축퇴되어 있고, 이러한 2개의 상태는 서로 시간반전의 관계에 있다. 이것은 사실 **크라머스 정리**(Kramers theorem)의 귀결에 다름 아니다.

더 나아가, 계에 **공간반전 대칭성**(space inversion symmetry)이 있다면, 상태의 축퇴에 대하여 좀 더 많은 결론을 얻어낼 수 있다. 공간반전 연산자를 P로 나타내면, $P\hat{H}P^{-1} = \hat{H}$가 된다. 공간반전은 파수 $\boldsymbol{k}$를 $-\boldsymbol{k}$로 바꾼다. 따라서 $PH_kP^{-1} = H_{-k}$가 된다. 시간반전도 공간반전도 $\boldsymbol{k}$의 부호를 바꾸므로, 2개를 모두 가하게 되면 파수는 원래로 돌아온다. 즉,

$$(P\Theta) H_k (P\Theta)^{-1} = H_k \tag{7.14}$$

따라서 고유방정식으로부터

$$H_k u_{nk} = E_{nk} u_{nk}, \quad H_k(P\Theta u_{nk}) = E_{nk}(P\Theta u_{nk}) \tag{7.15}$$

를 얻을 수 있다. 여기에서 $\boldsymbol{k}$는 TRIM에 국한되지 않는 임의의 파수에 해당한다. 더욱이 공간반전 P는 스핀 불변이므로, 스핀에 관하여 대각화(diagonalize)되므로, $P\Theta u_{nk}$와 u_{nk}는 (7.13)과 같이 서로 직교한다. 이런 것을 다른 말로 표현하면, P는 스핀을 반전시키지 않고, Θ는 스핀을 반전하므로, 두 개의 상태는 서로 반대 방향의 스핀을 가지고, 따라서 직교하게 된다고 할 수 있다. 다시 말하면, 시간반전 대칭성과 공간반전 대칭성을 가진 계에서는, 임의의 블로흐 파수를 가진 상태가 2중 축퇴되어 있다고 말할 수 있다. 이러한 성질은 뒤에서 설명할 Z_2 위상학적 숫자(Z_2 topological number)를 계산할 때 중요하다.

7.2 2차원 위상학적 절연체

시간반전 대칭성을 가진 계 중에서, '양자홀 효과와 같은 성질을 가진 계는 없을까?' 라는 아이디어로 시작해 이론적으로 제안된 것이 바로 위상학적 절연체이다. 이러한 아이디어는 아래에 설명하는 것과 같다. 예를 들면, 업스핀과 다운스핀 두 종류의 스핀을 가진 계를 생각하여, 업스핀은 체른 수 Ch = 1의 양자홀 계, 다운스핀은 체른 수 Ch = −1의 양자홀 계라고 하자. 이러한 상태는 업스핀은 $+z$ 방향의 자기장, 다운스핀은 $-z$ 방향의 자기장이 각각 걸려 있을 때 실현할 수 있다(**그림 7.3**). 이것을 합한 것이 양자 스핀홀 계, 즉, 2차원 위상학적 절연체에 해당한다 [42–44].

이러한 에지상태는 업스핀과 다운스핀이 같은 양, 반대 방향으로 흐르고 있는 상태로서, 순 스핀류가 흐르는 상태가 된다. 순 스핀류는 시간반전 대칭성을 가지므로, **그림7.3**에 나타낸 2차원 위상학적 절연체는

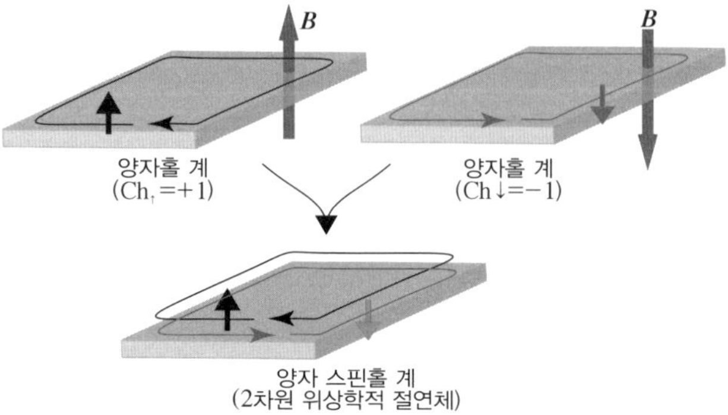

그림 7.3 양자홀 계 2개를 합쳐서 양자 스핀홀 계를 구성한다.

시간반전 대칭성을 가진다는 것을 알 수 있다. 이러한 상태를 실현시키기 위해서는, 업스핀과 다운스핀에 서로 반대 방향의 자기장을 인가해 줄 필요가 있다. 통상적인 자기장으로는 이러한 것이 불가능하지만, 고체 내부에 존재하는 스핀궤도 상호작용은 이러한 효과를 인가할 수 있고, 따라서 2차원 위상학적 절연체 상태를 실현하는 것이 가능해진다. 거꾸로 말하면, 스핀궤도 상호작용이 없다면, 2차원 위상학적 절연체는 실현될 수 없다.

여기서 업스핀, 다운스핀이라고 말했지만, 이것은 아주 단순한 경우로서, 일반적으로는 물질, 혹은 에지·표면상태의 방향에 따라 스핀의 방향은 다양하게 나타난다. 한편, 모든 2차원 위상학적 절연체에서 나타나는 보편적인 성질은 시계 방향, 반시계 방향으로 흐르는 스핀은 서로 반대 방향이라는 것으로, 이것은 시간반전 대칭성에 기인한다. 다시 말하면, 시간반전 대칭 조작을 통해 시계 방향의 에지상태는 반시계 방향의 에지상태가 되고, 각각의 상태에 있는 스핀의 방향도 반대가 되어야 한다. 이러한 두 개의 에지상태는 시간반전 대칭성에 의해 크라머스

(Kramers) 축퇴되어 있다. 이렇게 크라머스 정리에 의해 축퇴되어 있는 상태의 쌍을 **크라머스 쌍**(Kramers pair)이라고 부른다. 그리고, 시간반전 대칭성의 존재(즉, 비자성 물질에서 외부자기장 0인 경우)가 위상학적 절연체의 필수이므로, 외부 자기장을 인가하여 시간반전 대칭성을 없애면, 위상학적 절연체 상태가 깨져버린다.

2차원 위상학적 절연체의 에지상태의 밴드 구조

위에서 논의한 에지상태는 밴드 구조에서 어떤 식으로 나타날까 논의해보자. 에지상태를 조사하기 위해서는 에지상태를 가지는 계의 형성, 예를 들면 반평면 형태의 계를 생각한다. 이러한 반평면 계에서 나타나는 통상의 절연체와 위상학적 절연체의 밴드 구조의 모식도를 **그림 7.4**에 나타내었다. 페르미 에너지는 벌크의 갭 내부, 즉, **그림 7.4**에서 전도대와 가전자대 사이에 있다고 하자. 에지를 따르는 방향의 병진 대칭성은 남아 있으므로, 이 방향의 파수 $\boldsymbol{k}$를 양자수로 하고, 이것을 횡축으로 하자.

일단 위상학적 절연체에서 나타나는 에지상태의 밴드 구조의 예를 **그림 7.4**(b)에 나타내었다. 그림에서 보듯이 위상학적 절연체의 에지상태는 전도대와 가전자대를 연결하는 것처럼 되어 있다[42–44]. 여기에서 시간반전 대칭성에 의해, 에지상태의 분산은 $k=0$에 대하여 서로 대칭이고, 대칭점에서는 서로 반대 방향의 스핀을 가진다는 것을 주의해 두자. 한편, 통상적인 절연체의 경우는 에지상태가 없을 가능성이 있고, 벌크의 밴드 구조에 갭이 열려 있다. 그리고 에지상태를 가지는 경우도 있지만, 이 경우도 **그림 7.4**(a)와 같이 벌크의 전도대에서 나와서 전도대로 (혹은 가전자대에서 나와 가전자대로) 돌아가는 분산으로 나타난다. 그리고 에지가 존재하면 공간반전 대칭성이 깨지므로, 스핀궤도 상호작용에 의해 에지상태는 **그림 7.4**(a)와 같이 스핀 분열된다. 이것은 표면 등 공간반전 대칭성이 깨진 계에서 널리 보이는, **라쉬바 효과**(Rashba effect)로 불리는 스핀 분열에 해당한다.

통상의 절연체(**그림 7.4**(a))와 위상학적 절연체(**그림 7.4**(b))는 벌크의 갭이 닫히지 않는 한 연속적인 변형에 의해서 서로 바뀔 수 없다. 그러므로, 이 두 물질은 서로 다른 상(phase)에 해당한다. **그림 7.4**(b)에서는 $k=0$에서 에지상태의 분산이 교차하고 있는데, 시간반전 대칭성을 깨지 않는 범위 내에서 섭동(perturbation)이 있어도 에지상태의 갭이 열리는 일은 발생하지 않는다[48, 49]. 이것은 $k=0$에서는 크라머스 정리에 의해서 전체의 상태가 2중 축퇴되어야 하기 때문이다.

좀 더 정확하게 설명하자면, 위상학적 절연체에서는, 페르미 에너지에 있는 크라머스 쌍의 수가 기함수, 통상의 절연체에서는, 페르미 에너지에 있는 크라머스 쌍의 수가 우함수라는 것이 증명되었다[48,49]. **그림 7.4**를 보면 그것이 성립한다는 것을 알 수 있다. **그림 7.4**(a)에서는 페르미 에너지의 위치가 갭 내부에서 변한다 하더라도, 에지상태의 크라머스 쌍의 수가 0개 혹은 2개가 되어, 언제나 짝수가 된다는 사실을 알 수 있다. 위상학적 절연체에서는 크라머스 쌍의 수가 홀수(**그림 7.4**(b)에서는 1개)이다. 또한, 위상학적 절연체에서 크라머스 쌍의 수가 반드시 홀수라는 것으로부터, 일반적으로 위상학적 절연체에서는 반드시 갭이 없는 상태가 존재한다고 이야기할 수 있다. 즉, 갭의 내부에 페르미 에너지가 어디에 있든, 에지상태의 크라머스 쌍은 기함수, 즉 1개 이상이

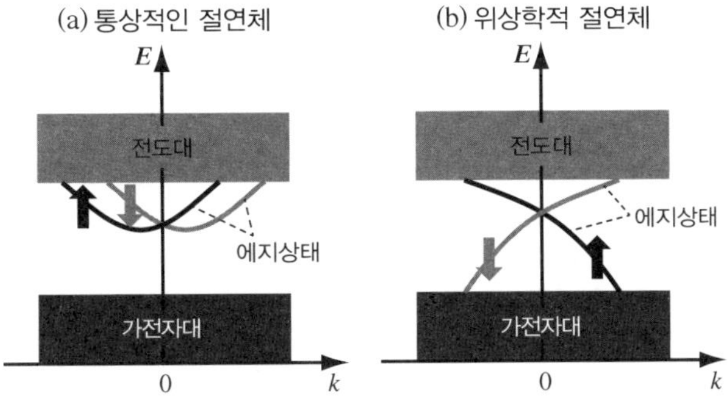

그림 7.4 2차원에서의 (a)통상의 절연체와 (b)위상학적 절연체의 밴드구조 모식도.

존재해야 한다.

에너지 분산으로부터 입자의 속도가 $v=\frac{1}{\hbar}\frac{dE}{dk}$로 나타나므로, 위상학적 절연체의 에지상태(**그림 7.4**(b))를 실공간에 표시하면, **그림 7.5**(a)에 나타내는 것과 같은 형상이 된다. 이 그림으로부터 알 수 있는 위상학적 절연체 에지상태의 특징은, 비자성 불순물에 의해 후방 산란(이동방향의 반대 방향으로 산란) 되지 않는다는 것이다[50,51](**그림 7.5**(b1)(b2)). 에지상태는 서로 반대 방향의 스핀이 반대 방향으로 전파하는 상태라는 것을 생각한다면, 후방으로 산란한 전자는 반드시 그 스핀의 방향이 바뀌어야 하나, 비자성 불순물은 스핀 반전을 시킬 수 없으므로, 후방 산란이 금지되는 것이다. 이것을 **그림 7.4**(b)에 대응시켜 얘기해보면 다음과 같이 된다. **그림 7.4**(b)에서 갭 안에 페르미 에너지가 있다면, 페르미 에너지 상에 2개의 에지상태가 존재하게 된다. 불순물은 탄성 산란(elastic scattering)을 일으키기 때문에, 하나의 에지상태로부터 다른 에지상태로 산란시킨다. 그런데 위상학적 절연체의 경우, 시간반전 대칭성으로부터 이 두 개의 에지상태는 서로 스핀의 방향이 반대이므로, 이 두 상태 사이에서의 비자성 불순물에 의한 산란은 시간반전 대칭성에 의해 금지된다. 이렇듯 에지상태는 시간반전 대칭성을 가진 섭동(perturbation)에 대해 안정하고, 후방 산란이 일어나지 않는 갭이 없는 상태 그대로 존재한다. 이것을 에지상태의 위상학적 보존이라고 부른다. 이러한 분산에 대응한 성질은 HgTe 양자우물계에서 실제 관측되었다[52, 53]. 여기에서 만일 에지에 강자성체가 근접하게 되면, 에지상태의 시간반전 대칭성이 깨지므로, 에지상태에 갭이 발생하게 된다[54].

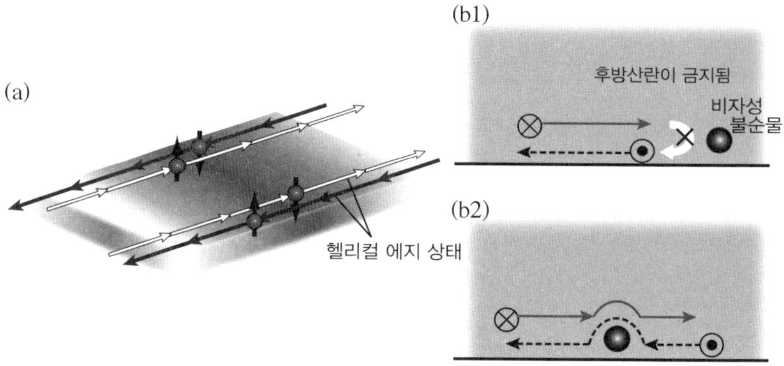

그림 7.5 2차원 위상학적 절연체 에지에서의 불순물 산란

위상학적 숫자(topological number)

다음으로, 위상학적 절연체를 어떠한 위상학적 숫자로 특징지을 수 있을지 생각해보자. 위상학적 절연체의 경우 위상을 분류하는 방법은, 벌크갭이 닫히지 않은 상태에서 시간반전 대칭성을 유지한 채로 (즉, 비자성 절연체인 상태로) 해밀토니안을 연속적으로 변형시켜, 서로 바뀔 수 있는지를 생각하여 분류한다. 이러한 변형에 의한 분류를 특징짓는 것이 바로 Z_2 **위상학적 불변량**(Z_2 topological invariant), 혹은 Z_2 **위상학적**

숫자(Z_2 topological number) ν[42,48,49]라고 부르는 것들이다. 2차원에서 Z_2 위상학적 숫자는 $\nu=0$과 $\nu=1$의 두 개의 값을 취하고, $\nu=0$이 통상의 비자성 절연체, $\nu=1$이 2차원 위상학적 절연체에 대응한다. Z_2라는 것은 mod 2, 즉, 2로 나눈 나머지가 동일한 것들을 같은 그룹으로 분류한다는 것으로, 이것에 의해 짝수와 홀수 두 개의 집합으로 나누어진다. 짝수와 홀수가 각각 $\nu=0$과 $\nu=1$에 대응한다.

Z_2 성질이 어떤 식으로 나오는 것인가를 아래에서 논의해보자. 실제 증명은 논문 [48], [49]에 있는데, 그것을 단계적으로 따라가는 것보다 여기에서는 직관적으로 이해할 수 있도록 설명해보도록 한다. 일단, 앞 절에서 얘기한 것과 같이 2차원 위상학적 절연체를 양자홀계 2개를 중첩해서 구성한다고 생각해보자. 이전에는 $\mathrm{Ch}_\uparrow=+1$, $\mathrm{Ch}_\downarrow=-1$를 예로 들었지만, 좀더 일반적으로 $\mathrm{Ch}_\uparrow=-\mathrm{Ch}_\downarrow=N$이 0이 아닌 정수인 경우를 생각해보자. 이렇게 하면, 다운스핀의 에지상태가 반시계 방향으로 N개 존재하고, 업스핀의 에지상태가 시계 방향으로 N개 존재하는 상황이 된다. 그러면 각 상(phase)은 정수 N으로 특징지을 수 있고, 무한히 많은 서로 다른 상이 있는 것으로 생각할 수 있다. 그러나 위에서 설명한 것과 같이, 실제 위상학적 숫자는 0, 1 두 개의 숫자밖에 얻을 수 없으므로, 상의 종류는 두 종류밖에 없다. 이러한 차이는 도대체 어디에서 오는 것일까?

실은 지금까지 설명한, 업스핀과 다운스핀의 계를 중첩시킨다는 관점은, 특정한 방향(**그림 7.3**에서는 면의 수직 방향)의 스핀이 보존량이며 두 개의 스핀상태는 서로 섞이지 않는다는 가정하에 성립된 관점이었다. 일반적으로 스핀궤도 상호작용이 있다면, 스핀은 보존량이 아니게 된다. 그로 인해 스핀의 보존을 가정하지 않고, 시간반전 대칭만 가정한 경우에 어떠한 위상학적 분류가 있을까를 생각할 필요가 있다. 일반적으로 스핀이 보존량이 아니라고 한다면, 업스핀과 다운스핀의 에지상태가 서로 섞여서, 어떤 경우는 갭이 열려 버린다. 그러나 한편으로는 시간반전 대칭성이 유지되어 갭이 열리지 않는 경우도 있다. 이러한 사고의 결론으로, N이 홀수냐 짝수냐에 따라서 분류가 된다는 사실을 알 수 있다[48, 49]. N이 홀수인 경우는 갭이 없는 상태의 쌍이 적어도 1개가 남아서, 이것은 위상학적 숫자에서 $\nu=1$인 경우, 즉, 위상학적 절연체에 대응한다. 한편, N이 짝수인 경우는 일반적으로 갭이 없는 상태가 사라지므로, 이것은 Z_2 위상학적 숫자에서 $\nu=0$인 경우, 즉, 통상의 절연체에 대응하게 된다.

이러한 Z_2 성질이 어떤식으로 발현되는지는 다음과 같이 아주 간편한 방법으로 알아볼 수 있다. 일단 $N=1$인 경우를 생각해보면, 에지상태의 밴드 구조는 **그림 7.6**(c)와 같이 된다. 에지상태는 벌크의 밴드갭 내부에 존재하고, 더욱이 업스핀과 다운스핀의 속도가 서로 다른 부호를 가지므로, 기울기가 역이 된다. 두 개의 에지상태는 서로 상대의 시간반전이 되므로, 이것은 $k=0$에 대해서 선대칭이 된다. 여기에서 $k=0$인 점은 크라머스정리에 의해, 시간반전 대칭성으로부터 2중 축퇴되어야 하므로, 시간반전 대칭성이 깨지지 않는 한 축퇴는 사라지지 않는다. 이로인해 에지상태가 점 $k=0$에서 갭이 벌어지지 않고 갭이 없는 상태가 된다.

다음으로 $N=2$의 경우를 생각해보면, 밴드 구조의 예는 **그림 7.6**(d)와 같이 된다. 몇 군데에서 에지상태들의 교차가 보인다. 여기까지는 스핀이 보존되는 경우에 해당하지만, 혹시 스핀이 보존되지 않는다고 하면 에지상태들의 교차점에서 상태의 혼합이 일어나고, 밴드끼리 서로 반발해서 **그림 7.6**(e)에 보인 것과 같이 교차점 부근에서 갭이 발생한다(반교차, anticrossing). 다만, $k=0$에서의 축퇴에 관련해서는 크라머스 정리로부터, 반교차 되지 않고, 2중 축퇴가 계속해서 유지되어야 한다는 것을 유념하자. 그 결과 에지상태 전체로 보면 갭이 열리기 때문에 계는 통상의 절연체가 된다. 이러한 예를 몇 가지 보자. N이 홀수인 경우에는 어떠한 혼합이 일어나도 반드시 에지상태가 남는다는 것을 알 수 있다. 그 예로, $N=3$의 경우를 **그림 7.6**(a)에 나타내었다. 여기에서 스핀혼합을 넣어도, $k=0$에서는 2중 축퇴가 남아야 하므로 **그림 7.6**(b)와 같이 갭이 없는 상태가 되는 것을 알 수 있다. 한편 $N=2$의 예에서 본것과 같이 N이 짝수일 때, 경우에 따라서 에지상태는 밴드갭을 열어버린다.

이것으로부터, Z_2 위상학적 숫자 ν의 값으로서 N이 홀수인 경우는 $\nu=1$, N이 짝수인 경우는 $\nu=0$에 대응시킬 수 있다. 다시 말하면, $\nu=0$인 경우는 적어도 1개의 갭이 없는 에지상태의 쌍이 있다는 것을 알 수 있다. 한편, $\nu=0$의 경우는 갭이 없는 에지상태가 아예 존재하지 않거나, 짝수 쌍 존재하게 되지만, 후자의 경우에도 비자성 불순물 등 비자성 섭동이 추가되면 에지상태는 일반적으로 갭을 열게 된다(**그림 7.7**)[48, 49].

이렇듯 Z_2 위상학적 숫자 ν는 에지상태의 정보를 나타내고 있다. 중요한 점은 이것이 벌크의 파동함수로부터 결정된다는 것이다. 즉, 이러한 에지상태는 '벌크의 위상학적 질서'에 기인하고 있다. 다시 말하면,

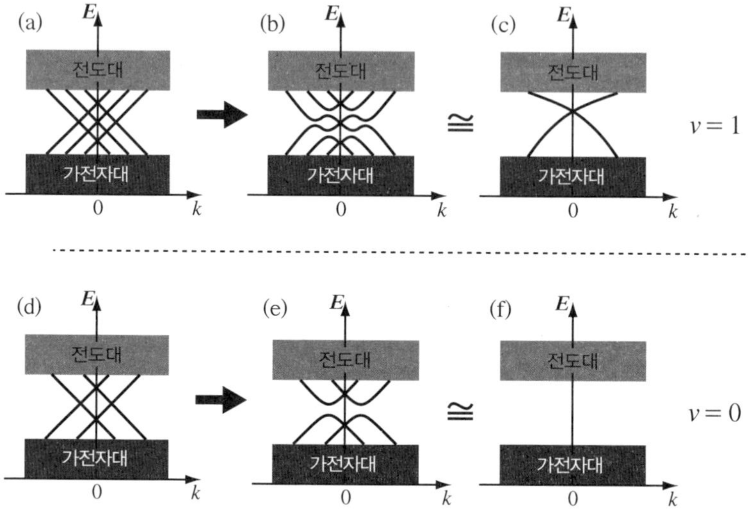

그림 7.6 스핀이 보존되지 않음으로 인하여 발생하는 에지상태 밴드구조의 변화. (d) $N=2$의 경우는 (f) $N=0$으로 귀결되고, 이것은 통상의 절연체($v=0$)에 해당한다. 한편, (a) $N=3$의 경우는 (c) $N=1$으로 귀결되고, 이것은 위상학적 절연체($v=1$)에 해당한다.

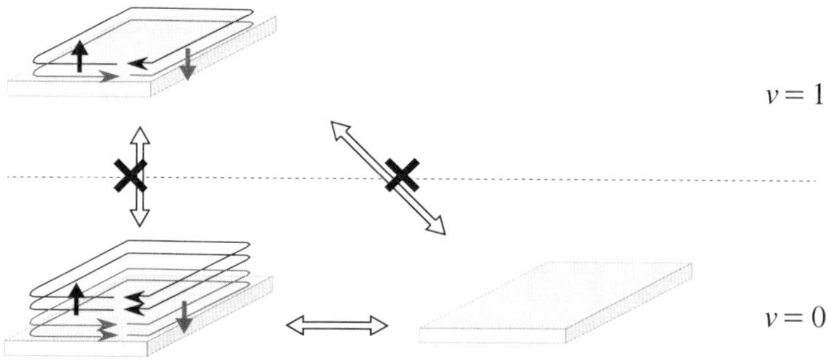

그림 7.7 위상학적 절연체($v=1$)와 통상의 절연체($v=0$).

에지의 특성에 유래하지 않고 벌크의 성질에 의해서 위상학적 절연체인가, 혹은 통상의 절연체인가가 결정된다는 것이다. 덧붙여 말한다면, Z_2 위상학적 숫자 v는 벌크의 계(무한계)의 전자 밴드 계산으로부터 계산 가능하다. 그 방법을 다음에서 설명한다.

벌크(무한계)의 계산에서는, 계의 형상에 에지나 표면이 없으므로, 에지·표면상태가 나타나지 않는다. 다시 말하면, 벌크의 전자 상태 계산에 있어서는, 통상의 절연체든 위상학적 절연체든, 똑같이 갭이 열린 밴드 구조가 되므로, 벌크의 밴드 구조를 보는 것만으로는 양자의 구별이 되지 않는다. 사실, 위상학적 숫자는 벌크의 슈뢰딩거 방정식의 고유 에너지가 아니라, 오히려 고유 상태(파동함수)의 정보에 관계하고 있다. 이 때문에, 벌크의 밴드 구조를 본다고 해도, 위상학적 절연체인지 아닌지 구분이 되지 않는다.

여기서는 Z_2 위상학적 숫자의 계산 방법을 간략히 설명한다. Z_2 위상학적 숫자의 도출은 양자홀계에서 도입했던 러플린 사고실험과 같은 형태로 접근한다. 계를 **그림 6.5**와 같이 주기적이라고 하고, 자속을 0부터 자속양자의 절반 $\phi_0/2=h/2e$까지 증가시키는 경우에 시간반전편극(time–reversal polarization)이라는 양이 어느정도 변화하는지를 계산한다[48]. 시간반전편극은 시간반전대칭인 계에서 정의되는 양으로써, 2로 나눈 나머지(mod 2)로 정의되어 0이나 1의 값을 가진다. 그 수치가 자속 변화에 대하여 변화하는 경우를 $\nu=1$, 불변의 경우를 $\nu=0$이라고 부른다. 자세한 설명은 너무 복잡하므로 여기에서는 하지 않고 결과만 얘기하겠다[48].

일단, 페르미 에너지 이하의 밴드의 개수를 $2N$개($\boldsymbol{N}$: 정수)로 하고, 이 밴드들의 블로흐 고유상태 $|u_{n,k}\rangle(n=1, 2, \cdots, 2N)$에 관하여, $2N\times 2N$행렬 $\omega(\boldsymbol{k})$를

$$\omega_{mn}(\boldsymbol{k}) \equiv \langle u_{m,-\boldsymbol{k}} | \Theta | u_{m,\boldsymbol{k}} \rangle, \quad m, n = 1, \cdots, 2N \tag{7.16}$$

으로 정의한다. 그러면, Z_2 위상학적 숫자 ν는 이 행렬 $\omega(\boldsymbol{k})$의, TRIM $\boldsymbol{k}=\Gamma_i$에서의 수치 행렬식과 파피앙(Pfaffian)을 이용해서,

$$(-1)^{\nu} = \prod_{i=1}^{4} \frac{\mathrm{Pf}(\omega(\Gamma_i))}{\sqrt{\det(\omega(\Gamma_i))}} \tag{7.17}$$

가 된다. 우변은 $\boldsymbol{k}$를 4개의 TRIM으로 생각하고 곱한 것으로, $\boldsymbol{k}$가 TRIM과 동등한 경우 $\omega(\Gamma_i)$는 반대칭 유니타리 행렬이 된다. 이것으로부터, 파피앙과 Pf가 정의될 수 있다. 파피앙의 2승은 행렬식과 동등하므로, 이 식의 값은 ± 1이 되어, 식 (7.17)로부터 각각 $\nu=0$과 $\nu=1$에 대응하게 된다. 그리고 이 식의 행렬식 det의 평방근에 대해서는 부호를 취하는 방법이 두 가지가 있으므로 지정해둘 필요가 있는데, 행렬식의 평방근이 브릴루앙 영역의 절반의 영역 전체에서 연속이 되도록 취한다. 식 (7.17)을 보면, TRIM의 네 점에서만 파동함수를 계산하면 될 것 같이 보이지만, 실은 그렇지 않다. 행렬식 평방근의 분기(branch) 선택 방법을 지정하기 위해서는 브릴루앙 영역 절반의 영역 전체에서 파동함수를 계산해서, 그 값이 연속이 되도록 할 필요가 있다(그리고 여기까지의 계산은 공간반전 대칭성이 없는 경우를 가정한 경우로, 이 경우 TRIM 이외는 일반적으로 축퇴가 없기 때문에 **그림 7.8**(d)), 위 계산은 문제 없이 실행 가능하다).

그리고 공간반전 대칭성이 존재하는 계에서는 계산 방법이 극적으로 간략화된다[49]. 이 계산 방법을 설명하면 다음과 같다. 공간반전 대칭성이 있는 경우는, 각 TRIM은 공간반전 대칭 조작에 대하여 불변

$(\boldsymbol{k} \equiv -\boldsymbol{k})$이므로, TRIM에 있어서 파동함수는 $Pu_k(\boldsymbol{r}) = u_k(-\boldsymbol{r}) = \pm u_k(\boldsymbol{r})$을 만족한다(다시 말하면, P와 해밀토니안이 동시대각화 가능하다). 이러한 ±부호를 패리티 고유치라고 부르고, $P^2 = 1$로부터 패리티 고유치는 +1 혹은 −1이 된다. 그리고 에너지가 낮은 상태로부터 페르미 에너지까지의 상태를 순서대로 $m = 1, 2, \cdots, 2n$으로 번호를 붙이고, 아래에서부터 m번째 상태의, TRIM $\boldsymbol{k} = \Gamma_i$에서의 패리티 고유치를 $\xi_m(\Gamma_i)$라고 쓰자. $(2m-1)$번째의 상태와 $2m$번째의 상태는 **그림 7.8**(c)에 나타낸 것과 같이 크라머스 축퇴되어 있어, 이들의 패리티는 공통이다 $(\xi_{2m} = \xi_{2m-1})$. 이것들을 각 크라머스 쌍으로부터 하나씩 중복되지 않도록(즉, $2m$번째의 상태만 취해서), 특정 TRIM $\boldsymbol{k} = \Gamma_i$에서 페르미 에너지 이하의 상태 전부에 대해서 패리티의 곱을 계산한다 : $\delta_i = \prod_{m=1}^{N} \xi_{2m}(\Gamma_i)$. 더 나아가 이것들을 4개의 TRIM에 대해서 곱을 취해서 $(-1)^{\nu} = \prod_{i=1}^{4} \delta_i$라고 하자. 이 식의 값은 ±1로서, 이 ν가 위에서 얘기한 위상학적 숫자 $\nu = 0, 1$이 된다. 이 경우 공간반전 조작의 원점(반전중심)을 취하는 방법을 바꾸면, 각각의 TRIM에서의 페리티 고유치는 변화하지만, 4개의 TRIM의 곱을 취한 값은 불변이므로, 반전중심을 취하는 방법과는 관계가 없게 된다.

예를 들면, 전부의 TRIM에서 가전자대 고유상태의 패리티가 +1이라고 하면, $\nu = 0$에서 통상의 절연체가 된다. 여기에서 만일 전도대의 특정 밴드의 특정 TRIM에서의 패리티가 −1이라고 하고, (외부 파라미터의 변화등에 의해서) 계를 차츰 변화시켰을 때, 그 TRIM에서 이 전도밴드와 특정 가전자밴드의 에너지가 반전되었다고 하자. 이 경우, 일단 밴드갭이 닫혔다가 재차 열리게 된다. 이것에 의해 페르미 에너지보다 아래

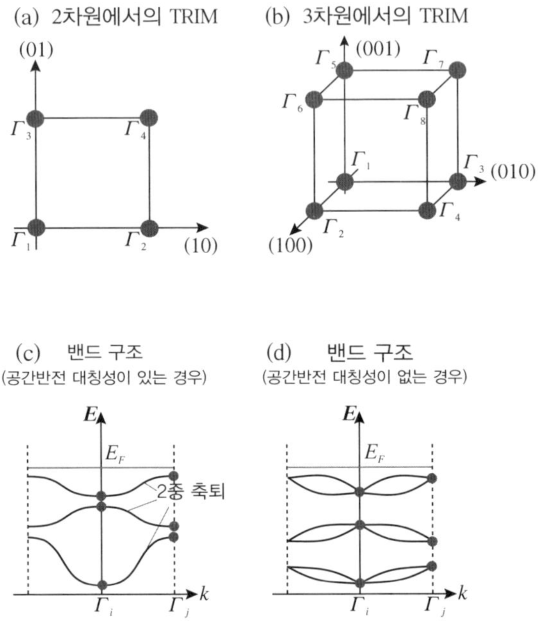

그림 7.8 (a)2차원 및 (b)3차원에서의 TRIM. (c), (d)는 각각, 공간반전 대칭성이 있는 경우와 없는 경우의 밴드 구조의 모식도로서, 두 경우 모두 시간반전 대칭성을 가정하고 있다.

의, 전자가 들어있는 밴드의 패리티가 반전하기 때문에, 위의 계산 방법으로부터 Z_2 위상학적 숫자가 변화한다. 이렇듯 역부호의 패리티를 가진 밴드들이 전도밴드와 가전자밴드 사이에서 서로 바뀌는 것을 **밴드 반전**(band inversion)이라고 부른다(그리고 이 경우는, 패리티가 역부호이므로 밴드들의 준위반발이 일어나지 않고, 도중에 일단 밴드갭이 닫힐 수 있게 된다). 위상학적 숫자가 변화하기 위해서는, 갭이 일단 닫혀서 밴드 반전을 일으키는 것이 필요하다. 다시 말하면, $\nu=0$과 $\nu=1$은 서로 다른 상(phase)에 해당하므로, 이 두 상들 사이에는 벌크의 갭(비자성 절연체 상태)을 유지한 채로 연속 변형은 불가능하다.

7.3 3차원 위상학적 절연체

3차원 위상학적 절연체[45, 49]의 경우, **그림 7.8**(b)에 나타낸 것과 같이 TRIM은 8개가 존재하고, 각 TRIM $\boldsymbol{k}=\Gamma_i$에서의 지수가 2차원과 마찬가지로,

$$\delta_i = \prod_{m=1}^{N} \xi_{2m}(\Gamma_i) \tag{7.18}$$

로 정의된다. 3차원의 경우는, 이 지수로부터 Z_2 위상학적 숫자를 $\nu_0, \nu_1, \nu_2, \nu_3$ 4개로 정의할 수 있다. $\nu_0, \nu_1, \nu_2, \nu_3$는 각각 0이나 1의 값을 취하므로, 정리해서 $\nu_0;(\nu_1\nu_2\nu_3)$로 쓴다 이런 것들은 다음과 같이 정의된다.

$$(-1)^{\nu_0} = \prod_{i=1}^{8} \delta_i \qquad (-1)^{\nu_j} = \prod_{i=(n_1 n_2 n_3),\, n_j=1} \delta_i \tag{7.19}$$

즉, ν_0는 전체의 TRIM에서의 지수 δ_i의 곱으로부터, 다른 ν_j ($j=1, 2, 3$)는 각각, 역격자 공간에서의 면 $\boldsymbol{k}=1/2(n_1\boldsymbol{G}_1+n_2\boldsymbol{G}_2+n_3\boldsymbol{G}_3)$, $n_j=1$상의 TRIM 4개에 관련된 δ_i의 곱으로 정의된다. 그 결과로서, $\nu_0;(\nu_1\nu_2\nu_3)$는 16개의 가능성이 있게 되고, 따라서 16개의 서로다른 상(phase)을 정의할 수 있게 된다.

이러한 Z_2 위상학적 숫자로부터, 임의의 결정표면의 표면상태에 어떠한 페르미면이 나타날까 하는 정보를 다음과 같이 얻을 수 있다. 벌크의 브릴루앙 영역으로부터 표면 방향에 사영(projection)시키면, 벌크의 8개의 TRIM은 표면의 브릴루앙 영역에서의 TRIM 4개로 사영된다. 이 경우에 같은 표면 TRIM으로 사영되는 2개의 bulk TRIM 지수 δ_i끼리 곱

한다. 이렇게 해서 생긴 지수의 곱은, 각표면 TRIM에 대해서 ±1이 된다. 이 지수의 곱으로부터, 표면상태의 페르미면에 대하여

- 지수의 곱이 같은 표면 TRIM 사이에는 짝수 개수의 표면 페르미면
- 지수의 곱이 서로 다른 표면 TRIM 사이에는 홀수 개수의 표면 페르미면

이 존재한다는 것이 알려져 있다. 여러 종류의 위상학적 절연체에 대하여, 위 논의가 실험에서 얻은 페르미면에 부합한다는 사실이 증명되었다.

이러한 사항을 종합해보면, 4개의 위상학적 숫자 중에 ν_0이 1인 경우에는, 어떤 방향의 표면에도 반드시 하나의 표면 페르미면이 존재한다는 사실을 알 수 있다. 즉, 어떤 방향의 표면이든 반드시 표면 상태가 갭이 없는 상태가 된다. 한편, 위상학적 숫자 ν_0가 0인 경우에는, 특정 방향의 표면에 대해서는 표면 페르미면이 하나도 없고, 표면 상태에 갭이 열려 있다. 이로부터 $\nu_0=1$의 경우를 **강한 위상학적 절연체**(strong topological insulator), $\nu_0=0$의 경우 **약한 위상학적 절연체**(weak topological insulator)라고 부른다[45]. 그리고 약한 위상학적 절연체는, 2차원 위상학적 절연체를 층상으로 적층한 계(단, 층간의 결합이 약하다고 하자)로 볼 수 있다. 한편, 강한 위상학적 절연체는 그런 식으로 볼 수 없고, 3차원성이 본질적인 역할을 나타내게 된다.

이렇게 지수로 나타내는 방식의 물리적인 의미를 생각하기 위해 다음의 예를 생각해보자. 예를 들면, 통상의 절연체로부터 출발해서, 밴드

를 서서히 변화시켜서 어디선가의 TRIM에서 밴드 반전을 일으켰다고 하면, 그 점의 주변을 둘러싼 표면 페르미면을 생각할 수 있다. 즉, 이러한 지수 표현 방식은 말할 것도 없이 밴드 반전이 일어나 있는가 아닌가를 판정하는 것이라고 생각해도 좋다. 예를 들면 Bi_2Se_3이나 Bi_2Te_3의 경우는 벌크 상태의 밴드 계산으로부터 위상학적 숫자가 1; (000)으로 얻어진다[55]. 이 경우 (111)표면의 표면 TRIM은 $\overline{\Gamma}$점 1개와 $\overline{M}$점 3개로 나오지만, 이 면에 투영된 지수의 곱은 $\overline{\Gamma}$점만 음수이고, 나머지는 양수가 된다(그리고 게이지를 취하는 방법(공간반전 조작의 반전중심)을 바꾸면 일부의 지수 δ_i의 부호가 바뀌는 경우가 있지만, 그 이하의 결론은 불변이다). 그 때문에 아주 당연한 가능성으로서, $\boldsymbol{k}=0$($\overline{\Gamma}$점)만을 둘러싸는 하나의 표면 페르미면이 있는 경우를 생각할 수 있다. 실제 실험이나 제1원리 계산에서 얻어진 표면 상태는, **그림 7.9**에 나타낸 것과 같이 근사적으로 선형의 분산을 가지는 디랙콘이 되어 , 확실하게 $\boldsymbol{k}=0$($\overline{\Gamma}$점)을 둘러싼 하나의 표면페르미면이 있어서 Z_2 위상학적 숫자로부터 계산한 결과와 일치하고 있다. 그리고 2차원 위상학적 절연체의 에지상태(**그림 7.4**(b))의 밴드 분산에 대해 앞에서 설명하였지만, 이 3차원 위상학적 절연체의 표면 상태는 그 파수의 차원을 하나 올린 것에 대응하고 있다. 다시 말하면, **그림 7.4**(b)에서 파수를 2차원적으로 하기 위해서 종축을 기준으로 회전하면, 여기서 얘기한 3차원 위상학적 절연체 표면 상태의 디랙콘(**그림 7.9**)이 된다.

파수 $\boldsymbol{k}$의 1차까지 쓰면, 디랙콘을 나타내는 해밀토니안은

$$H=\lambda(\boldsymbol{\sigma}\times\boldsymbol{k})_z=\lambda\begin{pmatrix} 0 & k_y+ik_x \\ k_y-ik_x & 0 \end{pmatrix} \tag{7.20}$$

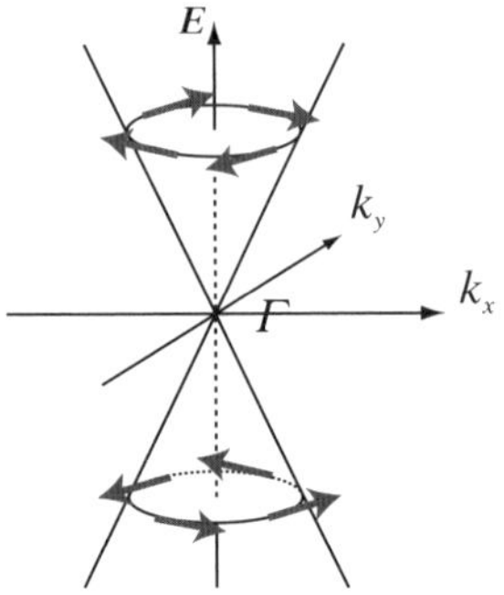

그림 7.9 3차원 위상학적 절연체 표면의 디랙콘. 화살표는 스핀의 방향을 나타냄.

이라고 쓸 수 있다. 여기에서 $\boldsymbol{k}=(k_x, k_y)$는 표면 방향의 파수로서, z는 표면의 법선 방향을 나타내고 있다. λ는 상수에 해당한다. 이것을 대각화하면 에너지 고유치는 $E=s\lambda k,\ \ s=\pm 1$이 되며, 선형분산을 가지고 있는 디랙콘을 형성한다. 그리고 그 고유 상태는

$$\Psi_{sk} \propto \begin{pmatrix} 1 \\ -is(k_x+ik_y)/k \end{pmatrix} \tag{7.21}$$

가 되므로, 스핀은 $\langle \Psi_{sk} | \boldsymbol{\sigma} | \Psi_{sk} \rangle = s(k_y/k, -k_x/k, 0)$이 되어, 항상 파수 $\boldsymbol{k}$에 수직이 된다(**그림 7.9**). 또한 속도는 $v=1/\hbar \cdot \partial E/\partial k$로 구할 수 있으므로, **그림 7.9**의 경우는 스핀의 방향을 $+90^\circ$ 회전한 방향이 속도의 방향과 반드시 일치하게 된다. 또한, 빠르기는 항상 λ와 같다. 즉, 디랙콘을 이루고 있는 전자의 속도와 스핀은 하나를 결정하면 다른 하나가 저절로 결정되는 관계에 있다. 그리고 이것은 파수 $\boldsymbol{k}$의 1차항까지 남긴 근사로서, 실제는 파수 $\boldsymbol{k}$의 고차항의 결과에 의해, 페르미면도 완전한 원이 아니고, 또한 스핀의 방향도 파수벡터와 수직인 방향에서 조금 어긋나게 된다(그리고 표면에 수직한 반사면에 대하여 거울반사 대칭성이

있는 경우, 그 반사면상의 파수에는 스핀과 파수가 반드시 수직이 된다).

디랙콘 형태의 분산은, 예를 들면 그래핀의 벌크 밴드 구조에도 나타나지만, 그래핀에는 (a)스핀이 축퇴되어 있고, (b)브릴루앙 영역 내에 2개(K, K′점)의 디랙콘이 있다라는 두 가지 점에서 위상학적 절연체와는 다르며, 이것이 여러 가지 물성의 차이를 만들어낸다. 특히, 위상학적 절연체의 디랙콘은 스핀축퇴가 아니라, 각 상태가 결정되어 있는 스핀 상태를 가지므로, 스핀과 관계된 특이한 물성 현상이 기대되고 있다. 또한 Bi_2Se_3의 표면 등에서 나타나는, 디랙콘이 브릴루앙 영역 내부에 1개만 존재하는 상태는, 순수한 2차원계에서는 실현되지 않는다. 왜냐하면, 순수한 2차원계에서는 브릴루앙 영역 내부의 디랙콘의 개수가 반드시 짝수 개가 된다는 것이 이론적으로 알려져 있기 때문이다[56]. 이것으로부터, 디랙콘이 1개 존재하는 표면 상태는 위상학적 절연체 표면의 특별한 상태임을 알 수 있다.

7.4 표면 상태의 특이한 성질

앞에서 설명한 것과 같이 2차원 위상학적 절연체에서는 서로 반대 방향 스핀이 서로 반대 방향으로 전파되고 있어, 비자성 불순물은 일절 후방 산란을 일으키지 않는다. 한편, 3차원 위상학적 절연체에서는 완전 후방 산란(입사 방향에서 180도 방향을 바꾸는 산란)이 시간반전 대칭성에 의해 금지된다(**그림 7.10**(a)). 하지만 그 외의 후방산란(180도가 아닌 산란)은 금지 되지 않고 제어될 수 있다(**그림 7.10**(b)). 이 때문에, 확산적인 전도이긴 하지만, 전도성에는 디랙콘의 특성이 남게 된다. 그리

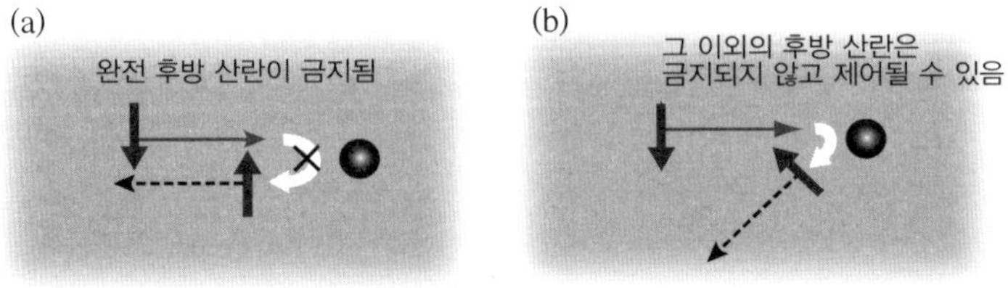

그림 7.10 3차원 위상학적 절연체 표면에서의 비자성 불순물에 의한 불순물 산란.

고 이 경우, 디랙콘이 단 1개이므로 앤더슨 국소(Anderson localization)는 금지된다고 여겨진다[57–59].

디랙콘의 꼭짓점에서의 2중 축퇴는 시간반전 대칭성에 의한 크라머스 축퇴이므로, 외부 자기장의 인가나 자성막 접합 등의 방법으로 시간반전 대칭성을 깨면, 디랙콘의 꼭짓점에 갭을 열 수 있다. 예를 들면, 식 (7.20)에서 표면에 수직한 방향의 자기장을 제만 분열(Zeeman splitting) $-B\sigma_Z$로서 식에 넣으면,

$$H = \lambda(\boldsymbol{\sigma} \times \boldsymbol{k})_z - B\sigma_Z \tag{7.22}$$

가 되어, 에너지 고유치는

$$E = \pm\sqrt{\lambda^2 k^2 + B^2} \tag{7.23}$$

이 되고, 디랙콘의 꼭짓점에 크기 $2|B|$의 갭이 열리게 된다. 이것은 정확히 6.1절에서 취급한 2차원 massive 디랙페르미온과 같은 형태이다(행렬표시는 6.12절과 조금 다르지만, 유니타리 변환에 의해 서로 변환된다). 이 상태에서 갭 사이에 페르미 에너지가 있는 경우, 표면의 홀전도율은 6.1절의 베리곡률의 계산으로부터, $\sigma_{xy} = \pm e^2/(2h)$가 되어, 통상의

양자화수 e^2/h의 절반의 양자홀 상태가 실현된다는 것을 알 수 있다 [60, 61](그리고 실제 결정에는 표면과 뒷면이 있으므로, 실험에서는 표면과 뒷면의 기여를 합한 것이 관측된다). 또한 이것을 이용해서 전기장에 의한 홀 전류를 만들고, 그것이 자화를 여기하는 전기자기 효과를 만들어내는 것이 가능하다고 이론적으로 예측된다[60,61]. 다만, 이러한 효과를 만들어내기 위해서는 페르미 에너지가 시간반전 대칭성이 깨져서 생긴 작은 벌크 갭 사이에 와야만 하므로, 실험에서 실현되기는 쉽지 않다.

또다른 이론적 예측으로서, 위상학적 절연체 내부의 결정전위(나선전위나 칼날모양전위 등)에는 갭이 없는(금속적인) 1차원 상태가 생긴다는 예측이 있다[62]. 이 상태는 서로 다른 방향의 스핀이 서로 다른 방향으로 이동하는 상태의 쌍으로부터 생기므로, 2차원 위상학적 절연체와 같은 헬리컬 상태를 형성하고, 스핀류를 형성한다. 이러한 1차원적 갭이 없는 상태가 존재하는 조건은, 그 전위의 Burger's vector $\boldsymbol{B}$와 Z_2 위상학적 숫자가 다음의 식을 만족하는 것이다.

$$\boldsymbol{B} \cdot \boldsymbol{M} \equiv \pi (\mathrm{mod}\ 2\pi), \quad \boldsymbol{M} = \frac{1}{2}(\nu_1 \boldsymbol{G}_1 + \nu_2 \boldsymbol{G}_2 + \nu_3 \boldsymbol{G}_3) \qquad (7.24)$$

그리고 예를 들면 Bi_2Se_3이나 Bi_2Te_3의 위상학적 숫자는 1; (000)이므로, $\boldsymbol{M}=0$이 되고, 전위에는 1차원적 갭이 없는 상태가 나타나지 않는다. 1차원적 갭이 없는 상태는 표면 상태의 한 부분 같은 것으로서, 이러한 상태가 나온다는 것은 위상학적 절연체의 벌크에서의 위상학적 질서의 귀결이다.

7.5 위상학적 절연체에 관련한 실험

위상학적 절연체가 되기 위해서는 시간반전 대칭성이 필요하다. 다시 말하면, 비자성 절연체가 아니면 안된다는 말이다. 이에 더해서 Z_2 위상학적 숫자가 비자명이라는 조건이 붙는다. 하지만 앞에서 설명한 것과 같이 벌크의 밴드 구조를 본다 하더라도 통상적인 절연체인지 위상학적 절연체인지 구별이 되지 않는다. 이 때문에 비자성 절연체의 내부에 위상학적 절연체가 존재할 가능성이 있는 물질을 미리 선택하고, 그런 물질에 대하여 밴드 계산을 통해 전자의 파동함수를 계산해서, Z_2 위상학적 숫자를 알아내면 된다.

위상학적 절연체가 되기 위해서는 스핀궤도 상호작용이 강해야 할 필요가 있지만, 강하다고 이야기할 수 있는 기준이 무엇인지부터 생각해보자. 예를 들면, 실제 물질에서 스핀궤도 상호작용이 가변 파라미터라고 가정하고, 스핀궤도 상호작용을 0부터 서서히 증가시킨다고 생각해보자. 일단 스핀궤도 상호작용이 0인 절연체는, 위상학적이지 않은 통상의 절연체임이 알려져 있다. 거기서부터 스핀궤도 상호작용을 증가시키면, 경우에 따라 특정 TRIM에서 밴드 반전이 일어난다. 밴드 반전이 홀수 개의 TRIM에서 일어난다면, Z_2 위상학적 숫자가 변화해서 위상학적 절연체(2차원의 경우)나 강한 위상학적 절연체(3차원의 경우)가 된다. 밴드 반전이 하나의 TRIM에서 일어나면 Z_2 위상학적 숫자가 반전되므로, 3차원의 경우 전체로서 밴드 반전이 일어나는 TRIM의 수가 짝수인지 홀수인지에 따라, 밴드 반전 후의 상태가 약한 위상학적 절연체인지, 강한 위상학적 절연체인지 달라진다.

이것에 의해 스핀궤도 상호작용을 증가시켜 갈 때, 밴드 반전이 일어나는 것, 다시 말하면 최초(스핀궤도 상호작용이 없는 경우)의 갭의 값보다 스핀궤도 상호작용이 큰 경우는 위상학적 절연체가 된다. 다만, 스핀궤도 상호작용이 강하다고 해서 반드시 위상학적 절연체가 되는 것은 아니고, 어떤 물질이 위상학적 절연체인가 아닌가는, Z_2 위상학적 숫자를 실제 계산하면 알 수 있다. 이렇게 원래의 갭의 크기보다 스핀궤도 상호작용이 더 커진다면, 위상학적 절연체가 될 가능성이 있다. 결과적으로 얻어지는 위상학적 절연체의 갭의 크기는, 거의 스핀궤도 상호작용의 에너지 스케일에 의해 주어지고, 최대 수백 meV 정도로 예상되므로, narrow bandgap 반도체가 여기에 속한다고 생각된다.

그리고 위상학적 절연체 특유의 현상이 섭동에 대하여 어느 정도 강한가를 타나내는 위상학적 보존의 강도는 벌크갭의 크기로 정해진다. 예를 들면, 온도나 불순물 산란의 에너지 스케일이 어느 정도 작다고 하면, 위상학적 절연체로서 성질이 보호된다. 이 때문에, 갭 크기가 큰 위상학적 절연체를 찾아내는 것이 중요한 열쇠라 여겨지고 있다.

2차원 위상학적 절연체 : Bi 박막과 HgTe 양자우물

비스머스(Bi)는 스핀궤도 상호작용이 큰 반금속(semimetal)으로, 아주 작은 전자 포켓과 홀 포켓을 가지고 있다. 절연체는 아니지만, 캐리어 밀도가 아주 작아서 절연체에 가까우므로, 어떠한 조작으로 절연체화될 수 있다면 위상학적 절연체가 될 가능성이 있다고 예상된다. 실제, 박막으로 제조하면 절연체가 될 수 있다는 이론적 예상이 있고, 또한 스핀궤도 상호작용 역시 강하므로, Bi 박막은 위상학적 절연체의 후보이다[63]. 이 제안은 Bi 2층 막에 대해서 제1원리 계산으로도 확인되었는데, 실제 Bi 2층 막을 만들면 또다른 결정구조가 되기 쉬워서 실험적으로 실증하기가 용이하지 않다. 하지만, STM을 이용한 방법에 의해서 최근 실증되었다[64].

한편, 2차원 위상학적 절연체로서 실험에서 가장 많이 연구되고 있는 것은 CdTe/HgTe/CdTe 양자우물[52, 53, 55, 65]이다. 이 시스템이 위상학적 절연체가 될 수 있다라는 이론적인 예측[55] 이후, 전도도 측정[52,53]으로 실증되었다. CdTe는 GaAs등과 같은 입방정의 반도체로서, 위상학적이 아닌 통상의 절연체이지만, HgTe는 강한 스핀궤도 상호작용으로 인해 통상의 반도체와 비교하면 벌크의 전도대와 가전자대의 대칭성이 역전되어 있다. 다만, 입방 대칭성 때문에, 전도대와 가전자대 사이의 갭이 $\boldsymbol{k}=0$에서 닫혀있는 제로 갭 반도체이다. 위상학적 절연체가 되기 위해서는 벌크를 절연체로 만들지 않으면 안되므로, 입방 대칭성을 무너뜨려야 할 필요가 생기는데, HgTe의 층을 CdTe에 삽입한 양자우물구조로 만드는 것으로 입방 대칭성을 깰 수 있다. 이 양자우물에 있어서, 페르미 에너지 부근에 나타나는 상태는 E1과 H1의 두 상태로서, 이 두 상태의 Γ 점에서의 패리티는 서로 다르다. 그리고 이 두 상태의 에너지 대소관계는 HgTe층의 두께 d에 따라 달라진다(**그림 7.11**). 이 때문에, 특정 두께 $d=d_c=60$Å를 경계로 Γ 점에서 밴드반전이 일어나게 되어, $d>d_c$와 $d<d_c$가 각각 2차원 위상학적 절연체와 통상의 절연체가 된다는 것이 이론적으로 예측되었다[55](**그림 7.11**). 이것은, HgTe층의 두께 d가 $d_c=60$Å 이상이 되면, HgTe와 유사한 밴드 구조가 되고, $d_c=60$Å 이하에서는 CdTe와 유사한 밴드 구조가 된다고 직관적으로

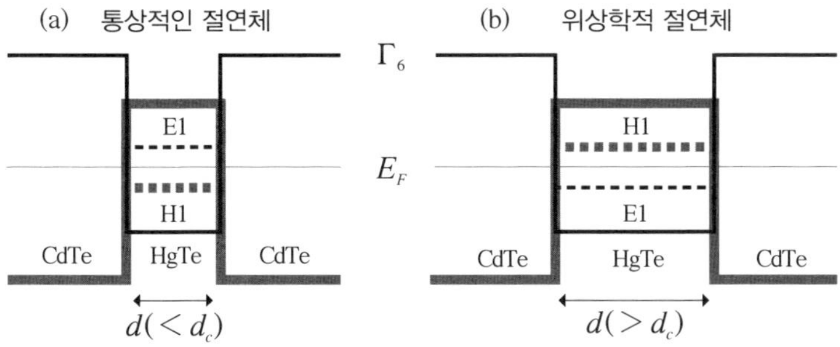

그림 7.11 HgTe양자우물 밴드구조의 모식도. (a)는 양자우물의 두께가 d_c보다 얇은 경우로서, 통상적인 절연체가 되고, (b)는 양자우물의 두께가 d_c보다 두꺼운 경우로서, 위상학적 절연체에 해당한다.

이해할 수 있다.

이 계에 게이트 전압을 인가하면 페르미 에너지를 변화시킬 수 있는데, 페르미 에너지가 벌크갭의 내부에 위치하면 2차원 위상학적 절연체가 된다. 이때, 2차원계 양측의 에지상태로부터 기여에 의해 2채널분(**그림 7.5**(a)), $2e^2/h$의 전도도를 나타낼 것으로 예상된다. 이것은 실험으로 증명되었고, 이러한 실험 결과는 확실히 후방 산란을 받지 않는 에지상태가 존재함을 의미한다[52]. 그리고 자기장을 걸면 후방 산란이 허용되기 때문에, 전도도가 급속히 작아질 것이라고 이론적으로 예측되었고, 실험적으로도 그것을 지지하는 결과를 얻었다[52]. 또한, 전류단자·전압단자의 배치를 바꾼 경우의 전도(비국소 전도)도 측정되었다. 그 결과, 단자의 배치에 따라 e^2/h에 간단한 분수를 곱한 비국소 전도도를 보인다는 것이 밝혀졌다[53]. 그 결과는 정확히, 헬리컬 상태가 전도를 담당한다고 생각한 경우의 란다우—뷔티커(Landauer–Buttiker) 공식으로부터 계산된 결과와 일치하였고, 에지상태에서는 서로 다른 방향의 스핀이 서로 다른 방향으로, 후방 산란을 받지 않고 운동하고 있다는 것이 확인되었다.

3차원 위상학적 절연체 : $Bi_{1-x}Sb_x$ 합금

반금속 Bi는 위상학적 절연체에 가까워, 초박막으로 만들면 2차원 위상학적 절연체가 된다는 것을 앞에서 설명했다. 이러한 Bi를 위상학적 절연체로 만드는 또다른 방법은, Bi에 Sb를 도핑하여 $Bi_{1-x}Sb_x$ 형태로 만드는 것이다. 이러한 도핑을 통해 x를 증가시키면 캐리어 포켓이 사라지고, $0.07 < x < 0.22$의 범위에서, 3차원 위상학적 절연체가 된다고 예측되었다[49]. 이 경우는 TRIM 중에, **L** 점에서 지수가 +1, 그 외의 TRIM에서는 −1이므로, Z_2 위상학적 절연체는 1; (111)이 된다. $Bi_{1-x}Sb_x$의 (111)표면을 생각해보면, 표면 TRIM에서의 지수는 Γ에서 +1, 3개의 M 점에서 −1이 된다. 이 때문에 표면 브릴루앙 영역에 있어서는, Γ점과 M 점의 사이에 홀수 개의 페르미면이 생긴다고 예측되었다.

페르미면의 형태나 에너지 밴드의 모양은, **각도분해광전자분광**(angle-resolved photoemissioin spectroscopy, ARPES)이라고 불리는 방법으로 측정된다. 물질 표면에 빛을 쏘이게 되면, 전자에 에너지와 운동량을 전해주며 산란되므로, 산란된 전자의 에너지를 측정하면, 물질중의, 특히 그 표면에 가까운 전자의 파수와 에너지, 즉, 밴드 구조를 직접 알 수 있다. 이러한 방법으로 표면 상태 밴드 구조를 측정한 결과, 정확히 5개[66] 혹은 3개[67]의 페르미면이 관측되어, 이것이 3차원 위상학적 절연체의 최초의 실험적 보고가 되었다. 나아가 원편광 빛을 이용함으로써, 전자의 밴드 구조의 스핀 의존성도 알 수 있다. 이 실험 방법을 스핀분해각도분해광전자분광이라고 하며, 이것을 가지고 $Bi_{1-x}Sb_x$를 측정하여[67], 표면상태에 스핀의 축퇴가 없이 각 상태가 특정 스핀의 방향을 가진다는, 즉, 이 계가 위상학적 절연체에 해당한다는 것을 증명하였다. 또한, 이 계의 각 파수에서의 스핀 상태는 **주사터널현미경**(scanning tunneling microscope, STM)에 의해 측정할 수 있다. STM은 아주 작은 금속 탐침과 시료 사이의 터널 전류를 측정하는 것으로서, 특히 전위차를 바꿔가며 측정하는 **주사터널분광법**(scanning tunneling spectroscopy, STS)에 의해, 표면의 전자 상태 밀도의 에너지 의존성을 알 수 있다. 시료상에서 탐침의 위치를 바꿔가며 측정한 STS이미지를 푸리에 변환하면, 표면의 불순물 등에 의한 산란이 파수 간 어느 정도 일어나는지 알 수 있다. 실험 결과를 보면 표면 상태가 스핀 분열되어 있는 것이 확인되며, 이것은 완전후방 산란이 금지되어 있다는 것을 시사한다[68].

3차원 위상학적 절연체: Bi_2Se_3, Bi_2Te_3

3차원 위상학적 절연체 중 가장 많이 연구된 것이 Bi_2Se_3과Bi_2Te_3이다[69–72]. 이 물질은 $Bi_{1-x}Sb_x$와 비교하면 밴드갭이 큰데, Bi_2Se_3의 경우 0.3eV가 된다. 이 물질의 표면상태의 분산이나 스핀 상태는 각도분해광전자분광[70–72]·스핀분해각도분해광전자분광에서 측정되었는데[70], 그 결과를 보면 표면 상태의 페르미면은 **그림 7.9**에 나타낸 것과 같이 $\boldsymbol{k}=0$ 점을 포함한 원이 되고, 이것은 각 점에서 특정한 스핀 방향(**그림 7.9**에서 화살표로 표시)을 가진다는 것을 의미한다. 이 경우는 밴드 계산으로부터, Z_2 위상학적 숫자는 1; (100)[69]으로 계산되고, 이것은 실험에서 측정된 표면 상태와 같다. 나아가 STS측정에 의해 표면 상태의 완전후방 산란이 금지되어 있는 것이 밝혀졌다[73]. 그리고 Bi_2Se_3의 경우에는 페르미 에너지가 디랙점에서 멀어지면, 페르미면은 원에서 멀어져, 눈(雪)과 같은 6개의 각이 있는 결정상이 되는 것을 관측하였다[74]. 이것은 페르미면의 wrapping이라고 불리는데, 실제 이론적인 대칭성 논의와도 일치한다[75]. 그리고 실제로 물질을 합성해보면, Bi_2Se_3는 n형, Bi_2Te_3는 p형으로, 자연적으로 캐리어 도핑되어 버리기 쉽다는 사실이 알려져 있다. 이 때문에, 위상학적 절연체가 되기 위해서는 갭 내부에 페르미 에너지가 오도록 캐리어의 양을 조절할 필요가 있는데, 이것은 간단한 문제는 아니다. 실제, 수송현상(transport phenomena)을 측정하면, 캐리어의 양을 조절해도 여전히 벌크의 기여가 큰 부분을 차지하는 경우가 많다. 이것을 극복하기 위해서, 양자를 혼합한 조성의 $Bi_xSb_{2-x}Te_ySe_{3-y}$ 등이 합성되어 벌크 전자 상태의 기여를 최소한으로 한 후, 표면 상태의 전도를 우세하게 하는 방법이 행해지고 있다[76].

그 외에도 많은 위상학적 절연체가 제창되어, $TlbiSe_2$ 등은, 이미 실험적으로 (111)면에서의 디랙콘이 실증되기도 하는 등[77–79], 차차 물질의 그 범위가 확대되고 있다. 구체적으로는 참고문헌 [80]을 참조하면 좋겠다.

7.6 3차원 위상학적 절연체와 마요라나 페르미온

위상학적 절연체의 표면 상태는 특이한 전도 특성을 보인다는 것을 지금까지 설명했다. 실은 표면 상태에 갭을 여는 경우에, 더욱더 재미있는 물성을 보인다는 사실이 이론적으로 제안되었다. 2차원 위상학적 절연체의 경우와 마찬가지로, 3차원 위상학적 절연체의 표면에 강자성체를 붙이면, 7.4절에 설명한 것과 같이, 표면 상태의 시간반전 대칭성이 깨져서 갭이 열리는 것을 알 수 있다. 위상학적 절연체 표면의 디랙콘 상의 전자 상태는 스핀축퇴되어 있지 않고, 각 상태가 결정된 스핀의 방향을 가지므로, 그 갭이 열리는 방식에는 강자성체의 자화 방향에의 의존성이 특이하게 발현된다. 예를 들면, 표면을 xy 평면이라고 하면, 전형적으로는 스핀의 방향은 거의 xy 평면을 향하고 있다(**그림 7.9**). 이때, 예를 들어, 부착하는 강자성체의 자화의 방향이 면에 수직 방향이라고 한다면, 식 (7.22)와 같이 되어 표면 상태에 갭이 열리지만, 자화의 방향이 면에 수평 방향이라고 하면 $\boldsymbol{k}$ 공간에 디랙콘의 위치가 어긋날 뿐, 갭이 열리지는 않는다. 또한 $+z$ 방향의 자화를 가진 강자성체와 $-z$ 방향의 자화를 가진 강자성체를, 위상학적 절연체 표면에 접합하게 되면, 그 사이에는 갭이 없는 카이럴 상태, 다시 말하면 한 방향으로만 이동하는 갭이 없는 상태가 형성된다고 예측하고 있다.

한편, 초전도체를 접합하게 되면, 초전도체로부터 근접 효과에 의해, 역시 표면 상태에 갭이 열린다. 이러한 초전도체와의 접합은 **마요라나 페르미온**(Majorana fermion)이라고 불리는 특이한 상태를 만들어낸다고 알려져 있다[81–83]. 이러한 마요라나 페르미온은 1개의 페르미온(전자)의 절반에 대응하는 자유도를 갖고 있다. 즉, 전자의 소멸연산자를 c라고 하고 $c=\gamma_1+i\gamma_2$, $\gamma_j^+=\gamma_j$라고 쓴 경우, 이 $\gamma_1\gamma_2$가 마요라나 페르미온의 장을 나타낸다. $\gamma_j^+=\gamma_j$가 된다는 것에서 볼 수 있듯이, 이 마요라나 페르미온은 생성과 소멸이 동일한 연산자로 표현되는 기이한 입자이며, 마요라나 페르미온 2개는 전자 1개와 동일하다. 전자 1개를 절반으로 나누는 것은 가능하지 않지만, 초전도의 응축 상태로부터 여기되어 이러한 특이한 준입자가 나온다는 사실은 정말로 흥미롭다.

어떠한 상황에서 마요라나 페르미온이 나오는지를 좀 더 직관적으로 설명해보겠다. 일단, 아주 간단한 초전도의 예로, 통상의 자유전자가스와 같이, 스핀축퇴된 단일 밴드에서 일어나는 s파 초전도를 생각하자. 이러한 초전도는, BCS 이론이라 불리는 초전도의 평균장 이론으로 기술되고, 이로부터 여러가지 성질이 도출된다. 지금 생각하는 경우는 초전도 상태로부터의 여기되는 준입자가 페르미온인 경우이다. 이 경우와 대비해서, 이번에는 3차원 위상학적 절연체 표면을 생각하면, 그 밴드는 시간반전 대칭성이 확보된 스핀축퇴는 없다. 이 표면에, 예를 들면 s파 초전도체를 접합시켜, 근접 효과로 초전도 질서를 여기했다고 하자. 이 경우, 초전도의 평균장 이론에 해당하는 BCS 이론을 써서 준입자 여기를 기술하면, 이 계의 1차원적인 환경 등에 마요라나 페르미온이 나오게 된다. 1차원적인 환경에 속박 상태가 나타나는 경우에는, 속박 상태의 연산자 γ에 대하여 $\gamma_k^+ = \gamma_{-k}$라는 마요라나 조건이 형성되고, 일반적으로 마요라나 페르미온이 된다. 이 경우, 통상의 페르미온이 아닌 마요라나 페르미온이 나타나는 이유는, 위에서 설명한 것과 같이 자유전자가스 초전도의 경우와 비교해보면, 스핀이 축퇴되어 있지 않아서 자유도가 절반으로 감소해 있기 때문이다.

그리고 경우에 따라서는 마요라나 페르미온이 제로 에너지로 나오는 경우가 있는데, 그 경우에는 $\gamma^+ = \gamma$가 되어, 마요라나 제로모드라고 불리는, 자기공역(self-conjugate)적인 연산자로 표현되는 모드가 출현한다. 예를 들면, 위상학적 절연체 표면에 여기된 s파 초전도의 자속소용돌이 등에 이러한 마요라나 페르미온이 나타난다. 마요라나 페르미온은 페르미온 1개를 공간적으로 2개로 갈라놓은 것이 되므로, 마요라나 페르미온의 배치를 공간적으로 조작하여 양자 얽힘(quantum entanglement) 상태로 만드는 것도 가능해서, 외부의 요동에도 강하게 보존되는 양자 계산으로의 가능성 등도 주목받고 있다. 마요라나 페르미온의 실험적 관측을 목표로 많은 연구가 진행되는 중이어서 앞으로 발전이 기대된다.

부록 A 스핀회로이론과 스핀믹싱컨덕턴스

스핀각운동량의 주고받음을 기술할 때, 현상론과 미시적 이론을 결합한 편리한 도구가 바로 **스핀회로이론**(spin circuit theory)이다[10,16]. 스핀류의 문헌이나 실험의 해석에는 스핀회로이론의 용어를 사용하여 논의된 것들이 많으므로, 스핀회로이론에 대해서 해설하고자 한다.

A.1 산란이론

먼저, 스핀회로이론의 기초가 되는 산란이론을 도입해보자. 다음의 **그림 A.1**과 같은 두 개의 단자 I, II 와 산란체(중앙의 사각형)로 이루어진 1차원계를 생각해보자(일단 스핀에 대해서는 생각하지 않는다). 이러한 계에 대해서,

가정 1. 각각의 단자는 열원(heat sink)이며, 단자로부터 나오는 전자의 수는 단자마다 정해져 있는 분포함수로 결정된다.

가정 2. 전자가 단자로부터 산란체로(**그림 A.1**의 가운데의 $\hat{a}$의 과정), 산란체로부터 단자로(**그림 A.1**의 가운데의 $\hat{b}$의 과정) 오고 갈 때, 산란계수가 정해져 있는 채널로만 왔다 갔다 한다.

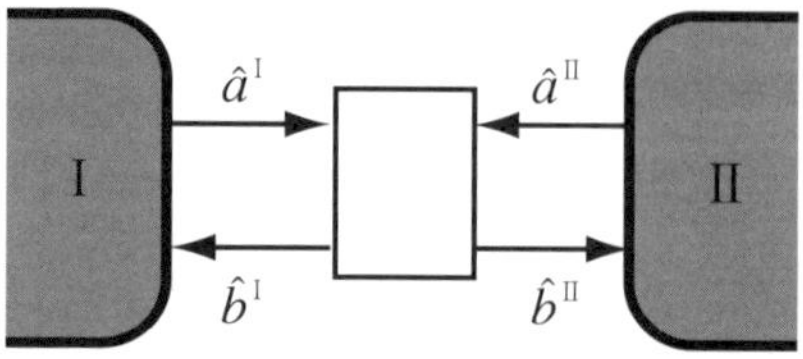

그림 A.1 산란이론에서 고려하고 있는 계의 모식도.

라는 가정을 하고, "단자 사이를 흐르는 전류는 단자 사이의 전기화학 포텐셜의 차이(단자간 전압)에 비례한다"라는 형태의 법칙을 도출해보자. 이때, 산란체의 전도도(저항의 역수)는 산란체의 반사와 투과에 의해 나타나는 산란계수로 기술된다.

단자 I에서부터 II로 흐르는 전류는 산란체를 통해서 단자 II에 들어오는 전자수와 단자 II로부터 나가는 전자수의 차로 나타난다(단자 I에서부터 나오는 전자의 수와 단자 I로 들어오는 전자의 수의 차이로 계산해도 같은 결과가 나온다). 단자 II로부터 나오는 에너지 $\boldsymbol{E}$를 가진 전자의 생성연산자를 $\hat{a}_E^{\mathrm{II}\dagger}$, 소멸연산자를 $\hat{a}_E^{\mathrm{II}}$, 단자 II로 들어오는 에너지 $\boldsymbol{E}$를 가진 전자의 생성소멸연산자를 각각 $\hat{b}_E^{\mathrm{II}\dagger}$, $\hat{b}_E^{\mathrm{II}}$라고 하면, 나가는 전자수와 들어오는 전자수의 통계적 평균을 사용하여, 각각 $\langle \hat{a}_E^{\mathrm{II}\dagger} \hat{a}_E^{\mathrm{II}} \rangle$, $\langle \hat{b}_E^{\mathrm{II}\dagger} \hat{b}_E^{\mathrm{II}} \rangle$라고 쓸 수 있다. 이 전자수의 차이에 군속도 $\partial \mathrm{E}/\partial p$($p$는 운동량)와 상태밀도 $\partial N/\partial E$(N은 상태수)를 곱하면, 전류를 얻을 수 있다. 여기에서 1차원 단위길이당 상태수 $p/2\pi\hbar$를 N으로 사용하면, 단자 I로부터 단자 II로 흐르는 에너지 $\boldsymbol{E}$를 가진 전자의 단위 에너지당 밀도류 $j(\boldsymbol{E})$는,

$$j(E) = \frac{\hbar}{2} \frac{\partial E}{\partial p} \frac{\partial}{\partial E} \frac{p}{2\pi\hbar} \left(\langle \hat{b}_E^{\mathrm{II}\dagger} \hat{b}_E^{\mathrm{II}} \rangle - \langle \hat{a}_E^{\mathrm{II}\dagger} \hat{a}_E^{\mathrm{II}} \rangle \right) = \frac{1}{4\pi} \left(\langle \hat{b}_E^{\mathrm{II}\dagger} \hat{b}_E^{\mathrm{II}} \rangle - \langle \hat{a}_E^{\mathrm{II}\dagger} \hat{a}_E^{\mathrm{II}} \rangle \right) \tag{A.1}$$

로 나타난다. 다만, 본 절에서는 전류 J_C, 스핀류 J_S, 편극입자류 J_σ 등의 단위를 모두 스핀 각운동량의 흐름(단위는 $J \cdot s/s$)으로 취급하고 싶어서, $\hbar/2$를 곱했다(따라서, 밀도류 j는 $J/J=1$로부터 무차원량이 된다).

가정 1로부터, $\langle \hat{a}_E^{\mathrm{II}\dagger} \hat{a}_E^{\mathrm{II}} \rangle$를 단자 i에 대한 전자의 분포함수 $f(E)$[1)]

$$\langle \hat{a}_E^{i\dagger} \hat{a}_E^{j} \rangle = f^i(E)\,\delta_{ij} \tag{A.2}$$

와 같이 결정할 수 있다. 단자 II에 들어오는 전자는 단자 II로부터 나와서 산란체에서 반사된 전자와 단자 I로부터 나와 산란체를 투과한 전자의 합이 되므로, 여기에서 **가정 2**를 고려하면, 특정 에너지 E를 가진 채널의 수를 하나로 생각해 산란체의 산란계수로서 반사계수 r_E와 투과계수 t_E로만 나타낸다고 하면, 소멸 연산자 $\hat{a}_E^{\mathrm{II}}$와 $\hat{b}_E^{\mathrm{II}}$의 사이에는

$$\hat{b}_E^{\mathrm{II}} = t_E \hat{a}_E^{\mathrm{I}} + r_E \hat{a}_E^{\mathrm{II}} \tag{A.3}$$

의 관계가 존재한다. 다만, r_E는 단자 II로부터 나온 전자가 산란체에서 반사되는 계수, t_E는 단자 I로부터 나온 전자가 산란체를 투과하는 계수에 해당한다. 이것을 식 (A.2)에 대입하면,

$$\begin{aligned}\langle \hat{b}_E^{\mathrm{II}\dagger} \hat{b}_E^{\mathrm{II}} \rangle &= \langle [r_E^* \hat{a}_E^{\mathrm{II}\dagger} + t_E^* \hat{a}_E^{\mathrm{I}\dagger}][r_E \hat{a}_E^{\mathrm{II}} + t_E \hat{a}_E^{\mathrm{I}}] \rangle \\ &= \langle r_E^* r_E f^{\mathrm{II}}(E) + t_E^* t_E f^{\mathrm{I}} \rangle \\ &= f^{\mathrm{II}}(E)|r_E|^2 + f^{\mathrm{I}}(E)(1-|r_E|^2) \end{aligned} \tag{A.4}$$

1) 즉, 페르미 분포함수에 해당한다. 페르미 분포함수는

$$f(E) = \frac{1}{\exp((E-\mu)/k_B T)+1}$$

로 나타낼 수 있다. 여기서 μ는 전기화학 포텐셜을 의미한다.

를 얻고, 전자수를 산란계수와 분포함수에 의해 쓸 수 있게 된다. 여기서, 단자 I에 입사되는 입자는 반사와 투과 중 하나를 겪지만, 입자수가 일정하게 되기 위해 $|r|^2+|t|^2=1$이 되어야 함을 이용하였다.

이 결과를 식 (A.1)에 대입하면, 단자 I을 통과하는 에너지 $\boldsymbol{E}$를 가진 전자밀도파 $j(\boldsymbol{E})$는

$$j(E)=\frac{1}{4\pi}(1-|r_E|^2)\left[f^{\mathrm{I}}(E)-f^{\mathrm{II}}(E)\right] \tag{A.5}$$

와 같이 산란계수와 분포함수에 의해 나타난다. 더 나아가, $j(\boldsymbol{E})$를 모든 에너지에 의해 적분하면, 전체 전류 J를 얻을 수 있다. 단자 I, II의 전기화학 포텐셜을 각각 μ^{I}, μ^{II}라고 하면, 실온 정도에서 전자의 분포함수에 해당하는 페르미 분포함수는 계단함수(step function)로 근사할 수 있으므로,

$$f^{\mathrm{I}}(E)-f^{\mathrm{II}}(E)\approx(\mu^{\mathrm{I}}-\mu^{\mathrm{II}})\delta(E-E_F) \tag{A.6}$$

와 같이 분포함수의 차를 전기화학포텐셜의 차이로 볼 수 있다. 여기에서, E_F는 전자의 페르미에너지에 해당한다. 그 결과,

$$\begin{aligned} J=\int_0^\infty j(E)\,dE &\approx \int_0^\infty \frac{1}{4\pi}(1-|r_E|^2)(\mu^{\mathrm{I}}-\mu^{\mathrm{II}})\delta(E-E_F)\,dE \\ &\equiv G(\mu^{\mathrm{I}}-\mu^{\mathrm{II}}) \end{aligned} \tag{A.7}$$

와 같이 산란계수를 이용하여 전류가 단자간의 전압에 비례하는 형태의 법칙을 얻을 수 있다. G는 계의 전도도를 나타낸다. 본 절에서는 스핀 자유도를 무시하였다. 이 자유도를 포함한 계산을 다음 절에서 하도록 한다.

A.2 스핀류 회로이론

지금까지는 전류가 스핀에 의존하지 않는다고 가정하고 문제를 풀었다. 지금부터 스핀류를 취급하기 위해서 스핀의 자유도를 넣어서 계산해보자. 이를 위해서는, 위의 계산을 2×2의 스핀공간에 확장할 필요가 있다. 2×2행렬의 양은 스칼라양 F와 벡터량 $\boldsymbol{F}$가 다른 것처럼, $\mathbf{F}$와 같이 두꺼운 문자로 나타내기로 한다. 단자 I을 강자성체 F, 단자 II를 비자성체 N이라 하고, 각각의 단자의 스핀을 $\boldsymbol{m}$, $\boldsymbol{n}$ 두 개의 단위벡터로 나타낸다. $\boldsymbol{m}$, $\boldsymbol{n}$을 양자화 축으로 하는 스핀의존 분포함수 $\mathbf{f}^F$, $\mathbf{f}^N$을 가진 단자 F, N을 생각하고, 그 계면(산란체)에 흐르는 전류 J_C, 스핀류 $\boldsymbol{J}_S$에 산란이론을 적용하면, 스핀회로이론을 얻을 수 있다. 스핀공간 중의 생성소멸연산자는 $\hat{\boldsymbol{a}}=(\hat{a}_\uparrow, \hat{a}_\downarrow)$, $\hat{\boldsymbol{a}}^\dagger=\begin{pmatrix}\hat{a}_\uparrow^\dagger \\ \hat{a}_\downarrow^\dagger\end{pmatrix}$와 같은 스핀양에 해당하여[2], 생성소멸연산자를 두 개 곱한 분포함수나 산란계수는 행렬 양에 해당한다.

단자 F 나 N으로부터 나온 입자를 스핀공간에 확장한 생성·소멸연산자 $\hat{a}^{F\dagger}$, $\hat{a}^F$, $\hat{a}^{N\dagger}$, $\hat{a}^N$와 분포함수 $\mathbf{f}$는 다음과 같이 대응된다(산란이론의 **가정 1**).

$$\left\langle \hat{\boldsymbol{a}}^{i\dagger} \hat{\boldsymbol{a}}^{j} \right\rangle = \delta_{ij} \mathbf{f}^{i} \qquad \text{(A.8)}$$

또한, 단자 N으로 들어온 입자를 스핀공간에 확장한 생성소멸연산자 $\hat{b}^{N\dagger}$, $\hat{b}^N$은, N에서 나오는 계면에서의 반사계수 $\mathbf{r}$과 F에서 N으로 들어가는 계면에서의 투과계수 $\mathbf{t}$를 사용하여,

2) 간단히 나타내기 위해서 에너지의 첨자 $\boldsymbol{E}$를 생략했다.

$$\hat{b}^{N\dagger}=\mathbf{r}^{\dagger}\hat{a}^{N\dagger}+\mathbf{t}^{\dagger}\hat{a}^{F\dagger},\quad \hat{b}^{N}=\hat{a}^{N}\mathbf{r}+\hat{a}^{F}\mathbf{t} \tag{A.9}$$

로 쓸 수 있다. (†는 전치복소공역 $r^{\dagger}={}^{t}r^{*}$을 의미한다. 행렬계산을 하고 있으므로, 곱의 순서에 주의할 필요가 있다.) 이것을 사용하면,

$$\left\langle \hat{b}^{N\dagger}\hat{b}^{N}\right\rangle=\left\langle\left(\mathbf{r}^{\dagger}\hat{a}^{N\dagger}+\mathbf{t}^{\dagger}\hat{a}^{Ft}\right)\left(\hat{a}^{N}\mathbf{r}+\hat{a}^{F}\mathbf{t}\right)\right\rangle=\mathbf{r}^{\dagger}\mathbf{f}^{N}\mathbf{r}+\mathbf{t}^{\dagger}\mathbf{f}^{F}\mathbf{t} \tag{A.10}$$

이 되므로, N으로 들어오는 입자수는

$$\left\langle \hat{b}^{N\dagger}\hat{b}^{N}\right\rangle-\left\langle \hat{a}^{N\dagger}\hat{a}^{N}\right\rangle=\mathbf{t}^{\dagger}\mathbf{f}^{F}\mathbf{t}-\left(\mathbf{f}^{N}-\mathbf{r}^{\dagger}\mathbf{f}^{N}\mathbf{r}\right) \tag{A.11}$$

을 사용하여 계산할 수 있다. 이것만으로는 자화방향과의 관계가 나타나지 않으므로, 이 식을 $\boldsymbol{m}$ 등의 기저로 표현해보자. 이를 위한 설명을 다음의 세 스텝으로 나누어서 진행한다.

1. 스핀공간에서의 표현.
2. $\boldsymbol{m}$ 방향을 양자화축으로 하는 기저를 이용한 식으로의 치환.
3. 산란계수와 전도도의 관계의 도출과, 이를 이용한 회로이론공식의 도출.

스텝 1: 스핀공간에서의 표현

계산의 준비를 위해서, 스핀공간과 그 공간에서의 회전에 대해서 간단히 설명해 두자. 단위행렬을 **1**, 파울리행렬을 σ_i라고 하였을 때[3], 2×2

[3] $$\boldsymbol{\sigma}_1=\boldsymbol{\sigma}_x=\begin{pmatrix}0&1\\1&0\end{pmatrix},\ \boldsymbol{\sigma}_2=\boldsymbol{\sigma}_y=\begin{pmatrix}0&-i\\i&0\end{pmatrix},\ \boldsymbol{\sigma}_3=\boldsymbol{\sigma}_z=\begin{pmatrix}1&0\\0&-1\end{pmatrix} \tag{A.12}$$

의 Hermitian 행렬 $\mathbf{a}=a_0\mathbf{1}+\Sigma_{i=1}^{3}a_i\boldsymbol{\sigma}_i$전체의 공간을 스핀공간이라고 부른다. $\boldsymbol{a}$에 Unitary 행렬 $\boldsymbol{U}_k(\theta)=\cos\left(\frac{\theta}{2}\right)\mathbf{1}+\sin\left(\frac{\theta}{2}\right)\boldsymbol{\sigma}_k$를 $\boldsymbol{U}_k\mathbf{a}\boldsymbol{U}_k^{\dagger}=\mathbf{a}'$와 같이 연산한 결과의 a′성분은, a_1, a_2, a_3를 x, y, z성분으로 하는 3차원 실벡터를 k축을 중심으로 각도 θ만큼 회전시킨 벡터의 성분과 동일하다는 사실로부터, $\boldsymbol{U}_k\mathbf{a}\boldsymbol{U}_k^{\dagger}$를 스핀공간의 회전이라고 부른다. 여기에서 z축 방향으로 대각화시킨 $\mathbf{a}=a\mathbf{1}+a_S\boldsymbol{\sigma}_Z$를[4)], $\boldsymbol{m}=(\sin\theta\cos\phi,\ \sin\theta\sin\phi,\ \cos\theta)$ 방향에 양자화 축이 오도록 설정(y축 주변으로 $-\phi$ 회전하고, 그 후 z축 주변으로 $-\theta$ 회전시킴)하면, 결과는

$$\mathbf{a}=a\mathbf{1}+a_S\sum_{i=1}^{3}m_i\boldsymbol{\sigma}_i \tag{A.13}$$

가 된다.

스텝 2: m방향을 양자화축으로 하는 기저를 이용한 식의 변환

$\boldsymbol{m}$ 방향의 자화를 가진 강자성체 단자 F로부터 $\boldsymbol{n}$ 방향의 스핀축적이 존재하는 비자성단자 N으로 흐르는 스핀류를 생각하고 있으므로, 식(A.11)을 세 개의 직교하는 기저 m, $m_\times\equiv\frac{\boldsymbol{n}\times\boldsymbol{m}}{|\boldsymbol{n}\times\boldsymbol{m}|}$, $\boldsymbol{m}_\perp\equiv\frac{\boldsymbol{m}\times(\boldsymbol{n}\times\boldsymbol{m})}{|\boldsymbol{m}\times(\boldsymbol{n}\times\boldsymbol{m})|}$으로 나타내보자. $\boldsymbol{m}$, $\boldsymbol{n}$사이의 각을 θ라고 하면, $\boldsymbol{n}$은 다음과 같이 나타낼 수 있다.

$$\boldsymbol{n}=\cos\theta\boldsymbol{m}+\sin\theta\boldsymbol{m}_\perp \tag{A.14}$$

그림 A.2에 스핀의 기저 $\boldsymbol{m}$, $\boldsymbol{m}_\times$, $\boldsymbol{m}_\perp$을 분해해서 나타내었다.

4) $\boldsymbol{\sigma}_z$의 계수는 스핀방향에 의존하는 성분이라는 사실로부터, 첨자 S를 넣었다.

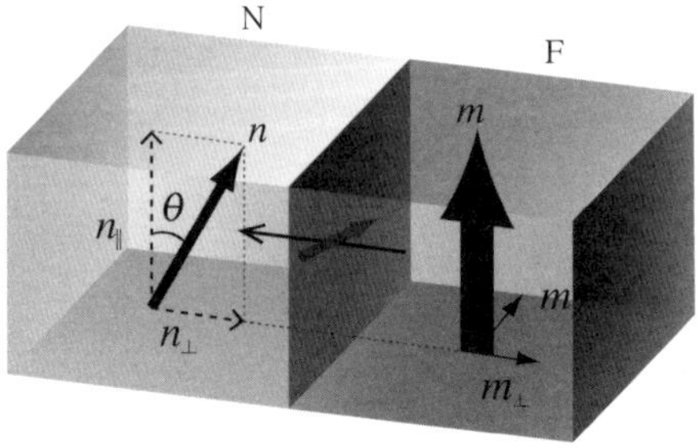

그림 A.2 비자성체(N) 강자성체(F)로 이루어진 계에 흐르는 스핀류의 기저분해.

파울리 행렬 $\boldsymbol{\sigma}=(\boldsymbol{\sigma}_1, \boldsymbol{\sigma}_2, \boldsymbol{\sigma}_3)$과 백터량 $\boldsymbol{m}, \boldsymbol{n}$과 관련된 다음의 공식

$$\boldsymbol{m}\cdot\boldsymbol{\sigma}=\sum_i m_i\boldsymbol{\sigma}_i$$

$$(\boldsymbol{m}\cdot\boldsymbol{\sigma})(\boldsymbol{n}\cdot\boldsymbol{\sigma})=\sum_{ij}\boldsymbol{\sigma}_i m_i\boldsymbol{\sigma}_j n_j=\sum_{ij}\left(\delta_{ij}\mathbf{1}+i\sum_k\epsilon_{ijl}\boldsymbol{\sigma}_k\right)m_i n_j$$

$$=(\boldsymbol{m}\cdot\boldsymbol{n})\,1-i\sum_i(\boldsymbol{m}\times\boldsymbol{n})_i\boldsymbol{\sigma}_i \qquad \text{(A.15)}$$

을 사용하여, 기저의 직교성과 $\boldsymbol{m}\cdot\boldsymbol{m}=1, \boldsymbol{m}\times\boldsymbol{m}_\perp=\boldsymbol{m}\times(\boldsymbol{m}\times\boldsymbol{m}_\times)=-\boldsymbol{m}_\times$ 로부터 얻을 수 있는 다음의 관계식을 준비해두자.

$$(\boldsymbol{m}\cdot\boldsymbol{\sigma})(\boldsymbol{m}\cdot\boldsymbol{\sigma})=\mathbf{1},$$

$$(\boldsymbol{m}\cdot\boldsymbol{\sigma})(\boldsymbol{n}\cdot\boldsymbol{\sigma})=-(\boldsymbol{n}\cdot\boldsymbol{\sigma})(\boldsymbol{m}\cdot\boldsymbol{\sigma})$$

$$=\cos\theta(\boldsymbol{m}\cdot\boldsymbol{\sigma})^2+\sin\theta(\boldsymbol{m}\cdot\boldsymbol{\sigma})(\boldsymbol{m}_\perp\cdot\boldsymbol{\sigma})$$

$$=\cos\theta\mathbf{1}-i\sin\theta(\boldsymbol{m}_\times\cdot\boldsymbol{\sigma}),$$

$$(\boldsymbol{m}\cdot\boldsymbol{\sigma})(n\cdot\boldsymbol{\sigma})(\boldsymbol{m}\cdot\boldsymbol{\sigma})=\cos\theta(\boldsymbol{m}\cdot\boldsymbol{\sigma})-i\sin\theta(\boldsymbol{m}_\times\cdot\boldsymbol{\sigma})(\boldsymbol{m}\cdot\boldsymbol{\sigma})$$

$$=\cos\theta(\boldsymbol{m}\cdot\boldsymbol{\sigma})-\sin\theta(\boldsymbol{m}_\perp\cdot\boldsymbol{\sigma}) \qquad \text{(A.16)}$$

이 정도 준비가 되었다면, 단자 F, N의 분포함수를 식 (A.13)과 같은 형태로 나타내보자. 단위행렬의 계수가 되는 스핀에 의존하지 않는 분포함수 f와 스핀에 의존하는 분포함수 f_S를 이용하여,

$$\mathbf{f}^{\mathrm{F}} = f^{\mathrm{F}}\mathbf{1} + f_S^{\mathrm{F}}\boldsymbol{m}\cdot\boldsymbol{\sigma}, \quad \mathbf{f}^{\mathrm{N}} = f^{\mathrm{N}}\mathbf{1} + f_S^{\mathrm{N}}\boldsymbol{n}\cdot\boldsymbol{\sigma} \tag{A.17}$$

와 같이 쓸 수 있다. 이 때, 자화방향 $\boldsymbol{m}$으로 표현한 산란계수의 행렬은

$$\mathbf{r} = r\mathbf{1} + r_S\boldsymbol{m}\cdot\boldsymbol{\sigma}, \quad \mathbf{t} = t\mathbf{1} + t_S\boldsymbol{m}\cdot\boldsymbol{\sigma} \tag{A.18}$$

와 같이 된다. 이것을 식 (A.11)에서 계산할 필요가 있는 $\mathbf{t}^{\dagger}\mathbf{f}^{\mathrm{F}}\mathbf{t}$, $\mathbf{r}^{\dagger}\mathbf{f}^{\mathrm{N}}\mathbf{r}$의 항에 대입한 후, 조금전의 관계식 (A.16)을 사용하면,

$$\begin{aligned}
\mathbf{t}^{\dagger}\mathbf{f}^{\mathrm{F}}\mathbf{t} &= (t^{*}\mathbf{1} + t_S^{*}\boldsymbol{m}\cdot\boldsymbol{\sigma})(f^{\mathrm{F}}\mathbf{1} + f_S^{\mathrm{F}}\boldsymbol{m}\cdot\boldsymbol{\sigma})(t\mathbf{1} + t_S\boldsymbol{m}\cdot\boldsymbol{\sigma}) \\
&= \left[\left(|t|^2 + |t_S|^2\right)f^{\mathrm{F}} + (t^{*}t_S + tt_S^{*})f_S^{\mathrm{F}}\right]\mathbf{1} \\
&\quad + \left[\left(|t|^2 + |t_S|^2\right)f_S^{\mathrm{F}} + (t^{*}t_S + tt_S^{*})f^{\mathrm{F}}\right]\boldsymbol{m}\cdot\boldsymbol{\sigma}
\end{aligned} \tag{A.19}$$

$$\begin{aligned}
\mathbf{f}^{\mathrm{N}} - \mathbf{r}^{\dagger}\mathbf{f}^{\mathrm{N}}\mathbf{r} &= (f^{\mathrm{N}}\mathbf{1} + f_S^{\mathrm{N}}\boldsymbol{n}\cdot\boldsymbol{\sigma}) - (r^{*}\mathbf{1} + r_S^{*}\boldsymbol{m}\cdot\boldsymbol{\sigma})(f^{\mathrm{N}}\mathbf{1} + f_S^{\mathrm{N}}\boldsymbol{n}\cdot\boldsymbol{\sigma})(r\mathbf{1} + r_S\boldsymbol{m}\cdot\boldsymbol{\sigma}) \\
&= \left[1 - (|r|^2 + |r_S|^2)\right]f^{\mathrm{N}}\mathbf{1} + \left[1 - (|r|^2 + |r_S|^2)\right]f_S^{\mathrm{N}}\cos\theta\boldsymbol{m}\cdot\boldsymbol{\sigma} \\
&\quad + \left[1 - (|r|^2 - |r_S|^2)\right]f_S^{\mathrm{N}}\sin\theta\boldsymbol{m}_{\perp}\cdot\boldsymbol{\sigma} \\
&\quad - (r^{*}r_S + rr_S^{*})f^{\mathrm{N}}\boldsymbol{m}\cdot\boldsymbol{\sigma} \quad (r^{*}r_S + rr_S^{*})f_S^{\mathrm{N}}\cos\theta\mathbf{1} \\
&\quad - i(r^{*}r_S - rr_S^{*})f_S^{\mathrm{N}}\sin\theta\boldsymbol{m}_{\times}\cdot\boldsymbol{\sigma}
\end{aligned} \tag{A.20}$$

를 얻을 수 있다. 여기서, $\boldsymbol{\sigma}_i^\dagger = \boldsymbol{\sigma}_i$를 사용했다.

스텝 3: 산란계수와 전도도의 관계와 이를 이용한 회로이론공식의 도출

스텝 2에서 구한 식 (A.19)와 식 (A.20) 중의 r, r_S, t, t_S 등을, **스텝 1**에서 식 (A.7)을 구한 것과 같이 전도도 G로 바꿔 써서, 회로이론에 의한 공식을 구해보자. 먼저, 스핀에 의존하는 반사·투과계수와 전도도의 관계를, $G_\sigma = \frac{1}{4\pi}(1-|r_\sigma|^2) = \frac{1}{4\pi}|t_\sigma|^2$와 $r_\uparrow = r + r_S$, $r_\downarrow = r - r_S$, $t_\uparrow = t + t_S$, $t_\downarrow = t - t_S$를 이용하여 계산해두자.

$$G \equiv G_\uparrow + G_\downarrow = \frac{1}{4\pi}(2-|r_\uparrow|^2-|r_\downarrow|^2) = \frac{1}{2\pi}\left[1-(|r|^2+|r_S|^2)\right]$$

$$= \frac{1}{4\pi}(|t_\uparrow|^2+|t_\downarrow|^2) = \frac{1}{2\pi}\left[(|t|^2+|t_S|^2)\right]$$

$$G_S \equiv G_\uparrow - G_\downarrow = -\frac{1}{4\pi}(|r_\uparrow|^2-|r_\downarrow|^2) = -\frac{1}{2\pi}(r^* r_S + r r_S^*)$$

$$= \frac{1}{4\pi}(|t_\uparrow|^2-|t_\downarrow|^2) = \frac{1}{2\pi}(t^* t_s + t t_S^*) \qquad \text{(A.21)}$$

여기에서, 병렬회로의 전체 전도도는 각 전도도의 합으로 나타나므로, 각각의 스핀의 전도도의 합을 전체 전도도라고 하였다. 그러면 스핀믹싱컨덕턴스라고 불리는 다음의 양을 정의할 수 있다[5].

$$\frac{1}{4\pi} g_{\uparrow\downarrow} \equiv G_\perp \equiv \frac{1}{4\pi}(1-r_\uparrow^* r_\downarrow) = \frac{1}{4\pi}(1-|r|^2+|r_s|^2+r^* r_s - r r_s^*) \qquad \text{(A.22)}$$

5) 스핀믹싱컨덕턴스의 정의는, $1/4\pi$를 포함하지 않는 것도 있으므로, 문헌을 참조하는 경우 주의가 필요하다.

전자의 흐름을 스핀에 의존하지 않는 전류성분 $J_C(E)$와 스핀류 성분 $J_S(E)$를 이용하여,

$$\frac{1}{2}(J_c\mathbf{1}+\boldsymbol{J}_S\cdot\boldsymbol{\sigma})\equiv\frac{1}{4\pi}\left(\langle\hat{\boldsymbol{b}}^{\mathrm{N}\dagger}\hat{\boldsymbol{b}}^{\mathrm{N}}\rangle-\langle\hat{\boldsymbol{a}}^{\mathrm{N}\dagger}\hat{\boldsymbol{a}}^{\mathrm{N}}\rangle\right)=\frac{1}{4\pi}\left[\mathbf{t}^{\dagger}+\mathbf{f}^{\mathrm{F}}\mathbf{t}-(\mathbf{f}^{\mathrm{N}}\mathbf{r}^{\dagger}\mathbf{f}^{\mathrm{N}}\mathbf{r})\right] \tag{A.23}$$

라고 정의하면(식 (A.13)을 참조하라), 식 (A.21) 및 식 (A.22)를 식 (A.19) 및 식 (A.20)에 대입하여 그 결과를 식 (A.23)에 가져오면, 전류 J_C와 스핀류 J_S의 회로이론

$$J_C=G(\mu_0^{\mathrm{F}}-\mu_0^{\mathrm{N}})+G_S(\mu_S^{\mathrm{F}}-\mu_S^{\mathrm{N}})$$

$$J_S=\left[G_S(\mu_0^{\mathrm{F}}-\mu_0^{\mathrm{N}})+G_S(\mu_S^{\mathrm{F}}-\mu_S^{\mathrm{N}}\cos\theta)\right]\boldsymbol{m} \tag{A.24}$$

$$-2\left(\mathrm{Re}\left[G_{\perp}\mu_S^N\sin\theta\boldsymbol{m}_{\perp}\right]+\mathrm{Im}\left[G_{\perp}\mu_S^N\sin\theta\boldsymbol{m}_{\times}\right]\right)$$

을 얻을 수 있다. 다만, $\mu_0^i\equiv\dfrac{\mu_\uparrow^i+\mu_\downarrow^i}{2}$, $\mu_S^i\equiv\dfrac{\mu_\uparrow^i-\mu_\downarrow^i}{2}$이므로[6], 분포함수의 차를 **스텝 1**과 같이 전기화학퍼텐셜의 차로 근사하였다. 강자성체 내부의 μ_0^F는 전기화학퍼텐셜 자체와는 다르다는 사실을 주의해두자. 확산스핀류에 대해서 보인 것과 같이, 강자성체에 있어서는 $\mu_\uparrow$, $\mu_\downarrow$과 전기화학퍼텐셜의 μ의 차이는 같지 않다. 즉, $\mu_\uparrow-\mu\neq\mu_\downarrow-\mu$이다. 편극률이 P^F인 강자성체에 있어서는 $\mu_0=\mu-P^F\mu_S$가 된다.

마지막으로, 스핀믹싱 컨덕턴스가 자화에 대하여 횡방향의 스핀주입

6) 스핀압은 지금까지와 1/2의 인자가 다른 것으로 정의하였나. 이것에 의해

$$\begin{aligned}J_C&=J_\uparrow+J_\downarrow=G_\uparrow(\mu_\uparrow^{\mathrm{F}}-\mu_\downarrow^{\mathrm{N}})+G_\downarrow(\mu_\downarrow^{\mathrm{F}}-\mu_\uparrow^{\mathrm{N}})\\&=(G_\uparrow+G_\downarrow)(\mu_0^{\mathrm{F}}-\mu_0^{\mathrm{N}})+(G_\uparrow-G_\downarrow)(\mu_S^{\mathrm{F}}-\mu_S^{\mathrm{N}})\end{aligned} \tag{A.25}$$

이 되므로, $\mu_0^i=0$의 경우에 전류·전압과 전도도의 관계 $J=G(\mu_0^{\mathrm{F}}-\mu_0^{\mathrm{N}})$를 만족하는 형태로 쓸 수 있게 된다.

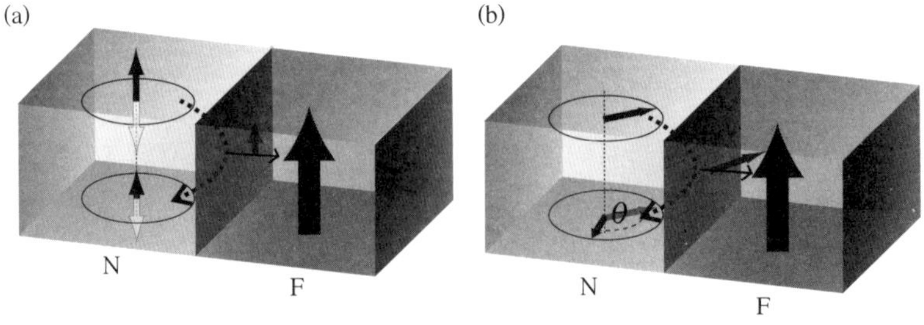

그림 A.3 (a)계면에서의 반사에 의해 일어나는 수직방향 스핀의 스핀전달. (b)계면에서의 반사에 의해 일어나는 수평방향 스핀의 전달.

에 관계 있다는 것을 간단한 예로 확인해 보자.

그림 A.3과 같은 상황을 생각해보자. 강자성체(그림의 F)의 자화방향을 양자화축(z축)으로 하고, 비자성체(그림의 N)의 자기모멘트가 $x-y$ 면 내에 편극되어 있다고 하자. 반사하는 경우에 스핀이 반전하는 경로를 무시하면, 계면의 반사계수 $\mathbf{r}$은 $\mathbf{r}=\begin{pmatrix} r_\uparrow & 0 \\ 0 & r_\downarrow \end{pmatrix}$로 나타낼 수 있다. **그림** A.3(a), (b)로부터, 전자가 계면에서 스핀반전 없이 완전반사하는 경우, 종스핀행렬은 위 방향스핀과 아래 방향스핀의 반사율의 크기의 차이가 존재할 필요가 있지만, 횡스핀행렬은 반사의 경우에 스핀이 $x-y$ 면에 회전하기만 하면 된다는 것을 짐작할 수 있다. 실제, 비자성체의 스핀이 계면에서 반사했을 때, N으로부터 F로의 스핀의 주고받음 $\frac{1}{4\pi}(\mathbf{f}-\mathbf{r}^\dagger\mathbf{f}'\mathbf{r})$은 스핀믹싱컨덕턴스의 정의를 이용하여,

$$\frac{1}{4\pi}\left[\begin{pmatrix} f & f_S \\ f_S^* & f \end{pmatrix}-\begin{pmatrix} r_\uparrow^* & 0 \\ 0 & r_\downarrow^* \end{pmatrix}\begin{pmatrix} f & f_S \\ f_S^* & f \end{pmatrix}\begin{pmatrix} r_\uparrow & 0 \\ 0 & r_\downarrow \end{pmatrix}\right]$$

$$=\frac{1}{4\pi}\begin{pmatrix} f(1-|r_\uparrow|^2) & f_S(1-r_\uparrow^* r_\downarrow) \\ f_S^*(1-r_\uparrow r_\downarrow^*) & f(1-|r_\downarrow|^2) \end{pmatrix}=\begin{pmatrix} fG_\uparrow & f_S G_\perp \\ f_S^* G_\perp^* & fG_\downarrow \end{pmatrix} \qquad \text{(A.26)}$$

로 쓸 수 있어, 이것에 의해 계면을 통해서 주고받는 스핀의 기대치 $\langle s_i \rangle = \mathrm{Tr}\left[\frac{1}{4\pi}(\mathbf{f}-\mathbf{r}^{\dagger}\mathbf{f}^{\mathrm{t}}\mathbf{r})\boldsymbol{\sigma}_i\right]$는 다음과 같이 된다.

$$\langle s_x \rangle = \mathrm{Tr}\left[\begin{pmatrix} fG_{\uparrow} & f_S G_{\perp} \\ f_S^* G_{\perp}^* & fG_{\downarrow} \end{pmatrix}\begin{pmatrix} 0 & 1 \\ 1 & 0 \end{pmatrix}\right] = 2\,\mathrm{Re}\left[f_S G_{\perp}\right],$$

$$\langle s_y \rangle = \mathrm{Tr}\left[\begin{pmatrix} fG_{\uparrow} & f_S G_{\perp} \\ f_S^* G_{\perp}^* & fG_{\downarrow} \end{pmatrix}\begin{pmatrix} 0 & -i \\ i & 0 \end{pmatrix}\right] = -2\,\mathrm{Im}\left[f_S G_{\perp}\right], \qquad \text{(A.27)}$$

$$\langle s_z \rangle = \mathrm{Tr}\left[\begin{pmatrix} fG_{\uparrow} & f_S G_{\perp} \\ f_S^* G_{\perp}^* & fG_{\downarrow} \end{pmatrix}\begin{pmatrix} 1 & 0 \\ 0 & -1 \end{pmatrix}\right] = fG_S$$

계면의 스핀플립을 무시한 결과, z축 방향에 편극된 스핀류는 각각의 스핀의 전도도의 차 G_S가 없다면 흐르지 않음에 반해, 횡스핀은 $G_S=0$인 경우에도 주고받는 것이 가능하다. 이때, **그림 A.3**(b)와 같이 반사파의 스핀은 x–y 면에 $\theta = arg\left[r_{\uparrow}^{*} r_{\downarrow}\right]$의 크기로 회전하여, 이것에 의한 변화분의 스핀이행벡터가 자화에 걸리게 된다. 즉, 스핀믹싱컨덕턴스는 토크 이행의 크기를 결정하는 파라미터가 된다는 의미다. 특히, $G_{\perp}$의 실수부분($\mathrm{Re}\,G_{\perp}$)이 앞 절에서 설명한 통상의 스핀이행벡터, $\mathrm{Im}\,G_{\perp}$가 그것에 수직한 토크(field–like항, 혹은 β항에 상응)에 대응한다.

부록 B 참고도서

물성물리학을 소개하는 뛰어난 교과서는 다수 출판되어 있다. 입문자도 읽기 쉬운 명저로서

- N.W. Ashcroft, and N.D. Mermin, "Solid State Physics", Thomson Learning (1976).

을 소개한다.

상대론에 대한 일반적인 소개도

- 佐藤 勝彦,「相対性理論」, 岩波書店 (1996).

등 다수의 좋은 교과서가 출판되어 있다.

스핀류의 최신 연구 상황을 정리한 서적으로는

- S. Maekawa, S.O.Valenzuela, E.Saitoh, and T. Kimura, des. "Spin Current", Oxford University Press (2012).

가 있다. 스핀트로닉스 물리의 여러 가지 화두에 대해서 배우고 싶은 사람에게는

- S. Maekawa, eds. "Concepts in Spin Electronics", Oxford University Press (2006).
- 井上順一郎, 伊藤博介,「スピントロニクス –基礎編– (現代講座·磁気工学3)」, 共立出版 (2010).

등이 있다. 또한,

・Nature Materials Volume **11** Issue **5** (2012).

는 최신의 스핀트로닉스의 화제를 선별한 리뷰집이다.

비평형 그린함수를 이용한 스핀트로닉스를 논의한 서적으로는

・多々良源,「スピントロニクス理論の基礎」, 培風館 (2009).

가 있다. 또한 메모리 등 응용에 역점을 둔 스핀트로닉스 교과서로는

・宮崎照宣,「スピントロニクス—次世代メモリ MRAM の基礎」, 日刊工業新聞社 (2004).

가 있다.

스핀트로닉스의 배경이 되는 자기공학의 명저로서

・宮崎照信,「強磁性体の物理」, 裳華房 (1978).

자성물리의 대표적인 교과서로서는

・労田奎,「磁性」, 岩波書店(1991).

가 명저이다. 스핀트로닉스를 의식한 자성물리의 최신 교과서로는

・佐々間昭正,「磁性の電子論 (マグネティクス·ライブラリー2)」, 共立出版 (2010).

가 있다. 실험을 하다보면 단위의 처리에 대해서 고민하는 경우가 많은데, 자성 관련의 단위계를 이해하는 데 적당한 서적으로

・高梨弘毅,「磁気工学入門」, 共立出版 (2008).

등이 있다.

베리위상에 관련된 물리현상에 대해서 초기의 논문은

・A. Shapere and F. Wilczek, "Geometric Phases in Physics", World Scientific (1989).

에 정리되어 있고, 그 후의 발전은

- A.Bohm, A. Mostafazadeh, H. Koizumi, Q. Niu and J. Zwanziger, "The Geometric Phase in Quantum Systems", Springer (2003).

에 정리되어 있다.

베리곡률을 이용한 비정상홀효과의 리뷰에 대해서는

- 永長直人, 일본물리학회지 **59** (2004) 520.
- N. Nagaosa, J. Phys. Soc. Jpn. **75** (2006) 042001.
- N. Nagaosa, J. Sinova, S. Onoda, A.H. MacDonald, and N. P. Ong Rev. Mod. Phys. **82** (2010) 1539.

에 자세하게 나와 있다. 또한 스핀홀효과에 대해서는

- H.-A. Engel, E. I. Rashba, B.I. Halperin, "in Handbook of Magnetism and Advanced Magnetic Materials", Vol. **5** (ed. Parkin, H.K.S.), 2858–2877, Wiley (2007).
- 村上修一, 일본물리학회지 **62**, (2007) 2.
- T. Jungwirth, J. Wunderlich, and K. Olejnik, Nat. Mater. **11** (2012) 382.
- A. Hoffmann, IEEE Trans. Mag. **49** (2013) 5172.

에 잘 나와 있다. 더 나아가, 위상학적 절연체에 대해서는

- M. Z. Hasan and C. L. Kane, Rev. Mod. Phys. **82** (2010) 3045.
- X. -L. Qi and S.-C. Zhang Rev. Mod. Phys. **83** (2011) 1057.
- 村上修一, 平原 徹, 松田 巌, 일본물리학학회지 **65** (2010) 840.

에 나와 있다. 마지막으로, 위상학적절연체의 재료에 집중한 리뷰로서

- Y. Ando, J. Phys. Soc. Jpn. **82** (2013) 102001.

이 있다.

부록 C 참고문헌

[1] G. Binasch *et al.*: Phys. Rev. B **39** (1989) 4282.

[2] M. N. Baibich *et al.*: Phys. Rev. Lett. **61** (1988) 2472.

[3] T. Miyazaki and N. Tezuka: J. Magn. Magn. Mater. **139** (1995) L231.

[4] S Yuasa *et al.*: Nat. Mater. **3** (2004) 868.

[5] S. Ikeda *et al.*: Appl. Phys. Lett. **93** (2008) 082508.

[6] D. C. Ralph, M. D. Stiles: J. Magn. Magn. Mater. **320** (2008) 1190.

[7] E. Saitoh, M. Ueda, H. Miyajima, G. Tatara: Appl. Phys. Lett. **88** (2006) 182509.

[8] T. Kimura *et al.*: Phys. Rev. Lett. **98** (2007) 156601.

[9] S. O. Valenzuela, M. Tinkham: Nature **442** (2006) 176.

[10] Y. Tserkovnyak *et al.*: Phys. Rev. Lett. **88** (2002) 117601.

[11] S. E. Barnes and S. Maekawa, Phys. Rev. Lett. **98** (2007) 246601.

[12] A. Yamaguchi *et al.*: Phys. Rev. Lett. **92** (2004) 077205.

[13] K. Uchida *et al.*: Nature **455** (2008) 778.

[14] G.E. W. Bauer, E. Saitoh, and B. J. Van Wees: Nat. Mater. **11** (2012) 391.

[15] 佐藤 勝彦,「相対性理論」, 岩波書店 (1996).

[16] S. Maekawa, S. O. Valenzuela, E. Saitoh, and T. Kimura, eds. "Spin Current", Oxford University Press (2012).

[17] Y. Kajiwara *et al.*: Nature **464** (2010) 262.

[18] R. H. Silsbee *et al.*: Phys. Rev. B **19** (1979) 4382.

[19] Y. Tserkovnyak *et al.*: Rev. Mod. Phys. **77** (2005) 1375.

[20] Y. K. Kato, R. C. Myers, A. C. Gossard and D. D. Awschalom, Science **306** (2004) 1910.

[21] J. Wunderlich, B. Kastner, J. Sinova and T. Jungwirth, Phys. Rev. Lett **94** (2005) 047204.

[22] M. V. Berry: Proc. R. Soc. London A **392** (1984) 45.

[23] P. A. M. Dirac: Proc. R. Soc. A **133** (1931) 60.

[24] T. T. Wu, C. N. Yang: Phys. Rev. D **12** (1975) 3845.

[25] D. J. Thouless, M. Kohmoto, M. P. Nightingale, and M. den Nijs: Phys. Rev. Lett. **49** (1982) 405.

[26] M. Kohmoto: Ann. Phys. (N.Y.) **160** (1985) 355.

[27] Q. Niu, D. J. Thouless, and Y.-S. Wu: Phys. Rev. B **31** (1985) 3372.

[28] R. B. Laughlin: Phys. Rev. B **23** (1981) 5632.

[29] M. Büttiker: Phys. Rev. Lett. **57** (1987) 1761.

[30] G. Sundaram and Q. Niu: Phys. Rev. B **59** (1999) 14915.

[31] M. Onnoda, S. Murakami, and N. Nagaosa: Phys. Rev. Lett. **93** (2004) 083901.

[32] O. Hosten, P. Kwiat: Science **319** (2008) 787.

[33] H. Katsura, N. Nagaosa, and P. A. Lee: Phys. Rev. Lett. **104** (2010) 066403.

[34] R. Matsumoto and S. Murakami: Phys. Rev. Lett. **106** (2011) 197202.

[35] K. von Klitzing, G. Dorda, M. Pepper: Phys. Rev. Lett. **45** (1980) 494.

[36] R. Karplus and J. M. Luttinger: Physe. Rev. **95** (1954) 1154.

[37] S. Onoda, N. Sugimoto, and N. Nagaosa: Phys. Rev. B **77** (2008) 165103.

[38] C.-Z. Chang *et al.*: Science **340** (2013) 167.

[39] M. I. Dyakonov and V. I. Perel : JETP Lett. **13** (1971) 467; Phys. Lett. A **35** (1971) 459.

[40] S. Murakami, N. Nagaosa, and S. C. Zhang: Science **301** (2003) 1348.

[41] J. Sinova *et al.*: Phys. Rev. Lett. **92** (2004) 126603.

[42] C. L. Kane and E. J. Mele: Phys. Rev. Lett. **95** (2005) 146802.

[43] C. L. Kane and E. J. Mele: Phys. Rev. Lett. **95** (2005) 226801.

[44] B. A. Bernevig and S.-C. Zhang: Phys. Rev. Lett. **96** (2006) 106802.

[45] L. Fu, C. L. Kane and E. J. Mele: Phys. Rev. Lett. **98** (2007) 106803.

[46] J. E. Moore and L. Balents: Phys. Rev. B **75** (2007) 121306.

[47] R. Roy: Phys. Rev. B **79** (2009) 195322.

[48] L. Fu and C. L. Kane: Phys. Rev. B **74** (2006) 195312.

[49] L. Fu and C. L. Kane: Phys. Rev. B **76** (2007) 045302.

[50] C. Wu, B. A. Bernevig, and S.-C. Zahng: Pys. Rev. Lett. **96** (2006) 106401.

[51] C. Xu and J. E. Moore: Pys. Rev. B **73** (2006) 045322.

[52] M. Konig *et al.*: Science **318** (2007) 766.

[53] A. Roth *et al.*: Science **325** (2009) 294.

[54] X. L. Qi, T. L. Hughes, S. C. Zhang: Nat. Phys. **4** (2008) 273.

[55] B. A. Bernevig, T. L. Hughes and S.-C. Zhang: Science **314** (2006) 1757.

[56] H. B. Nielsen and M. Ninomiya: Nucl. Phys. B **185** (1981) 20.

[57] P. M. Ostrovsky, I. V. Gornyi, A. D. Mirlin: Pys. Rev. Lett. **98** (2007) 256801.

[58] S. Ryu. C. Mudry, H. Obuse, A. Furusaki: Pys. Rev. Lett. **99** (2007) 116601.

[59] K. Nomura, M. Koshino, S. Ryu: Pys. Rev. Lett. **99** (2007) 146806.

[60] X. L. Qi *et al.*: Science **323** (2009) 1184.

[61] X. L. Qi, T. L. Hughes, S. C. Zhang: Pys. Rev. B **78** (2008) 195424.

[62] Y. Ran, Y. Zhang and A. Vishwanath: Nat. Phys. **5** (2009) 298.

[63] S. Murakami: Pys. Rev. Lett. **97** (2006) 236805.

[64] C. Sabater *et al.*: Pys. Rev. Lett. **110** (2013) 176802.

[65] M. Konig *et al.*: J. Phys. Soc. Jpn. **77** (2008) 031007.

[66] D. Hsieh *et al.*: Nature **452** (2008) 970; Science **323** (2009) 919.

[67] A. Nishide *et al.*: Phys. Rev. B **81** (2010) 041309.

[68] P. Roushan *et al.*: Nature **460** (2009) 1106.

[69] H. Zhang *et al.*: Nat. Phys. **5** (2009) 438.

[70] D. Hsieh *et al.*: Nature **460** (2009) 1101.

[71] D. Hsieh *et al.*: Pys. Rev. Lett. **103** (2009) 146401.

[72] Y. Xia *et al.*: Nat. Phys. **5** (2009) 398.

[73] T. Zhang *et al.*: Pys. Rev. Lett. **103** (2009) 266803.

[74] Y. L. Chen *et al.*: Science **325** (2010) 178.

[75] L. Fu: Phys. Rev. Lett. **103** (2009) 266801.

[76] A. A. Taskin, Z. Ren, K. Segawa, Y. Ando: Phys. Rev. Lett. **107** (2011) 016801.

[77] H. Lin *et al.*: Phys. Rev. Lett. **105** (2010) 036404.

[78] T. Sato *et al.*: Phys. Rev. Lett. **105** (2010) 136802.

[79] K. Kuroda *et al.*: Phys. Rev. Lett. **105** (2010) 146801.

[80] Y. Ando: J. Phys. Soc. Jpn. **82** (2013) 102001.

[81] A. R. Akhmerov, J. Nilsson and C. W. J. Beenakker: Phys. Rev. Lett. **102** (2009) 216404.

[82] L. Fu and C. L. Kane: Phys. Rev. Lett. **100** (2008) 096407.

[83] L. Fu and C. L. Kane: Phys. Rev. Lett. **102** (2009) 216403.

MEMO

MEMO

MEMO

MEMO

MEMO

MEMO

찾아보기

영어·숫자

β항(field–like 항) 84

MRAM 78

SpinRAM 78

Z_2 위상학적 불변량 178

Z_2 위상학적 숫자 179

ㄱ

각도분해광전자분광 198

강자성공명 93, 110

강자성체 39

강한 위상학적 절연체 188

거대 자기저항효과 80

게이지 변환 126

게이지 자유도 126

공간반전 대칭성 172

교환상호작용 86

교환스핀류 49

길버트 완화상수 45

ㄴ

나노 기술 19

내인성 159, 164

ㄷ

다강성 물질 54

ㄹ

라시바 상호작용 107

라시바 효과 176

란다우 준위 156

란다우–리프시츠–길버트 방정식(LLG 방정식) 45

란다우–뷔티커 공식 150

러플린 사고실험 145

레이스트랙메모리 83

로렌츠변환 29

ㅁ

마그논 55

마요라나 페르미온 201

모노폴 120

ㅂ

반고전적 운동방정식 152

밴드반전 186

벌크–에시 내응 145

벡터 포텐셜 100

블로흐 파수 134

비국소 배치법 110
비정상 홀 효과 159
비정상속도 153

ㅅ
사이드 점프 160
사이클로이드 자기질서 54
선형응답 138
순 스핀류 33
스커미온 격자 54
스큐 산란 160
스토너 조건 41
스핀 18, 27
스핀 페러데이 효과 86
스핀궤도 상호작용 27
스핀류 20
스핀류 주입에 의한 전자파(마이크로파) 발진 75
스핀믹싱컨덕턴스 92
스핀압 63
스핀완화 37
스핀완화길이(스핀확산길이) 33
스핀의존 게이지장 100
스핀임피던스매칭 70
스핀저항 69
스핀전달토크 73
스핀전자기장 101
스핀제벡효과 94
스핀주입자화반전 78
스핀축적 63
스핀트로닉스 19
스핀파 54
스핀파 스핀류 56
스핀펌핑 86
스핀홀 효과 108, 161
스핀확산방정식 64
스핀회로이론 205
시간반전 대칭성 169
시간반전불변 운동량 171

ㅇ
약한 위상학적 절연체 188
양자 비정상 홀 효과 161
양자 스핀홀 효과 25
양자 스핀홀계 168
양자우물 195
역스핀홀효과 21, 109
완화항 44
외인성 159, 164
위상학적 불변량 142
위상학적 수 142
위상학적 절연체 25, 167
위상학적 질서 25
유효자장 43

ㅈ
자구 50
자구벽 50
자기 랜덤 액세스 메모리 78
자기소용돌이 53
자유층 78

자로신스키-모리야 상호작용(DM 상호작용) 53
전기화학포텐셜 61
전도전자 스핀류 32
정수 양자홀 효과 140
제만 상호작용 27
주사터널현미경 199

ㅊ

체른 수 140
체른 절연체 161

ㅋ

카이랄 149
쿠보 공식 138
크라머스 쌍 175
크라머스의 정리 172

ㅌ

터널 자기저항효과 80

ㅎ

헬리컬 167
확률적 LLG 방정식 95

도·서·출·판·승·산·에·서·만·든·책·들

19세기 산업은 전기 기술 시대, 20세기는 전자 기술(반도체) 시대, 21세기는 **양자 기술** 시대입니다. 도서출판 승산은 미래의 주역인 청소년들을 위해 양자 기술(양자 암호, 양자 컴퓨터, 양자 통신과 같은 양자정보과학 분야, 양자 철학 등) 시대를 대비한 수학 및 양자 물리학 양서를 꾸준히 출간하고 있습니다.

물리

양자우연성
니콜라스 지생 지음 | 이해웅, 이순칠 옮김 | 김재완 감수

아인슈타인이 '유령의 세계에나 있을 법한 원격 작용'이라 일컬은 양자무작위성, 비국소적 상관관계, 양자공간이동 등 20세기의 난해한 신개념들은 21세기에 이르러 현실의 기술로 변모하여 실험실과 정보통신산업의 최전선에서 기술 혁신을 주고하고 있다. 제네바 대학의 교수이자 세계적 물리학자, 니콜라스 지생은 양자물리학의 난제들에서 최근 화두가 되고 있는 양자정보통신 그리고 최신 우주론에 이르기까지 흥미로운 주제들을 일상의 질문들에 대한 문답 형식으로 엮어, 독자들이 수학에 의존하지 않고도 최신 물리학의 성과를 이해할 수 있도록 인도한다.

과학의 새로운 언어 정보
한스 크리스천 폰 베이어 지음 | 전대호 옮김

'정보'가 양자와 거시 세계를 어떻게 매개하고 있는지를 보여 준다. 정보는 더이상 추상적인 개념이 아닌, 물리적인 실재라는 파격적인 주장을 펼친다. 정보 이론의 입문서로 훌륭하다.

아인슈타인의 베일
안톤 차일링거 지음 | 전대호 옮김

세계의 비밀을 감춘 거대한 '베일'을 양자이론을 통해 설명한 것으로, 어떻게 양자물리학이 시작되었는지, 양자의 세계에서 본 존재의 이유, '정보로서의 세계' 등의 내용을 담았다.

시인을 위한 양자물리학
리언 레더먼, 크리스토퍼 힐 공저 | 전대호 옮김

많은 대중 과학서 저자들이 독자에게 전자의 야릇한 행동에 대해 이야기하려 한다. 하지만 인간의 경험과 직관을 벗어나는 입자 세계를 설명하려면 조금 차별화된 전략이 필요하다. 『신의 입자』의 저자인 리언 레더먼과 페르미 연구소의 크리스토퍼 힐은 야구장 밖으로 날아가는 야구공과 뱃전에 부딪히는 파도를 이야기한다. 블랙홀과 끈이론을 논하고, 트랜지스터를 언급하며, 화학도 약간 다룬다. 식탁보에 그림을 그리고 심지어 (책의 제목이 예고하듯) 시를 읊기까지 한다. 디저트가 나올 무렵에 등장하는 양자 암호 이야기는 상당히 매력적이다.

퀀텀 유니버스
브라이언 콕스, 제프 포셔 공저 | 박병철 옮김

일반 대중에게 양자역학을 소개하는 책은 많이 있지만, 이 책은 몇 가지 면에서 매우 독특하다. 우선 저자가 영국에서 활발한 TV 출연과 강연활동을 하는 브라이언 콕스 교수와 그의 맨체스터 대학교의 동료 교수인 제프 포셔이고, 문제 접근 방식이 매우 독특하며, 책의 말미에는 물리학과 대학원생이 아니면 접할 기회가 없을 약간의 수학적 과정까지 다루고 있다. 상상 속의 작은 시계만으로 입자의 거동 방식을 설명하고, 전자가 특정 시간, 특정 위치에서 발견될 확률을 이용하여 백색왜성의 최소 크기를 계산하는 과정을 설명하는 대목은 압권이라 할 만하다.

무로부터의 우주 로렌스 크라우스 지음 | 박병철 옮김

우주는 왜 비어 있지 않고 물질의 존재를 허용하는가? 우주의 시작인 빅뱅에서 우주의 머나먼 미래까지 모두 다루는 이 책은 지난 세기 물리학에서 이루어진 가장 위대한 발견도 함께 소개한다. 우주의 과거와 미래를 살펴보면 텅 빈 공간, 즉 '무(無)'가 무엇으로 이루어져 있는지, 그리고 우주가 얼마나 놀랍고도 흥미로운 존재인지를 다시금 깨닫게 될 것이다.

초끈이론의 진실 피터 보이트 지음 | 박병철 옮김

물리학계에서 초끈이론이 가지는 위상과 그 실체를 명확히 하기 위해 먼저, 표준 모형 완성에까지 이르는 100년간의 입자 물리학 발전사를 꼼꼼하게 설명한다. 초끈이론을 옹호하는 목소리만이 대중에게 전해지는 상황에서, 저자는 초끈이론이 이론 물리학의 중앙 무대에 진출하게 된 내막을 당시 시대 상황, 물리학계의 권력 구조 등과 함께 낱낱이 밝힌다. 이 목소리는 초끈이론 학자들이 자신의 현주소를 냉철하게 돌아보고 최선의 해결책을 모색하도록 요구하기에 충분하다.

—2009 대한민국학술원 기초학문육성 '우수학술도서' 선정

로저 펜로즈

실체에 이르는 길 1, 2 로저 펜로즈 지음 | 박병철 옮김

현대 과학은 물리적 실체가 작동하는 방식을 묻는 물음에는 옳은 답을 주지만, "공간은 왜 3차원인가?"처럼 실체의 '정체'에는 답을 주지 못하고 있다. 『황제의 새 마음』으로 물리적 구조에 '정신'이 깃들 가능성을 탐구했던 수리물리학자 로저 펜로즈가, 이 무모해 보이기까지 하는 물음에 천착하여 8년이라는 세월 끝에 『실체에 이르는 길』이라는 보고서를 내놓았다. 이 책의 주제를 한 마디로 정의하자면 '물리계의 양태와 수학 개념 간의 관계'이다. 설명에는 필연적으로 수많은 공식이 수반되지만, 그 대가로 이 책은 수정 같은 명징함을 얻었다. 공식들을 따라가다 보면 독자들은 물리학의 정수를 명쾌하게 얻을 수 있다.

—2011 아·태 이론물리센터 선정 '올해의 과학도서 10권'

마음의 그림자 로저 펜로즈 지음 | 노태복 옮김

로저 펜로즈가 자신의 전작인 『황제의 새 마음』을 보충하고 발전시켜 내놓은 후속작 마음의 그림자는 오늘날 마음과 두뇌를 다루는 가장 흥미로운 책으로 꼽을 만하다. 의식과 현대 물리학 사이의 관계를 논하는 여러 관점들을 점검하고, 특히 저자가 의식의 바탕이라 생각하는 비컴퓨팅적 과정이 실제 생물체에서 어떻게 발현되는지 구체적으로 소개한다. 논의를 전개하며 철학과 종교 등 여러 학문을 학제적으로 아우르는 과정은 다소의 배경지식을 요구하지만, 그 보상으로 이 책은 '과학으로 기술된 의식'을 가장 높은 곳에서 조망하는 경험을 선사할 것이다.

시간의 순환 로저 펜로즈 지음 | 이종필 옮김

빅뱅 이전에는 무엇이 있었을까? '우리 우주' 질서의 기원은 무엇일까? '어떤 우주'의 미래가 우리를 기다리고 있을까? 우주론의 핵심적인 이 세 가지 질문을 기준으로, 로저 펜로즈는 고전적인 물리 이론에서 첨단 이론까지 아우르며 우주의 기원에 대한 새로운 의견을 제시한다. 저자는 다소 '이단적인 접근'으로 보일 수 있는 주장을 펼치지만, 그는 이 가설이 기초가 아주 굳건한 기하학적, 물리학적 발상에 기반을 두고 있었음을 설명한다. 펜로즈는 무엇보다도 특히, 열역학 제 2법칙과 빅뱅 바로 그 자체의 특성 밑바닥에 근본적으로 기묘함이 깔려 있다는 관점을 가지고 우리가 아는 우주의 여러 양상들에 대한 가닥을 하나로 묶어 나가며 영원히 가속 팽창하는 우리 우주의 예상된 운명이 어떻게 실제로 새로운 빅뱅을 시작하게 될 조건으로 재해석될 수 있는지 보여 준다.

리처드 파인만

파인만의 물리학 강의 Ⅰ~Ⅲ
리처드 파인만 강의 | 로버트 메이턴, 매슈 센스 엮음
박병철, 김인보, 김충구, 정재승 외 옮김

40년 동안 한 번도 절판되지 않았으며, 전 세계 물리학도들에게 이미 전설이 된 이공계 필독서, 파인만의 빨간 책. 파인만의 진면목은 바로 이 강의록에서 나온다고 해도 과언이 아니다. 사물의 이치를 꿰뚫는 견고한 사유의 힘과 어느 누구도 흉내 낼 수 없는 독창적인 문제 해결 방식이 『파인만의 물리학 강의』 세 권에서 빛을 발한다. 자신이 물리학계에 남긴 가장 큰 업적이라고 파인만이 스스로 밝힌 붉은 표지의 세 권짜리 강의록.

파인만의 물리학 길라잡이
리처드 파인만, 마이클 고틀리브, 랠프 레이턴 지음
박병철 옮김

『파인만의 물리학 길라잡이』가 드디어 국내에 출간됨으로써, 독자들은 파인만의 전설적인 물리학 강의를 온전하고 완성된 모습으로 누릴 수 있게 되었다. 파인만 특유의 위트 넘치는 언변과 영감 어린 설명은 이 책에서도 그 진가를 유감없이 발휘하고 있다. 마치 파인만의 육성을 듣는 듯한 기분으로 한 문장 한 문장 읽어가다 보면 어느새 물리가 얼마나 재미있는 학문인지 깨닫게 될 것이다. 특히 이 책은 칼텍의 열등생들을 위한 파인만의 흥미로운 충고를 담고 있고, 물리학의 기본 법칙과 물리학 팁(tip)을 더욱 쉽고 명쾌하게 짚어 내는가 하면 실제로 시행착오를 거치며 문제를 해결해 나가는 과정이 자세히 나와 있어, 청소년과 일반 독자들이 파인만의 강의를 보다 쉽게 만날 수 있는 기회가 될 것이다.

파인만의 여섯 가지 물리 이야기
리처드 파인만 강의 | 박병철 옮김

입학하자마자 맞닥뜨리는 어려운 고전물리학에 흥미를 잃어가는 학부생들을 위해 칼텍이 기획하고, 리처드 파인만이 출연하여 만든 강의록이다. 『파인만의 물리학 강의 Ⅰ~Ⅲ』의 내용 중, 일반인도 이해할 만한 '쉬운' 여섯 개 장을 선별하여 묶었다. 미국 랜덤하우스 선정 20세기 100대 비소설에 선정된 유일한 물리학 책으로 현대 물리학의 고전이다.

—간행물 윤리위원회 선정 '청소년 권장도서'

파인만의 또 다른 물리 이야기
리처드 파인만 강의 | 박병철 옮김

『파인만의 물리학 강의』에서 쉽고도 중요한 여섯 편을 발췌한 『파인만의 여섯 가지 물리 이야기』가 독자의 호응을 얻은 후 그보다는 조금 더 어렵지만 여전히 흥미로운 문제들을 여섯 편 발췌하여 편집하였다. 전 편이 고전 역학과 열역학, 원자물리학 등을 집중적으로 다루었다면, 이 책은 블랙홀과 웜홀, 원자 에너지, 휘어진 시공간 등 현대 물리학의 분수령이 된 상대성 이론을 주로 취급하였다.

일반인을 위한 파인만의 QED 강의
리처드 파인만 강의 | 박병철 옮김

가장 복잡한 물리학 이론인 양자전기역학을, 일반 사람들을 대상으로 기초부터 상세하고 완전하게 설명한 나흘간의 기록. 파인만의 오랜 친구였던 머트너가, 양자전기역학에 대해 UCLA에서 나흘간 강연한 파인만의 강의를 기록하여 수학의 철옹성에 둘러싸여 상아탑 깊숙이에서만 논의되던 이 주제를 처음으로 일반 독자에게 가져왔다.

파인만의 과학이란 무엇인가
리처드 파인만 강의 | 정무광, 정재승 옮김

과학이란 무엇이며, 과학은 우리 사회의 다른 분야에 어떤 영향을 미칠 수 있을까? 파인만이 사회와 종교 등 일상적인 주제에 대해 자신의 생각을 직접 밝힌 글은, 우리가 알기로는 이 강연록 외에는 없다. 리처드 파인만이 1963년 워싱턴대학교에서 강연한 내용을 책으로 엮었다.

발견하는 즐거움 리처드 파인만 지음 | 승영조, 김희봉 옮김

파인만의 강연과 인터뷰를 엮었다. 베스트셀러 『파인만씨, 농담도 잘하시네!』가 한 천재의 기행과 다양한 에피소드를 주로 다루었다면, 이 책은 재미난 일화뿐만 아니라, 과학 교육과 과학의 가치에 관한 그의 생각도 함께 담고 있다. 나노테크놀로지의 미래를 예견한 1959년의 강연이나, 우주왕복선 챌린저 호의 조사 보고서, 물리 법칙을 이용한 미래의 컴퓨터에 대한 그의 주장들은 한 시대를 풍미한 이론물리학자의 진면목을 보여 준다. '권위'를 부정하고, 모든 사물을 '의심'하는 것을 삶의 지표로 삼았던 파인만의 자유로운 정신을 엿볼 수 있다.

—문화관광부 선정 '우수학술도서', 간행물 윤리위원회 선정 '청소년을 위한 좋은 책'

퀀텀맨: 양자역학의 영웅, 파인만 로렌스 크라우스 지음 | 김성훈 옮김

파인만의 일화를 담은 전기들이 많은 독자에게 사랑받고 있지만, 파인만의 물리학은 어렵고 생소하기만 하다. 세계적인 우주론 학자이자 베스트셀러 작가인 로렌스 크라우스는 서문에서 파인만이 많은 물리학자들에게 영웅으로 남게 된 이유를 물리학자가 아닌 대중에게도 보여 주고 싶었다고 말한다. 크라우스의 친절하고 깔끔한 설명이 돋보이는 『퀀텀맨』은 독자가 파인만의 물리학으로 건너갈 수 있도록 도와주는 디딤돌이 될 것이다.

천재 제임스 글릭 지음 | 황혁기 옮김

『카오스』, 『인포메이션』의 저자 제임스 글릭이 쓴 리처드 파인만의 전기. 글릭이 그리는 파인만은 우리가 아는 시종일관 유쾌한 파인만이 아니다. 원자폭탄의 여파로 우울감에 빠지기도 하고, 너무도 사랑한 여자, 알린의 죽음으로 괴로워하는 파인만의 모습도 담담히 담아냈다. 20세기 중반 이후 파인만이 기여한 이론물리학의 여러 가지 진보, 곧 파인만 다이어그램, 재규격화, 액체 헬륨의 초유동성 규명, 파톤과 쿼크, 표준 모형 등에 대해서도 일반 독자가 받아들이기 쉽도록 명쾌하게 설명한다. 아울러 줄리언 슈윙거, 프리먼 다이슨, 머리 겔만 등을 중심으로 파인만과 시대를 같이한 물리학계의 거장들을 등장시켜 이들의 사고방식과 활약상은 물론 인간적인 동료애나 경쟁심이 드러나는 이야기도 전하고 있다. 글릭의 이 모든 작업에는 방대한 자료 조사와 인터뷰가 뒷받침되었다.

—2007 과학기술부 인증 '우수과학도서' 선정, 아·태 이론물리센터 선정 '2006년 올해의 과학도서 10권'

브라이언 그린

엘러건트 유니버스 브라이언 그린 지음 | 박병철 옮김

아름답지만 어렵기로 소문난 초끈이론을 절묘한 비유와 사고 실험을 통해 일반 독자들이 이해할 수 있도록 풀어 쓴 이론물리학계의 베스트셀러. 브라이언 그린은 에드워드 위튼과 함께 초끈이론 분야의 선두주자였으나, 지금은 대중을 위해 현대 물리학을 쉽게 설명하는 세계적인 과학 전도사로 더 유명하다. 사람들은 그의 책을 '핵심을 피하지 않으면서도 명쾌히 설명한다'고 평가한다. 퓰리처상 최종심에 오른 그의 화려한 필력을 통해 독자들은 장엄한 우주의 비밀을 가장 가까운 곳에서 보고 느낄 수 있을 것이다.

—〈KBS TV 책을 말하다〉와 《동아일보》, 《조선일보》, 《한겨레》 선정 '2002년 올해의 책'

우주의 구조 　브라이언 그린 지음 | 박병철 옮김

『엘러건트 유니버스』로 저술가이자 강연자로 명성을 얻은 브라이언 그린이 내놓은 두 번째 책. 현대 과학이 아직 풀지 못한 수수께기인 우주의 근본적 구조와 시간, 공간의 궁극적인 실체를 이야기한다. 시간과 공간을 절대적인 양으로 간주했던 뉴턴부터 아인슈타인의 상대적 시공간, 그리고 멀리 떨어진 입자들이 신비하게 얽혀 있는 양자적 시공간에 이르기까지, 일상적인 상식과 전혀 부합하지 않는 우주의 실체를 새로운 관점에서 새로운 방식으로 고찰한다. 최첨단의 끈이론인 M-이론이 가장 작은 입자부터 블랙홀에 이르는 우주의 모든 만물과 어떻게 부합되고 있는지 엿볼 수 있다.

—제46회 한국출판문화상(번역부문, 한국일보사), 아·태 이론물리센터 선정 '2005년 올해의 과학도서 10권'

블랙홀을 향해 날아간 이카로스 　브라이언 그린 지음 | 박병철 옮김

세계적인 물리학자이자 베스트셀러 『엘러건트 유니버스』의 저자인 브라이언 그린이 쓴 첫 번째 어린이 과학책이다. 저자가 평소 아들에게 들려주던 이야기를 토대로 쓴 우주 여행 이야기로, 흥미진진한 모험담과 우주 화보집이라고 불러도 손색없는 화려한 천체 사진들이 아이들을 우주의 세계로 안내한다.

프린스턴 수학 & 응용 수학 안내서

프린스턴 수학 안내서 Ⅰ, Ⅱ

티모시 가워스, 준 배로우-그린, 임레 리더 외 엮음
금종해, 정경훈, 권혜승 외 28명 옮김

1988년 필즈 메달 수상자 티모시 가워스를 필두로 5명의 필즈상 수상자를 포함한 현재 수학계 각 분야에서 활발히 활동하는 세계적 수학자 135명의 글을 엮은 책. 1,700여 페이지(Ⅰ권 1,116페이지, Ⅱ권 598페이지)에 달하는 방대한 분량으로, 기본적인 수학 개념을 비롯하여 위대한 수학자들의 삶과 현대 수학의 발달 및 수학이 다른 학문에 미치는 영향을 매우 상세히 다룬다. 다루는 내용의 깊이에 관해서는 전대미문인 이 책은 필수적인 배경지식과 폭넓은 관점을 제공하여 순수수학의 가장 활동적이고 흥미로운 분야들, 그리고 그 분야의 늘고 있는 전문성을 조사한다. 수학을 전공하는 학부생이나 대학원생들뿐 아니라 수학에 관심 있는 사람이라면 이 책을 통해 수학 전반에 대한 깊은 이해를 얻을 수 있을 것이다.

프린스턴 응용 수학 안내서(근간)

니콜라스 하이엄 외 엮음
정경훈, 박민재 외 7명 옮김

2014년 출간된『프린스턴 수학 안내서』에 이어『프린스턴 응용 수학 안내서(The Princeton Companion to Applied Mathematics)』가 출간을 앞두고 있다. 멘체스터 대학교의 니콜라스 J. 하이엄을 비롯한 각 분야의 응용 수학 전문가들이 흥미로운 연구 분야들을 광범위한 예제를 통해 전작 못지않게 심도 있게, 때로는 위트 있게 소개한다. 이 책은 단지 응용 수학의 여러 주제를 탐구하는 데 그치지 않고 응용 수학자가 무엇을 할 수 있는지까지로 독자들을 인도한다. 이 책은 이 분야의 최고 권위를 자랑하는 단행본으로서 훌륭한 응용 수학 참고서를 찾는 많은 학생, 연구원, 실무자들에게 없어서는 안 될 안내서가 될 것이며, 그들의 응용 수학자로서의 삶의 지침서가 될 것이다.

대칭

대칭: 갈루아 유언 신현용 지음 | 김영관, 신실라 그림

"군"이라는 대수적 구조를 통해 대칭의 언어인 "군론"을 완성함으로써 오차방정식의 풀이를 해결했던 에바리스트 갈루아. 이 책은 그가 유언으로 남긴 수학적 유산을 이해하는 것이 목표이다. 대수학 역사에서 핵심적인 성과를 이룬 수학자들이 등장하여 나누는 가상 대화가 독자들의 이해를 돕는다. 다항식 풀이의 핵심인 "대칭"이 언어, 건축, 회화, 음악에서 어떻게 드러나고 적용되는지 설명하는 부분이 흥미롭다. 대수적 구조를 탐구하는 모든 과정에는 자세한 풀이 과정을 적어 두었기에 독자는 대칭의 강력한 힘인 "아름다움"을 수학적으로 감상해 볼 수 있다.

갈루아 이론의 정상을 딛다 이시이 도시카이 지음 | 조윤동 옮김

"〈일반 5차방정식은 근호로 풀 수 없다〉는 명제의 제대로 된 증명을 가장 쉬운 절차로 이해"하는 것을 목표로 한 책이다. 독자가 고등학교 수준의 수학적 지식만을 갖추었다고 가정하고, 그 밖의 내용은 처음 접한다는 생각으로 갈루아 이론의 증명에 이르는 과정을 처음부터 끝까지 친절하게 설명한다.

열세 살 딸에게 가르치는 갈루아 이론 김중명 지음 | 김슬기, 신기철 옮김

재일교포 역사소설가 김중명이 이제 막 중학교에 입학한 딸에게 갈루아 이론을 가르쳐 본다. 수학역사상 가장 비극적인 삶을 살았던 갈루아가 죽음 직전에 휘갈겨 쓴 유서를 이해하는 것을 목표로 한 책이다. 사다리타기나 루빅스 큐브, 15 퍼즐 등을 활용하여 치환을 설명하는 등 중학생 딸아이의 눈높이에 맞춰 몇 번이고 친절하게 설명하는 배려가 돋보인다.

아름다움은 왜 진리인가 이언 스튜어트 지음 | 안재권, 안기연 옮김

현대 수학과 과학의 위대한 성취를 이끌어낸 힘, '대칭(symmetry)의 아름다움'에 관한 책. 대칭이 현대 과학의 핵심 개념으로 부상하는 과정을 천재들의 기묘한 일화와 함께 다루었다.

대칭: 자연의 패턴 속으로 떠나는 여행 마커스 드 사토이 지음 | 안기연 옮김

수학자의 주기율표이자 대칭의 지도책, 『유한군의 아틀라스』가 완성되는 과정을 담았다. 자연의 패턴에 숨겨진 대칭을 전부 목록화하겠다는 수학자들의 야심찬 모험을 그렸다.

대칭과 아름다운 우주 리언 레더먼, 크리스토퍼 힐 공저 | 안기연 옮김

자연이 대칭성을 가진다고 가정하면 필연적으로 특정한 형태의 힘만이 존재할 수밖에 없다고 설명된다. 이 관점에서 자연은 더욱 우아하고 아름다운 존재로 보인다. 물리학자는 보편성과 필연성에서 특히 경이를 느끼기 때문이다. 노벨상 수상자이자 『신의 입자』의 저자인 리언 레더먼이 페르미 연구소의 크리스토퍼 힐과 함께 대칭과 같은 단순하고 우아한 개념이 우주의 구성에서 어떠한 의미를 갖는지 궁금해 하는 독자의 호기심을 채워 준다.

무한 공간의 왕 시오반 로버츠 지음 | 안재권 옮김

도널드 콕세터는 20세기 최고의 기하학자로, 반시각적 부르바키 운동에 대응하여 기하학을 지키기 위해 애써왔으며, 고전기하학과 현대 기하학을 결합시킨 선구자이자 개혁자였다. 그는 콕세터 군, 콕세터 도식, 정규초다면체 등 혁신적인 이론을 만들어 내며 수학과 과학에 있어 대칭에 관한 연구를 심화시켰다. 저널리스트인 저자가 예술적이며 과학적인 콕세터의 연구를 감동적인 인생사와 결합해 낸 이 책은 매혹적이고, 마법과도 같은 기하학의 세계로 들어가는 매력적인 입구가 되어 줄 것이다.

미지수, 상상의 역사 존 더비셔 지음 | 고중숙 옮김

이 책은 3부로 나눠 점진적으로 대수의 개념을 이해할 수 있도록 구성되어 있다. 1부에서는 대수의 탄생과 문자기호의 도입, 2부에서는 문자기호의 도입 이후 여러 수학자들이 발견한 새로운 수학적 대상들을 서술하고 있으며, 3부에서는 문자기호를 넘어 더욱 높은 추상화의 단계들로 나아가는 군(group), 환(ring), 체(field) 등과 같은 현대 대수에 대해 다루고 있다. 독자들은 이 책을 통해 수학에서 가장 중요한 개념이자, 고등 수학에서 미적분을 제외한 거의 모든 분야라고 할 만큼 그 범위가 넓은 대수의 역사적 발전 과정을 배울 수 있다.

아주 특별한 수학 멘토링 데비 딜러 지음 | 고은주 옮김

『아주 특별한 수학 멘토링』은 35년간 교육에 몸 담고 있는 데비 딜러가 아이들의 개념적인 이해와 능력을 발달시키고, 수학적인 생각을 이야기할 때 수학 어휘를 사용하게 하며, 추상적인 생각들을 독자적으로 탐구하고 연습하게 해 줄 수 있는 아이디어들을 안내한다. 이 책은 수학 학습마당을 준비하고, 관리하고, 1년 동안 지속적으로 진행하는 법을 상세하게 열거한다.

수학 & 인물

수학자가 아닌 사람들을 위한 수학 모리스 클라인 지음 | 노태복 옮김

수학이 현실적으로 공부할 가치가 있는 학문인지 묻는 독자들을 위해, 수학의 대중화에 힘쓴 저자 모리스 클라인은 어떻게 수학이 인류 문명에 나타났고 인간이 시대에 따라 수학과 어떤 식으로 관계 맺었는지 소개한다. 그리스부터 현대에 이르는 주요한 수학사적 발전을 망라하여, 각 시기마다 해당 주제가 등장하게 된 역사적 맥락을 깊이 들여다본다. 더 나아가 미술과 음악 등 예술 분야에 수학이 어떤 영향을 끼쳤는지 살펴본다. 저자는 다음과 같은 말로 독자의 마음을 사로잡는다. "수학을 배우는 데 어떤 특별한 재능이나 마음의 자질이 필요하지는 않다고 확신할 수 있다. (…) 마치 예술을 감상하는 데 '예술적 마음'이 필요하지 않듯이."

—2017 대한민국학술원 '우수학술도서' 선정

소수와 리만가설 베리 메이저, 윌리엄 스타인 공저 | 권혜승 옮김

이 책은 '어떻게 소수의 개수를 셀 것인가?'라는 간단한 물음으로 출발하지만, 점차 소수의 심오한 구조로 안내하며 마침내 그 안에 깃든 놀랍도록 신비한 규칙을 독자들에게 보여 준다. 저자는 소수의 구조를 이해하는 데 필수적인 '수치적 실험'들을 단계별로 제시하며 이를 다양한 그림과 그래프, 스팩트럼으로 표현하였다. 이 책은 얇고 간결하지만, 소수에 보다 진지한 관심을 가진 이들을 겨냥했다. 다양한 동치적 표현을 통해 리만 제타함수가 소수의 위치와 그 스펙트럼을 어떻게 매개하는지 수학적으로 감상하는 것을 목표로 한다. 131개의 컬러로 인쇄된 그림과 다이어그램이 수록되었다.

리만 가설 존 더비셔 지음 | 박병철 옮김

수학자의 전유물이던 리만 가설을 대중에게 소개하는 데 성공한 존 더비셔는 '이보다 더 간단한 수학으로 가설을 설명할 수는 없다'고 선언한다. 홀수 번호가 붙은 장에서는 리만 가설을 수학적으로 인식할 수 있도록 돕는 데 주안점을 두었고, 짝수 번호가 붙은 장에는 주로 역사적인 배경과 인물에 관한 내용을 담았다.

소수의 음악 마커스 드 사토이 지음 | 고중숙 옮김

'다음 등장할 소수는 어떤 수인가?'라는 간단한 물음으로 시작한 인간의 지적 탐험이, 점차 복잡하고 정교한 이론으로 성숙하는 과정을 그린다. 전반부는 유클리드에서 오일러, 가우스를 거쳐 리만에 이르는 소수 연구사를 다루며, 후반부는 리만이 남긴 과제를 극복하려는 19세기 이후의 시도와 성과를 두루 살핀다.

—2007 과학기술부 인증 '우수과학도서' 선정

오일러 상수 감마 줄리언 해빌 지음 | 고중숙 옮김

고등 수학의 아이디어와 기법들이 당대의 실제적 문제들로부터 자연스럽게 이끌려 나온 18세기. 스위스의 수학자 레온하르트 오일러는 이후 전개될 수학을 위해 새로운 언어와 방식을 창조해 냈다. 줄리언 해빌은 오일러의 인간적 면모를 역사적인 맥락에서 소개하고, 후대의 수학자들이 깊이 숙고하게 된 그의 아이디어들을 바탕으로 신비에 싸인 상수 감마를 살핀다.

무한의 신비 아미르 D. 악젤 지음 | 신현용, 승영조 옮김

'무한'은 오랜 기간 인간의 지적 능력으로 이해하기 어려운 일종의 종교적 대상이었다. 이 책은 무한이라는 세계에 매료되어 일생을 바친 수학자, 게오르크 칸토어의 삶과 함께 풀어가는 무한의 수학사이다. 또한 칸토어와 동시대에 현대 해석학을 발전시킨 리만, 바이어슈트라스 등의 업적과 칸토어 이후 무한을 탐구하는 데 기여한 러셀, 괴델, 코언 등의 업적을 골고루 소개한다.

무리수 줄리언 해빌 지음 | 권혜승 옮김

무리수와 그에 관련된 문제 해결에 도전한 수학자들의 이야기를 담았다. 무리수에 대한 이해가 심화되는 과정을 살펴보기 위해서는 반드시 유클리드의 『원론』을 참조해야 한다. 그중 몇 가지 중요한 정의와 명제가 이 책에 소개되어 있다. 이 책의 목적은 유클리드가 '같은 단위로 잴 수 없음'이라는 개념에 대한 에우독소스의 방법을 어떻게 증명하고 그것에 의해 생겨난 문제들을 효과적으로 다루었는지를 보여주는 데 있다. 저자가 소개하는 아이디어들을 따라가다 보면 무리수의 역사를 이루는 여러 결과들 가운데 몇 가지 중요한 내용을 상세히 이해하게 될 것이며, 순수수학 발전 과정에서 무리수가 얼마나 중요한 부분을 담당하는지 파악할 수 있을 것이다.

불완전성: 쿠르트 괴델의 증명과 역설 레베카 골드스타인 지음 | 고중숙 옮김

지난 세기 가장 위대한 수학적 지성 가운데 한 명인 쿠르트 괴델의 삶을 철저하게 파헤친 매혹적인 이야기. 괴델의 삶에서 잘 추려낸 에피소드들을 교묘히 엮어서 그의 가장 경이로운 위업, 즉 참이면서도 증명 불가능한 명제가 존재한다는 사실에 대한 증명을 놀랍도록 쉽게 풀어낸다. 역량있는 소설가이자 철학자인 레베카 골드스타인을 통해 괴델의 천재성과 편집증에 빠져 살았던 인간적 고뇌가 잘 드러난다.

—간행물 윤리위원회 선정 '청소년 권장도서', 2008 과학기술부 인증 '우수과학도서' 선정

괴델의 증명 어니스트 네이글, 제임스 뉴먼 지음 | 곽강제, 고중숙 옮김

《타임》지가 선정한 '20세기 가장 영향력 있는 인물 100명'에 든 단 2명의 수학자 중 한 명인 괴델의 불완전성 정리를 군더더기 없이 간결하게 조명한 책. 괴델은 '무모순성'과 '완전성'을 동시에 갖춘 수학 체계를 만들 수 없다는, 즉 '애초부터 증명 불가능한 진술이 있다'는 것을 증명하였다. 『괴델, 에셔, 바흐』의 호프스테터가 서문을 붙였다.

뷰티풀 마인드 실비아 네이사 지음 | 신현용, 승영조, 이종인 옮김

존 내쉬는 경제학의 패러다임을 바꾼 수학자로서 이미 20대에 업적을 남기고 명성을 날렸지만, 그 후 반평생을 정신분열증에 시달리며, 주변 사람들을 괴롭히고 스스로를 파괴하며 살았던 광인이자 기인이었다. 이 책은 천재의 광기와 회복에 이르는 과정을 통해 인간 정신의 신비를 그렸다. 영화 〈뷰티풀 마인드〉의 원작 논픽션이다.

—간행물 윤리위원회 선정 '우수도서', 영화 〈뷰티풀 마인드〉 오스카상 4개 부문 수상

우리 수학자 모두는 약간 미친 겁니다 폴 호프만 지음 | 신현용 옮김

지속적인 아름다움과 지속적인 진리의 추구. 폴 에어디쉬는 이것이 수학의 목표라고 보았으며 평생 수학이라는 매력적인 학문에 대한 탐구를 멈추지 않았다. 이 책은 83년간 하루 19시간씩 수학 문제만 풀고, 485명의 수학자들과 함께 1,475편의 수학 논문을 써낸 20세기 최고의 전설적인 수학자 폴 에어디쉬의 전기이다. 호프만은 에어디쉬의 생애와 업적을 풍부한 일화를 중심으로 생생히 소개한다.

—한국출판인회의 선정 '이달의 책', 론–폴랑 과학도서 저술상 수상

허수 베리 마주르 지음 | 박병철 옮김

수학자들은 허수라는 상상하기 어려운 대상을 어떻게 수학에 도입하게 되었을까? 하버드대학교의 저명한 수학 교수인 배리 마주르는 우여곡절 많았던 그 수용 과정을 추적하면서 수학에 친숙하지 않은 독자들을 수학적 상상의 세계로 안내한다.

너무 많이 알았던 사람 데이비드 리비트 지음 | 고중숙 옮김

오늘날 앨런 튜링은 정보과학과 인공지능의 창시자로 간주된다. 튜링은 '결정가능성 문제'를 해결하고자 '튜링 기계'를 고안하여 순수수학의 머나먼 영토와 산업계를 멋들어지게 연결하는 다리를 놓았다. 데이비드 리비트는 소설가다운 필치로 2차 세계대전 참가와 동성애 재판 등으로 곡절 많았던 튜링의 삶을 우아한 문장을 통해 그려낸다.

넘버 미스터리 마커스 드 사토이 지음 | 안기연 옮김

수학을 널리 알리고 발전시키는 활동을 펼치는 클레이 수학 연구소가 백만 달러의 상금을 걸고 제시한 '7대 밀레니엄 문제' 중 5개를 주제로 삼고 있다. 위상학, 암호학, 계산학, 그리고 항공기 설계까지 가장 흥미로운 순수 응용 수학의 많은 영역을 포괄하는 7대 밀레니엄 문제를 통해 '리만 가설', '푸앵카레 추측', 그리고 '나비에–스토크스 방정식' 등 인류가 발견한 위대한 수학을 이해하기 쉽게 소개한다.

라이트 형제 데이비드 매컬로 지음 | 박중서 옮김

퓰리처 상을 2회 수상한 저자 데이비드 매컬로는 미국사의 주요 사건과 인물을 다루는 데 탁월한 능력을 보유한 작가이다. 그가 라이트 형제의 삶을 다룬 전기를 내놓았다. 저자는 라이트 형제가 비행기를 성공적으로 만들어 내기까지의 과정을 묘사하는 데 라이트 형제 관련 문서에 소장된 일기, 노트북, 그리고 가족 간에 오간 1천 통 이상의 편지 같은 풍부한 자료를 활용했다. 시대를 초월한 중요성을 지녔고, 인류의 성취 중 가장 놀라운 성취의 하나인 비행기의 발명을 '단어로 그림을 그린다'고 평가받는 유창한 글솜씨로 매끄럽게 풀어낸다. 그의 글을 읽어나가면 라이트 형제의 생각과 고민, 아이디어를 이끌어내는 방식, 토론하는 방식 등을 자연스럽게 배울 수 있다.

—2015년 5월~2016년 2월 《뉴욕타임즈》 베스트셀러, 2015년 5월~7월 논픽션 부분 베스트셀러 1위

영재 수학

경시대회 문제, 어떻게 풀까
테렌스 타오 지음 | 안기연 옮김

필즈상 수상자이자 세계에서 아이큐가 가장 높다고 알려진 수학자 테렌스 타오가 전하는 경시대회 문제 풀이 전략! 정수론, 대수, 해석학, 유클리드 기하, 해석 기하 등 다양한 분야의 문제들을 다룬다. 문제를 어떻게 해석할 것인가를 두고 고민하는 수학자의 관점을 엿볼 수 있는 새로운 책이다.

유추를 통한 수학탐구
P. M. 에르든예프, 한인기 공저

수학은 단순한 숫자 계산과 수리적 문제에 국한되는 것이 아니라 사건을 논리적인 흐름에 의해 풀어나가는 방식을 부르는 이름이기도 하다. '수학이 어렵다'는 통념을 '수학은 재미있다!'로 바꿔주기 위한 목적으로 러시아, 한국 두 나라의 수학자가 공동저술한, 수학의 즐거움을 일깨워주는 실습서이다.

평면기하학의 탐구 문제들 1, 2
프라소로프 지음 | 한인기 옮김

평면기하학을 정리나 문제 해결을 통해 배울 수 있도록 체계적으로 기술한다. 이 책에 수록된 평면기하학의 정리들과 문제들은 문제 해결자의 자기주도적인 탐구 활동에 적합하도록 체계화했기 때문에 제시된 문제들을 스스로 해결하면서 평면기하학 지식의 확장과 문제 해결 능력의 신장을 경험할 수 있을 것이다. 이 책은 모두 30개 장으로 구성되어 있으며, 이 중 처음 9개 장이 1권을 구성한다. 각 장의 끝부분에는 '힌트 및 증명'을 두어, 상세한 풀이 또는 문제 해결을 위한 개괄적인 방향을 제시하고 있다.

초등학교 수학 이렇게 가르쳐라
리핑 마 지음 | 신현용, 승영조 옮김

우리나라의 수학 교육은 내신 위주의 점수 따기, 혹은 문제 풀이 과정의 암기 수준을 벗어나지 못하고 있다. 『초등학교 수학 이렇게 가르쳐라』는 수학 교육이 가지고 있는 현재의 문제점들을 인식하고 문제의 원인과 해결 방안을 제시한다. 수학 교사뿐만 아니라 학부모들도 이 책을 통해 기초수학에 대한 깊은 이해와 올바른 수학 교육 방안을 얻을 수 있을 것이다.

스핀류와
위상학적
절연체

1판 1쇄 인쇄 2017년 12월 11일
1판 2쇄 발행 2025년 8월 1일

지은이 사이토 에이지, 무라카미 슈이치
옮긴이 김갑진
펴낸이 황승기
마케팅 송선경
편집 서규범, 김병수, 박지혜
디자인 김병수
펴낸곳 도서출판 승산
등록날짜 1998년 4월 2일
주소 서울시 강남구 테헤란로 34길 17 혜성빌딩 402호
전화번호 02-568-6111
팩시밀리 02-568-6118
이메일 books@seungsan.com

ISBN 978-89-6139-067-5 93560

값 19,000원

이 도서의 국립중앙도서관 출판시도서목록(CIP)은
서지정보유통지원시스템 홈페이지(http://seoji.nl.go.kr)와
국가자료공동목록시스템(http://www.nl.go.kr/kolisnet)에서 이용하실 수 있습니다.
(CIP제어번호: CIP2017032366)